中国科学院科学出版基金资助出版

现代化学专著系列·典藏版　08

复杂晶体化学键的
介电理论及其应用

张思远　著

科学出版社

北　京

内 容 简 介

本书详细地阐述了介电描述的晶体化学键理论和方法,特别是复杂晶体化学键的介电理论方法,为研究复杂体系的性质开辟了一种新途径。书中利用该理论方法不仅计算了大量复杂晶体的化学键参数,还展示了应用于非线性光学系数,高温超导体化学键分析,晶体环境对晶体功能性质的影响,复杂晶体晶格能等性质的计算方法和过程。本书包括基本概念、理论分析、公式推导、数据结果和应用等几部分内容,同时,书中还为科学研究和实际应用提供了一些有用的数据和规律性内容。

本书可供从事材料科学、理论化学、固体物理和无机化学方面的科研工作者,高等学校教师和研究生参考。

图书在版编目(CIP)数据

现代化学专著系列：典藏版/江明,李静海,沈家骢,等编著. —北京：科学出版社,2017.1

ISBN 978-7-03-051504-9

Ⅰ.①现… Ⅱ.①江… ②李… ③沈… Ⅲ.①化学 Ⅳ.①O6

中国版本图书馆 CIP 数据核字(2017)第 013428 号

责任编辑：杨 震 吴伶伶 / 责任校对：钟 洋
责任印制：张 伟 / 封面设计：铭轩堂

科 学 出 版 社 出版
北京东黄城根北街 16 号
邮政编码：100717
http://www.sciencep.com

北京厚诚则铭印刷科技有限公司印刷

科学出版社发行 各地新华书店经销

*

2017 年 1 月第 一 版 开本：720×1000 B5
2017 年 1 月第一次印刷 印张：12
字数：221 000
定价：7980.00 元(全 45 册)

(如有印装质量问题,我社负责调换)

前　言

　　化学键的概念已经提出了一个多世纪，在化学研究中早已普遍应用这个概念来解释化学研究中的各种现象，并且出版了几部专著。近些年来，随着科学的飞速发展，化学键这个概念不仅被使用在化学领域，也被广泛应用于固体物理、固体合金和材料科学等研究领域，化学键的本质和相关概念已不再只是化学家讨论的课题，也成为物理学家、材料科学家等关心的科学问题。人们从不同角度提出了化学键的定义、模型和定量化方法，为一些物理和化学问题的解释提供了方便。但是，到目前为止，很多模型仍然限于定性的解释，真正用于定量计算的模型和方法，特别是对于复杂的固体材料的处理方法还非常少。

　　20 世纪 60 年代末，Phillips 和 Van Vechten 首先提出的介电描述的化学键理论，在定量计算中是比较成功的一个，但是，应用对象只限于 $A^N B^{8-N}$ 型简单晶体。70 年代初，Levine 又发展了这一理论，并推广到 $A_m B_n$ 型和一些特殊结构的三元晶体，用于固体材料中的很多性质的计算得到了很好的结果，但是这种方法还不能应用于一般的复杂晶体。

　　在科学实践中，我们接触的物质往往是一个复杂体系，对于这样一个体系，我们不仅通过各种实验方法了解它的性质和规律，同时，也要用理论方法找出其结构、组成和性质的关系。目前，对于复杂晶体的理论计算还存在很多困难，尚不能很好地进行复杂晶体的性质预测和新材料设计方面的研究。我们在 Phillips 和 Van Vechten 提出的介电描述的化学键理论的基础上，系统地解决了复杂晶体的分解方案和相应的计算方法，并于 1991 年发表了复杂晶体化学键理论方法的论文。此后，该理论和方法被我们成功地用于非线性光学系数，电子云扩大效应，高温超导体的性质，穆斯堡尔（Mössbauer）谱的同质异能位移和复杂晶体的晶格能计算等方面的研究，解决了一些用其他理论方法不能研究的课题，得到国际同行认可。十几年来，我和同事及研究生们分别参加了该项课题不同内容的研究工作，完成了有关科研项目和多篇研究生的学位论文，逐步将这个方法发展成为解决复杂晶体性质研究的方法之一。本书内容是这一领域的理论和应用的主要结果的汇总，从简单晶体到复杂晶体，从基本理论到实际应用。其中主要是十余年来我们在复杂晶体方面的理论发展和实际应用，也包括了国外在这一领域的一些主要结果。希望本书内容能为复杂体系的材料设计和性质预测提供一种可能的理论方法。

感谢我的同事及研究生们在这一领域做出的创造性贡献，感谢吉林大学徐如人教授（院士）和浙江大学姚克敏教授推荐出版，感谢中国科学院科学出版基金资助和中国科学院长春应用化学研究所稀土化学和物理重点实验室资金资助。

由于本人知识水平有限，书中难免存在不妥之处，望大家指正。

作　者

2004 年 12 月于中国科学院长春应用化学研究所

稀土化学与物理重点实验室

目　　录

第1章 化学键的概念和定义

1.1 化学键的发展简史

化学键的概念在化学学科中建立很早，18 世纪初很多化学家就在不同范围内引入了这样的概念。比如，瑞典化学家柏尔齐留斯（Berzelius）在 1812 年就提出了二元论，他认为每种化合物都是由电性相异的两个部分组成，它们凭借静电引力形成化合物。接着法国化学家开库勒（Kekulé）和俄国化学家布特列洛夫（Бутлеров）提出结构理论，该理论认为分子是内在连接的统一体，分子中各原子间相互联系，相互依赖，相互制约，这种联系称为化学结构，物质的化学性质决定于它的化学结构和分子中原子间的相互作用。相互作用又分为直接作用和间接作用两种，直接作用决定分子中原子团的典型的反应性能，间接作用决定属于同一典型的各种反应的特殊性。18 世纪末，维尔纳（Werner）提出了配位理论，认为多数原子有两种价，一种是主价，一种为副价或配位数，主价必须由负离子来满足，副价可由负离子或中性原子来满足，副价有方向性。后来，随着门捷列夫（Mendelyeev）周期表的完成，汤姆逊（Thomson）的电子发现，以及波尔（Bohr）综合了爱因斯坦（Einstein）光子学说、普朗克（Planck）量子论和卢瑟夫（Rutherford）原子模型后提出的原子结构学说等一系列重大科学发现和科学理论的进展，19 世纪初，路易斯（Lewis）等又提出了原子价的电子理论。认为原子价可以分为共价和电价两种，共价是由两个原子共有一对电子构成的，电价是由正负离子之间的库仑引力构成的，原子在化合时失去、获得或共享电子，其目的是使它们的外层电子结构与周期表中最接近的惰性气体的原子相同，并指出原子间的相互作用是价电子和各原子核的相互作用。

1.2 现代化学键理论

现代化学键理论是以海特勒-伦敦（Heitler-London）用量子力学方法处理氢分子结构问题为开端发展起来的，它是在开库勒和布特列洛夫的结构理论，路易斯的电子理论以及现代物理学成就的基础上发展起来的。物理学的成就不仅为化学键理论提供了坚实的物理基础，同时在实验上也提供了一系列新的测定分子结构的方法，从而进一步明确了化学键的本质是相邻原子间强烈吸引的相互作用，并且知道了化学键有多种类型，其中主要的三种是电价键、共价键和金属键。

　　电价键中最主要的是离子键,当电离能小的金属原子和电子亲和能很大的非金属原子相互接近时,前者失去电子而成为正离子,后者获得电子使外电子层充满而成为负离子,正负离子由于库仑作用而相互吸引,但当它们充分接近时,离子的电子云之间又将产生排斥力,当吸引力和排斥力相等时形成稳定的离子键。近来研究表明,对于离子键来说,不存在100%离子性,也就是金属原子的价电子不是100%地迁移到非金属原子中去。

　　共价键是原子间共有电子而形成的键,也可以称为原子键,构成共价键的电子云中心可以在两个原子中间,也可以偏离中心,前者产生的电偶极矩为零,后者产生的电偶极矩不为零,偶极矩等于零的键称为非极性键,不等于零的共价键称为极性键。共价键是原子轨道重叠而形成的化学键,满足最大重叠原理,因此,共价键具有和离子键不同的特性,即方向性和饱和性。

　　金属键是由金属中的自由电子和金属原子及离子组成的结晶格子之间相互作用构成的。金属元素的原子核对其价电子的吸引很弱,价电子很容易脱离原子核的束缚成为自由电子,这些电子不再属于某一个特定的原子,而在整个金属晶体中自由运动。在金属晶体中,金属原子的原子轨道能够形成一系列密集的分子轨道,甚至发生重叠,但是,分子轨道中的电子是离域的,属于金属中的所有原子。

　　总之,在量子力学的基础上,通过多年的发展,对化学键的本质有了更深刻的认识,但还有一些重要的课题内容尚未涉及,原来的研究结果也需要进一步深入。另外,对化学键本质的认识不能仅限于定性解释和简单体系的定量处理,研究工作要向更本质、更复杂的体系发展。我们知道任何物质是由不同化学元素在特定的外界条件下,通过化学反应,按照一定元素比例形成的化合物,以气体、液体、晶体或凝聚物质等各种形态存在。在新的状态中,各个原子的电子,特别是价电子,要重新分配,以电子转移、电子共享或游离的方式达到体系的电荷平衡,使体系处于能量最低状态。平衡后的状态中,离子间产生各种形式的相互作用。化学键的研究实质上是研究各种形态物质中各种化学元素获得或失去电子的方式、过程和数量,平衡状态中各个带电离子之间的相互作用的机制、强度以及在各种不同情况下物质性质的特征和变化规律。

1.3　几种化学键理论的定义

　　定性化学键理论出现后人们希望把这种研究推进到定量化,以便利用这个概念来定量地研究一些规律。下面介绍几种关于化学键的定义。

1.3.1　鲍林的离子性定义

　　首先,鲍林(Pauling)利用热化学方法定义了化学键的离子性,他注意到

当 A、B 两个化学元素发生化学反应时

$$AA + BB \longrightarrow 2AB$$

几乎始终是放热反应，也就是说 A—B 键的能量低于 A—A 和 B—B 键的平均绝对能量，A—B 键的形成热 D_{AB} 满足下面关系

$$D_{AB} > \frac{1}{2}(D_{AA} + D_{BB})$$

式中：D_{AA} 和 D_{BB} 分别为 A 元素和 B 元素的键能；A、B 两个化学元素平均键能和 D_{AB} 的差 Δ_{AB} 定义为超离子化能，满足

$$\Delta_{AB} = D_{AB} - (D_{AA} + D_{BB})/2 \tag{1.1}$$

超离子化能的产生原因是因为 A—B 键部分为离子键，而 A—A 键和 B—B 键是严格的共价键之故。为了定义离子性首先引入电负性 X_i 概念，即分子中一个原子吸引电子到它本身的能力，电负性本身是无量纲的，Δ_{AB} 与 A、B 两个化学元素的电负性 X_A 和 X_B 有关，可用（$X_A - X_B$）展开，其低阶近似可表示为

$$\Delta_{AB} \propto (X_A - X_B)^2 \tag{1.2}$$

鲍林定义单键的离子性为

$$f_i = 1 - \exp[-(X_A - X_B)^2/4] \tag{1.3}$$

在晶体（如 $A^N B^{8-N}$ 型）中，由于配位数 M 的增大，他又引入了共振键的概念，把化合价数平均分给各配位体，即 N/M，共价程度也是平均分配，若设共振键的离子性为 f_i'，则

$$1 - f_i' = \frac{N}{M}(1 - f_i) \tag{1.4}$$

$$f_i' = 1 - \frac{N}{M} + \frac{N}{M}f_i \tag{1.5}$$

将式（1.3）代入式（1.5）中，得

$$f_i' = 1 - \frac{N}{M}\exp[-(X_A - X_B)^2/4] \tag{1.6}$$

同理，共价性为

$$f_c' = \frac{N}{M}\exp[-(X_A - X_B)^2/4] \tag{1.7}$$

显然

$$f_i' + f_c' = 1 \tag{1.8}$$

1.3.2　考尔松的离子性定义

分子轨道理论出现后，希望用这种理论方法来定义化学键的离子性。考尔松（Coulson）首先采用了这种方法，他把价电子的波函数写成分子轨道形式

$$\Phi_{AB} = \Phi_A + \lambda\Phi_B \tag{1.9}$$

两个原子波函数是正交的，利用总体能量最低确定 λ 值，离子性定义为

$$f_i = \frac{|\Phi_A|^2 - |\lambda\Phi_B|^2}{|\Phi_A|^2 + |\lambda\Phi_B|^2} = \frac{1-\lambda^2}{1+\lambda^2} \tag{1.10}$$

这个定义应该说给出了很好的离子性定义，但是由于波函数选择严格，并且有的晶体中还应包括点阵能和内聚能等其他因素，要把 λ 调整得合适较为困难，使用的实际意义不大。

1.3.3　桑德森的离子性定义

桑德森（Sanderson）从电负性出发提出了一种定量计算离子性的方法，首先他定义了原子的电负性，为此，引入了原子平均电子密度的概念，即

$$D = Z / \left(\frac{4}{3}\pi r^3 \right) \tag{1.11}$$

式中：Z 为原子序；r 为非极化原子的共价半径。定义电负性为

$$S = D/D_i \tag{1.12}$$

式中：D 为元素所在周期中惰性元素的平均电子密度；D_i 为该元素的平均电子密度，它可以由各惰性元素之间的 D 值，用线性内插法求出。

用该方法计算出的电负性虽然和鲍林的电负性具有平行性，但有时对于某些元素会出现较大的误差，为了使其合理化，采用了一些方法进行了校正。二元化合物的电负性是 2 个元素电负性的几何平均。设 A 元素的电负性为 S_a，B 元素的电负性为 S_b，则化合物的电负性为

$$S = (S_a \cdot S_b)^{1/2} \tag{1.13}$$

元素在生成化合物时失去或接受电子就会造成元素电负性的改变，当改变单位电荷时，电负性的改变量定义为

$$\Delta S_i = C(S_i)^{1/2} \tag{1.14}$$

式中：C 为常数。显然，在化合物中 2 个元素的电荷相对于原来的电荷也要发生改变，各元素的电荷改变量由下式表示

$$\delta_a = \Delta S_a / \Delta S_i(A), \qquad \delta_b = \Delta S_b / \Delta S_i(B) \tag{1.15}$$

其中

$$\Delta S_a = S - S_a, \qquad \Delta S_b = S - S_b$$
$$\Delta S_i(A) = C(S_a)^{1/2}, \qquad \Delta S_i(B) = C(S_b)^{1/2} \tag{1.16}$$

离子性 f_i 和共价性 f_c 定义为

$$f_i = (\delta_a - \delta_b)/2$$
$$f_c = 1 - f_i \tag{1.17}$$

利用上面的公式可以进一步导出关系

$$f_i = (\sqrt{S_b} - \sqrt{S_a})/C \tag{1.18}$$

　　除了上述的定义外，还有很多关于化学键离子性的各种讨论和定标方法，其中，介电描述的化学键理论是本书介绍的内容，其余方法在本书中不再赘述。

参 考 文 献

徐光宪. 物质结构. 北京：人民教育出版社，1961

Coulson C A，Redei L R，Stocker D. Proc. Roy. Soc.，1962，270：357

Pauling L. The nature of the chemical bond. New York：Cornell University Press，1960

Sanderson R T. Chemical bonds and bond energy. New York：Academic Press，1973

Sanderson R T. Inorg. Chem.，1986，25：1856

Sanderson R T. J. Chem. Edu.，1988，65：112

第 2 章　二元晶体化学键的介电理论

晶体中的化学键性质对分析和研究晶体的物理性质是重要的，利用这个概念定性地说明和解释晶体性质的较多，然而，定量计算晶体性质的化学键理论还很有限。20 世纪 60 年代末发展起来的介电描述的化学键理论是可以进行定量计算的一个理论方法。这个理论是由 Phillips 和 Van Vechten 首先建立的，所以，可以简称为 P-V 理论。它是以晶体的介电性质为依据，定义了化学键性质的定标和晶体中各个微观参数之间的关系。这种方法实际上只需要介电常数一个实验参数，具有很严格的理论性。它已经应用到晶体的很多物理性质的计算，如非线性光学系数、化学键电荷、弹性常数、压电性质和能带结构等，获得了很好的结果。但是，这个理论有一定的局限性，仅适用于 $A^N B^{8-N}$ 型晶体。后来，这个理论又进一步发展到复杂结构晶体，成为晶体计算的重要理论方法之一。本章首先介绍 P-V 理论的基础和有关应用。

2.1　Phillips-Van Vechten 的介电理论

根据经典模型，晶体宏观介电常数 ε 可表示为

$$\varepsilon = 1 + \omega_p^2 \sum_{ij} \frac{f_{ij}}{(\omega_i - \omega_j)^2} \tag{2.1}$$

式中：ω_p 为等离子体频率；ω_i、ω_j 分别为基态 i 和激发态 j 的频率；f_{ij} 为从基态 i 到激发态 j 跃迁的振子强度，根据振子强度的求和规则

$$\sum_{ij} f_{ij} = 1 \tag{2.2}$$

假设能量间隙是均匀的，并令 $\omega_i - \omega_j = \omega_g$，则式 (2.1) 可以表示为

$$\varepsilon = 1 - \frac{\omega_p^2}{\omega_g^2} \tag{2.3}$$

令 $\hbar\omega_g = E_g$，则

$$\varepsilon = 1 - \frac{(\hbar\omega_p)^2}{E_g^2} \tag{2.4}$$

$$\omega_p^2 = \frac{4\pi e^2 N_e}{m} \tag{2.5}$$

式中：N_e 为价电子密度；m 为电子质量；e 为电子电荷。在晶体情况下，根据 Penn 单电子模型，对于介电常数计算要加入校正因子 A，若晶体中的元素包含 d 壳层，还应加入校正因子 D，这样式 (2.4) 就变为

$$\varepsilon = 1 - \frac{(\hbar\omega_p)^2}{E_g^2} AD \tag{2.6}$$

在 $A^N B^{8-N}$ 型晶体中，E_g 是 2 个原子的成键分子轨道和反键分子轨道之间的平均能量间隙，校正因子 A 的表达式为

$$A = 1 - \left(\frac{E_g}{4E_F}\right) + \frac{1}{3}\left(\frac{E_g}{4E_F}\right)^2 \tag{2.7}$$

式中：E_F 为价电子的 Fermi 能量。

$$E_F = (\hbar k_F)^2/(2m) \tag{2.8}$$

$$k_F = (3\pi^2 N_e)^{1/3} \tag{2.9}$$

其中：k_F 为价电子的 Fermi 波矢数。

校正因子 D 的表达式为

$$D = \Delta_A \Delta_B - (\delta_A \delta_B - 1)(Z_A - Z_B)^2 \tag{2.10}$$

式中：Δ 和 δ 是常数，它们依赖于 A、B 元素在周期表中的周期数，Z_A、Z_B 为 A、B 原子的价电子数，各个周期的 Δ 和 δ 的值列于表 2.1 中。

表 2.1 各周期元素的 Δ 和 δ 值

周 期	Δ	δ
1	1.0	1.0
2	1.0	1.0
3	1.0	1.0
4	1.12	1.0025
5	1.21	1.0050
6	1.31	1.0075

注：H 和 He 为第一周期。

根据电学原理

$$\varepsilon = 1 + 4\pi\chi \tag{2.11}$$

式中：χ 为电极化率，由式 (2.6) 可得出

$$\chi = \frac{(\hbar\omega_p)^2}{4\pi E_g^2} AD \tag{2.12}$$

平均能量间隙 E_g 来自两部分贡献：一部分为同性极化能的贡献 E_h，它和共价性相对应；另一部分为异性极化能的贡献 C，它与离子性相对应，并且有如下关系

$$E_g^2 = E_h^2 + C^2 \tag{2.13}$$

在这个模型下，化学键的离子性 f_i 和共价性 f_c 定义为

$$f_i = \frac{C^2}{E_g^2}, \qquad f_c = \frac{E_h^2}{E_g^2} \tag{2.14}$$

这里，能量以 eV[①] 为单位，长度以 Å[②] 为单位时，E_h 和 C 的表达式分别为

$$E_h = 39.74/d^{2.48} \quad (eV) \tag{2.15}$$

---

① $1eV = 1.6 \times 10^{-19}J$，下同。

② Å 为非法定单位，$1Å = 10^{-10}m$，下同。

$$C = 14.4b\exp(-k_s d/2)\left(\frac{Z_A}{r_A} - \frac{Z_B}{r_B}\right) \quad \text{(eV)} \tag{2.16}$$

式中：d 为化学键的键长，若假定晶体为紧密堆积，r_A、r_B 分别为 A、B 离子的半径，$d = r_A + r_B$；b 为结构校正因子；$\exp(-k_s d/2)$ 为 Thomas-Fermi 屏蔽因子。

$$k_s = (4k_F/\pi a_B)^{1/2} = 2(3\pi^2 N_e)^{1/6}/(\pi a_B)^{1/2} \tag{2.17}$$

式中：a_B 为 Bohr 半径；k_F 为价电子气的 Fermi 波数；化学键的价电子密度 N_e 为

$$N_e = n/v_b \tag{2.18}$$

式中：v_b 为每个化学键的键体积，对于晶体中只有一类化学键的情况，显然，$v_b = 1/N_b$，N_b 为化学键密度（即 1cm³ 体积中的化学键的数目）；n 为一个化学键上的平均价电子数

$$n = Z_A/N_{cA} + Z_B/N_{cB} \tag{2.19}$$

式中：N_{cA}、N_{cB} 分别为 A、B 元素在晶体中的配位数。校正因子 b 一般随着晶体结构变化，在介电常数已知的情况下，可利用上面的关系式拟合确定出来。通过大量的计算结果发现，在配位数为 4 和 6 的晶体中，b 值处在 $1.4 < b < 1.6$ 之间，近似值可取为 1.5，对结果不会产生较大误差。因此，对一些未知介电常数的晶体，也可以近似估算。

2.2　Levine 的介电理论

P-V 理论已经在化学和固体物理学领域获得了广泛应用。但是由于应用对象还是限于 $A^N B^{8-N}$ 型晶体，对复杂晶体尚不能进行研究，这种情况不仅影响到晶体化学键理论的发展，同时也使很多研究无法深入。Levine 在 P-V 理论基础上进一步做了一些近似，把 P-V 介电化学键理论推广应用到 $A_m B_n$ 型晶体，主要采用的近似如下，用平均半径 r_0 代替化学键中的离子半径 r_A、r_B，即

$$d = 2r_0 = r_A + r_B \tag{2.20}$$

假设校正因子 b 和化学键中 2 个离子的平均配位数 N_c 的 p 次幂成正比，即

$$b \propto (N_c)^p \tag{2.21}$$

在配位数为 4 和 6 的情况下，$p = 2$。

$$b = 0.089(N_c)^2 \tag{2.22}$$

对 $A_m B_n$ 型晶体，化学键的平均配位数定义如下

$$N_c = \frac{m}{m+n} N_{cA} + \frac{n}{m+n} N_{cB} \tag{2.23}$$

实际上，晶体中的化学键类型通常不是一种，可由不同类型的化学键构成，总的晶体宏观性质可认为是组成晶体的各类化学键贡献的结果，晶体的宏观电极

化率可表示为

$$\chi = \sum_\mu F^\mu \chi^\mu = \sum_\mu N_b^\mu \chi_b^\mu \tag{2.24}$$

式中：χ^μ 为 μ 类化学键的电极化率；F^μ 为 μ 类化学键在晶体的所有化学键数目中的百分比；N_b^μ 是 μ 类化学键的键密度（即 1cm^3 体积中 μ 类化学键的数目）；χ_b^μ 是 μ 类化学键中一个化学键的电极化率。

　　在 Levine 理论中，P-V 理论公式基本是适用的，但是要加上化学键的类别标号，以区别不同类型的化学键，和 P-V 理论有差别的几个公式表示如下

$$C^\mu = 14.4 b^\mu \exp(-k_s^\mu r_0^\mu)\left(Z_A^\mu - \frac{n}{m}Z_B^\mu\right)/r_0^\mu \quad (n > m) \tag{2.25}$$

$$C^\mu = 14.4 b^\mu \exp(-k_s^\mu r_0^\mu)\left(\frac{m}{n}Z_A^\mu - Z_B^\mu\right)/r_0^\mu \quad (n < m) \tag{2.26}$$

μ 类化学键的键体积表示为

$$v_b^\mu = \frac{(d^\mu)^3}{\sum_v N_b^v (d^v)^3} \tag{2.27}$$

式（2.27）分母中的求和是对晶体中所有化学键的类型求和，d^μ 是 μ 类化学键的键长。

　　Levine 的工作发展了介电化学键理论，扩大了研究领域，推广了应用。他也试图推广到更复杂的晶体，但是由于缺乏基本概念引入和系统处理方法，因而没有实现。虽然，在他的文章中也处理一些结构特殊的复杂晶体，但是，没有得到普适的方法。然而，他提出了很多值得注意的问题和应用领域，对以后的工作是十分有意义的。

2.3　二元化合物晶体的化学键性质

　　P-V 理论和 Levine 的理论发表以后，人们用这两个理论处理了大量的二元晶体的化学键性质的计算工作，在这节中我们把一些结果作一总结。$A^N B^{8-N}$ 型晶体大致分为三类：一类为闪锌矿（zinc blende）和纤锌矿（wurtzite）型结构，这类结构晶体基本上是半导体类，每种元素都有 4 个配位体，属于立方晶系；另一类是岩盐型结构（rocksalt），也是立方晶系，但是，每种元素有 6 个配位体，称为类 NaCl 型；还有一种是 CsCl 型结构，每种元素有 8 个配位体。这些晶体的化学键性质及相关参数都已经被计算，它们的详细结果分别列在表 2.2～表 2.5 中。对 $A_n B_m$ 型晶体，它的结构比 $A^N B^{8-N}$ 型晶体稍微复杂些，P-V 理论已不能使用，但是，用 Levine 的方法也很容易计算晶体的化学键参数。对已经计算的比较典型晶体的化学键参数结果分别列于表 2.6～表 2.10 中。

表 2.2　岩盐型结构的各晶体的化学键参数（碱金属卤化物）

晶　　体	ε	E_h/eV	C/eV	f_i
LiF	1.9	7.05	22.9	0.914
LiCl	2.7	3.84	11.8	0.903
LiBr	3.2	3.23	9.48	0.896
LiI	3.8	2.61	7.41	0.890
NaF	1.7	4.98	20.9	0.946
NaCl	2.3	3.04	11.6	0.936
NaBr	2.6	2.63	9.81	0.933
NaI	3.0	2.16	7.83	0.929
KF	1.8	3.47	15.7	0.954
KCl	2.2	2.32	10.2	0.951
KBr	2.3	2.06	9.29	0.953
KI	2.7	1.74	7.41	0.948
RbF	1.9	3.04	13.9	0.955
RbCl	2.2	2.07	9.68	0.956
RbBr	2.4	1.87	8.65	0.955
RbI	2.7	1.58	7.16	0.954

表 2.3　岩盐型结构的各晶体的化学键参数（碱土硫族化合物）

晶　　体	ε	E_h/eV	C/eV	f_i
CaO	3.3	4.51	14.9	0.916
CaS	4.5	2.97	9.26	0.907
CaSe	5.1	2.71	8.36	0.905
CaTe	6.3	2.27	6.68	0.897
SrO	3.2	3.79	13.6	0.928
SrS	4.4	2.58	8.57	0.917
SrSe	4.9	2.37	7.87	0.917
SrTe	5.8	2.16	6.80	0.908
BaO	3.8	3.20	11.7	0.931
BaS	4.5	2.23	8.44	0.935
BaSe	4.9	2.06	7.93	0.937
BaTe	5.3	1.79	7.10	0.940

表 2.4　闪锌矿和纤锌矿型结构的各晶体的化学键参数

晶　　体	r_A	r_B	r_0	ε	E_h/eV	C/eV	f_i
SiC	1.173	0.774	0.942	6.6	8.27	4.07	0.196
BN	0.853	0.719	0.783	4.5	13.1	7.84	0.264
BP	0.853	1.127	0.983	8.2	7.44	1.84	0.058
BAs	0.853	1.225	1.034	10.2	6.55	1.07	0.026
AlN	1.230	0.672	0.946	4.8	8.17	7.32	0.445
AlP	1.230	1.127	1.180	7.6	4.72	3.76	0.388
AlAs	1.230	1.225	1.217	8.2	4.38	3.82	0.432
AlSb	1.230	1.405	1.328	10.2	3.52	3.08	0.433

晶　　体	r_A	r_B	r_0	ε	E_h/eV	C/eV	f_i
GaN	1.225	0.719	0.972	5.4	7.65	6.94	0.452
GaP	1.225	1.128	1.180	9.1	4.72	3.30	0.328
GaAs	1.225	1.225	1.224	10.9	4.31	2.92	0.315
GaSb	1.225	1.405	1.325	14.4	3.55	2.13	0.265
InN	1.405	0.719	1.077	6.3	5.93	5.89	0.496
InP	1.405	1.128	1.271	9.6	3.93	3.35	0.421
InAs	1.405	1.225	1.307	12.3	3.67	2.74	0.359
InSb	1.405	1.405	1.403	15.7	3.08	2.15	0.329
BeO	0.975	0.678	0.824	2.9	11.5	14.7	0.620
BeS	0.975	1.127	1.050	4.2	6.31	7.91	0.611
BeSe	0.975	1.225	1.098	4.8	5.65	7.07	0.610
BeTe	0.975	1.405	1.199	6.0	4.54	5.46	0.592
MgTe	1.301	1.405	1.381	7.7	3.20	3.83	0.589
ZnO	1.225	0.678	0.988	3.7	7.33	10.1	0.653
ZnS	1.225	1.127	1.171	5.2	4.81	6.16	0.621
ZnSe	1.225	1.225	1.227	6.0	4.29	5.51	0.623
ZnTe	1.225	1.405	1.319	7.5	3.59	4.38	0.599
CdS	1.405	1.127	1.266	5.3	3.97	5.78	0.679
CdSe	1.405	1.225	1.316	6.0	3.60	5.31	0.684
CdTe	1.405	1.405	1.403	7.2	3.08	4.43	0.675

表 2.5　CsCl 型结构的各晶体的化学键参数

晶　　体	ε	E_h/eV	C/eV	f_i
CsCl	2.66	1.69	8.50	0.962
CsBr	2.70	1.54	8.12	0.965
CsI	3.10	1.31	6.90	0.965
TlCl	4.75	2.03	7.80	0.937
TlBr	5.30	1.86	7.25	0.938
TlI	7.00	1.62	5.83	0.929

表 2.6　MgF_2 型结构的各晶体的化学键参数

晶　　体	ε	E_h/eV	C/eV	f_i
MgF_2	1.88	7.19	23.0	0.911
ZnF_2	2.25	6.84	19.4	0.889
GeO_2	3.96	8.30	13.6	0.730
SnO_2	4.00	6.88	12.7	0.784

表 2.7　CaF_2 型结构的各晶体的化学键参数

晶　　体	ε	E_h/eV	C/eV	f_i
CaF_2	2.03	4.70	25.9	0.963
BaF_2	2.15	3.43	21.1	0.974

晶　　体	ε	E_h/eV	C/eV	f_i
SrF_2	2.05	4.05	23.3	0.974
$SrCl_2$	2.69	2.56	14.0	0.968
CdF_2	2.37	4.86	18.1	0.938
PbF_2	3.06	3.84	14.7	0.933

表 2.8　倒转 CaF_2 型结构的各晶体的化学键参数

晶　　体	ε	E_h/eV	C/eV	f_i
Li_2O	2.66	7.12	12.9	0.766
Mg_2Si	12.9	3.18	1.65	0.212
Mg_2Ge	13.3	3.20	1.90	0.260
Mg_2Sn	16.6	2.77	1.49	0.224

表 2.9　石英型结构的各晶体的化学键参数

晶　　体	ε	E_h/eV	C/eV	f_i
SiO_2	2.34	12.2	14.1	0.570
GeO_2	2.82	11.5	11.7	0.511

表 2.10　$A_n B_m$ 型晶体的化学键参数

晶　　体	ε	E_h/eV	C/eV	f_i
Al_2O_3	3.10	7.93	15.7	0.796
Ga_2Se_3	8.90	4.74	3.81	0.393
Cd_3As_2	20.0	3.00	1.30	0.160
Si_3N_4	4.00	10.1	8.30	0.400

　　上面各表中的结果为我们提供了系统的晶体的参数数据，对于分析晶体性质和微观参数的关系和规律性是很有用的。

2.4　二元化合物晶体的介电行为

　　在 P-V 理论基础上，人们发现介电常数 ε 和平均能量间隙 E_g 与化学键长 d 有如下近似关系

$$\varepsilon = 1 + Ad^{s'} \tag{2.28}$$

$$E_g = Bd^{-s} \tag{2.29}$$

式中：A、B、s 和 s' 都是常数。对式（2.28）取对数有

$$\lg(\varepsilon - 1) = \lg A + s' \lg d \tag{2.30}$$

上式说明 $\lg(\varepsilon-1)$ 与 $\lg d$ 成线性关系，利用 ε 和 d 的实验值可以做出各种晶体 $\lg(\varepsilon-1)$ 和 $\lg d$ 关系图，结果发现，对于同一阳离子（或阴离子）生成的各种

化合物晶体，基本上处在一条直线上，不同阳离子（或阴离子）的化合物得到的直线大部分是相互平行的，拟合的直线可以确定出 A、s' 的常数值。利用这些线性图得到各种类型晶体的 s' 和 A 值的结果列于表 2.11 中。从表中数值可看出以阳离子为标准时，s' 是一个常数；以阴离子为标准时，则 s' 值依赖于阴离子的化合价。A 和 s' 的表达式也可按 P-V 的理论导出，即

$$\varepsilon = 1 + \frac{4\pi e^2 N_e \hbar^2}{m E_g^2} \tag{2.31}$$

式中：N_e 为价电子密度。

表 2.11　各类晶体的 s' 和 A 值

晶体类型	离子类型	s'	离　　子	A
NaCl 型（I-VII）	阳离子	3.00	Li	0.105
			Na	0.060
			K	0.038
			Rb	0.034
NaCl 型（II-VI）	阳离子	3.00	Mg	0.233
			Ca	0.160
			Sr	0.133
	阴离子	−1.59	O	
			S	18.410
			Se	23.558
			Te	31.503
四面体（II-VI）	阳离子	3.00	Be	0.592
			Zn	0.333
			Cd	0.283
	阴离子	−1.59	O	
			S	18.401
			Se	23.588
			Te	31.533
四面体（III-V）	阴离子	1.45	N	1.514
			P	2.203
			As	2.588
			Sb	3.281

若单位体积可表示为 $\frac{1}{2}kd^3$ 形式，k 为晶体的结构因子，将式（2.29）代入式（2.31），得

$$\varepsilon = 1 + \frac{8\pi e^2 N_e \hbar^2 d^{2s-3}}{m k B^2} \tag{2.32}$$

和式（2.28）比较有

$$s' = 2s - 3 \tag{2.33}$$

$$A = \frac{8\pi e^2 N_e \hbar^2}{m k B^2} \tag{2.34}$$

式（2.33）和式（2.34）只表示出了这 2 个参数和各物理量之间的关系，然而，还不能利用这个关系准确地计算出参数值。

利用表 2.11 中参数和化学键长，很容易求出晶体的介电常数。比如，对 LnM(M＝N，P，As，Sb) 晶体，它们的晶体结构已经知道是岩盐型结构，化学键的键长可以通过计算求得，利用式（2.28）和表 2.11 中的参数能够得到各个晶体的介电常数，进而利用 Levine 理论求出各个晶体的化学键参数（见表 2.12～表 2.15）。从表中结果可以发现，晶体的共价性随着稀土离子的改变而变化不大，但是，随着阴离子 N、P、As、Sb 的次序的改变，晶体的共价性逐渐增大。晶体的介电常数也有相同的规律。

表 2.12　岩盐型 LnN 化合物晶体的化学键参数

晶　　体	d/nm	ε	E_h/eV	C/eV	E_g/eV	f_c
LaN	0.265	7.22	3.54	6.29	7.22	0.241
CeN	0.251	6.75	4.06	7.05	8.14	0.248
PrN	0.258	6.98	3.79	6.66	7.66	0.245
NdN	0.258	6.98	3.79	6.66	7.66	0.245
SmN	0.252	6.78	4.02	7.00	8.07	0.248
EuN	0.251	6.75	4.06	7.05	8.14	0.248
GdN	0.250	6.71	4.10	7.12	8.21	0.249
TbN	0.247	6.62	4.22	7.30	8.43	0.251
DyN	0.245	6.55	4.31	7.43	8.58	0.252
HoN	0.244	6.52	4.35	7.49	8.66	0.252
ErN	0.242	6.45	4.44	7.62	8.82	0.253
TmN	0.240	6.39	4.53	7.75	8.98	0.255
YbN	0.239	6.36	4.58	7.82	9.06	0.255
YN	0.244	6.52	4.35	7.49	8.66	0.252

表 2.13　岩盐型 LnP 化合物晶体的化学键参数

晶　　体	d/nm	ε	E_h/eV	C/eV	E_g/eV	f_c
LaP	0.301	11.91	2.58	3.77	4.67	0.320
CeP	0.295	11.60	2.72	3.93	4.78	0.324
PrP	0.293	11.49	2.76	3.99	4.85	0.325
NdP	0.291	11.39	2.81	4.04	4.92	0.326
SmP	0.288	11.23	2.88	4.13	5.04	0.328
TbP	0.284	11.03	2.99	4.25	5.19	0.330
HoP	0.281	10.88	3.07	4.35	5.32	0.332

表 2.14　岩盐型 LnAs 化合物晶体的化学键参数

晶　　体	d/nm	ε	E_h/eV	C/eV	E_g/eV	f_c
LaAs	0.306	14.10	2.48	3.51	4.30	0.333
CeAs	0.303	13.91	2.54	3.95	4.40	0.334

晶　　体	d/nm	ε	E_h/eV	C/eV	E_g/eV	f_c
PrAs	0.300	13.73	2.61	3.66	4.49	0.336
NdAs	0.298	13.61	2.65	3.71	4.56	0.337
SmAs	0.296	13.48	2.69	3.77	4.63	0.338
GdAs	0.293	13.30	2.76	3.85	4.74	0.340
TbAs	0.291	13.18	2.81	3.90	4.81	0.341
DyAs	0.289	13.06	2.86	3.96	4.88	0.343
HoAs	0.289	13.06	2.86	3.96	4.88	0.343
ErAs	0.287	12.94	2.91	4.01	4.96	0.344
TmAs	0.286	12.88	2.93	4.04	4.99	0.345
YbAs	0.285	12.82	2.96	4.07	5.03	0.346
YAs	0.289	13.06	2.86	3.96	4.88	0.343

表 2.15　岩盐型 LnSb 化合物晶体的化学键参数

晶　　体	d/nm	ε	E_h/eV	C/eV	E_g/eV	f_c
LaSb	0.324	19.02	2.16	2.77	3.51	0.377
CeSb	0.320	18.72	2.22	2.84	3.61	0.379
PrSb	0.318	18.52	2.26	2.88	3.67	0.381
NdSb	0.315	18.35	2.30	2.93	3.72	0.382
SmSb	0.314	18.20	2.34	2.96	3.77	0.383
GdSb	0.311	17.99	2.39	3.02	3.84	0.385
TbSb	0.309	17.84	2.42	3.05	3.90	0.386
DySb	0.308	17.73	2.45	3.08	3.94	0.387
HoSb	0.307	17.65	2.47	3.10	3.97	0.388
ErSb	0.305	17.55	2.50	3.13	4.00	0.389
TmSb	0.304	17.46	2.52	3.15	4.04	0.390
YbSb	0.296	16.83	2.69	3.33	4.28	0.395

　　另外，实验测出 GdP 的介电常数 $\varepsilon=11.2$，但是，该晶体的结构尚没有报道，没有办法计算它的介电常数。然而，我们计算 SmP 的介电常数 $\varepsilon=11.23$，TbP 的介电常数 $\varepsilon=11.03$。按照稀土离子半径的次序规律，GdP 的介电常数应该在 SmP 的介电常数和 TbP 的介电常数之间，而实验结果恰恰和我们的计算结果相符合，说明我们的计算结果是很合理的。

2.5　晶体中的离子半径

　　晶体中离子半径是一个很重要的物理参数，在很多情况下，人们需要通过它来研究晶体性质的变化规律，因此，到现在为止已有很多种确定方法，通常将晶体认为是原子或离子密堆积而成的，原子和离子为刚性球，这样，原子或离子半径实际上就应该依赖于晶体结构和配位数等，有人已经系统地研究了不同配位情况下晶体中离子的半径情况（见附录）。这节我们不是全面地探讨晶体中离子半径的计算问题，只是介绍用介电化学键理论确定晶体中离子半径的方法。根据 P-V 理论

$$C = 14.4b\exp(-k_s d/2)\left(\frac{Z_A}{r_A} - \frac{Z_B}{r_B}\right) \tag{2.35}$$

$$d = r_A + r_B \tag{2.36}$$

经过简单的数学推导得

$$C = 14.4b\exp(-k_s d/2)\left(\frac{Z_A}{r_A} - \frac{Z_B}{d - r_A}\right) \tag{2.37}$$

$$C[r_A(d - r_A)] = 14.4b\exp(-k_s d/2)[Z_A(d - r_A) - Z_B r_A]$$

对于 $A^I B^{VII}$ 型岩盐结构晶体，$Z_A = 1$，$Z_B = 7$，晶格常数 a 等于化学键长的 2 倍，即 $a = 2d$，并且注意上式中 C 的值是负的，我们解一元二次方程，得到

$$r_A = [aX - 16 + (256 + a^2 X^2 - 24aX)^{1/2}]/(4X) \tag{2.38}$$

$$r_B = [aX + 16 - (256 + a^2 X^2 - 24aX)^{1/2}]/(4X) \tag{2.39}$$

其中

$$X = [C\exp(k_s a/4)]/(14.4b)$$

在上面 X 的表达式中，我们可以发现它只依赖于 C 和 b，若已知介电常数，则 C 可以由式（2.12）和式（2.13）求得，然后利用计算程序，调整 b 值使得

$$\sigma = \left\{\frac{1}{n}\sum_{i=1}^{n}[W(d_i - r_{Ai}^{av} - r_{Bi}^{av})/d_i]^2\right\}^{1/2} \tag{2.40}$$

达到极小值，最后得到 b 值并求得 r_A 和 r_B，式中 $n = n_A n_B$，n_A、n_B 分别为阳离子和阴离子种类的数目。求和包括同系列化合物中的所有晶体，其中

$$r_{Ai} = \frac{1}{n_B}\sum_{k=1}^{n_B} r_{Ai}^k, \qquad r_{Bi} = \frac{1}{n_A}\sum_{k=1}^{n_A} r_{Bi}^k \tag{2.41}$$

$$W = 1 + [(r_{Ai}^{av} - r_{Bi}^{av})/r_{0i}^2]^2$$

$$r_{0i} = d_i/2$$

对 $A^{II} B^{VI}$ 型岩盐结构晶体，同理，我们得到

$$r_A = [aX - 16 + (256 + a^2 X^2 - 16aX)^{1/2}]/(4X) \tag{2.42}$$

$$r_B = [aX + 16 - (256 + a^2 X^2 - 16aX)^{1/2}]/(4X) \tag{2.43}$$

计算机拟合方法和上面相同，由式（2.37）、式（2.38）和式（2.42）、式（2.43）的比较看出，在不同价的 $A^N B^{8-N}$ 型晶体的情况下，r_A、r_B 的表达式也略有不同。但是，对于 $A^N B^{8-N}$ 型岩盐结构晶体，可将它们通用的计算表达式归纳如下

$$r_A = \{aX - 2(Z_A + Z_B) + [a^2 X^2 + 4(Z_A + Z_B)^2 - 4aX(Z_B - Z_A)]^{1/2}\}/(4X)$$

$$\tag{2.44}$$

$$r_B = \{aX + 2(Z_A + Z_B) - [a^2 X^2 + 4(Z_A + Z_B)^2 - 4aX(Z_B - Z_A)]^{1/2}\}/(4X)$$

$$\tag{2.45}$$

对于其他结构的晶体，同样也可以导出相应的半径表达式，这里不再重复。在碱金属卤化物晶体和碱土金属和硫族化合物的晶体中，离子半径已经被计算，具体结果列于表 2.16 和表 2.17 中。

表 2.16　碱金属卤化物晶体中的离子半径　　　　　　（单位：Å）

晶　　体	r_{Acal}	r_{Bcal}	r_{Aexp}	r_{Bexp}
LiF	0.76	1.26	0.92	1.09
			0.78	1.23
LiCl	0.88	1.69	0.91	1.66
LiBr	0.90	1.85		
LiI	0.95	2.05		
NaF	1.06	1.26		
NaCl	1.16	1.66	1.17	1.65
			1.18	1.64
			1.15	1.67
			1.21	1.61
NaBr	1.21	1.78		
NaI	1.28	1.96		
KF	1.28	1.40		
KCl	1.47	1.68	1.45	1.70
KBr	1.57	1.73	1.57	1.73
KI	1.62	1.91		
RbF	1.36	1.46		
RbCl	1.62	1.68	1.71	1.58
RbBr	1.69	1.75		
RbI	1.77	1.90		

表 2.17　碱土金属和硫族化合物晶体中的离子半径　　　　（单位：Å）

晶　　体	r_{Acal}	r_{Bcal}	r_{Aexp}	r_{Bexp}
CaO	1.05	1.35	1.01	1.40
CaS	1.21	1.63	1.08	1.76
CaSe	1.26	1.69	1.09	1.87
CaTe	1.34	1.84	1.14	2.04
SrO	1.18	1.40	1.16	1.42
SrS	1.26	1.68	1.19	1.74
SrSe	1.38	1.73	1.24	1.88
SrTe	1.41	1.82	1.24	2.00
BaO	1.25	1.52	1.36	1.40
BaS	1.45	1.72	1.42	1.76
BaSe	1.55	1.76	1.44	1.87
BaTe	1.66	1.83	1.47	2.02

由表可见，同一离子在不同晶体中虽然结构和配位数相同，但是，配位离子的种类不同，它们的半径也是有差别的，表明它与周围配位离子的状态以及它们

之间的相互作用强弱有关，从物理学的角度上讲是很合理的，因为任何性质必须在特定的环境中呈现，这种差异正是体现了环境的差别。

2.6　晶体中离子的极化

晶体中带电离子由于离子间的相互作用本身会产生极化，在外场作用下，离子之间产生相对移动，也会产生极化。这种极化效应对晶体宏观性质影响很大，人们对它进行了大量的研究工作。利用 Lorentz 公式确定分子极化率的方法已较为成熟，但是该方法只能给出分子、原胞和键体积等单位体积的极化率。在这些单位体积中至少包括两种离子，所以，它不能确定出晶体中每个离子的极化行为。为了求得离子的电子极化率，人们曾提出过许多近似方法，比如，假定阳离子极化小，它和自由离子的极化率差别不大，主要是阴离子产生极化，故用自由状态阳离子的极化率代替其在晶体中的极化率，再利用分子极化率，进而求得阴离子的极化率。或采用系列同构化合物的分子极化率，用数学拟合方法求出离子的极化率。这种极化率实际上是一个平均结果，不能反映离子在各个具体晶体中的真正极化行为。任何晶体的结构和组成，形成了离子的特定环境，即存在着特定的相互作用场，离子极化行为和这种作用场密切相关，因此，合理的作法是求出某种离子在某种晶体中的极化率。我们利用介电化学键理论方法进行了离子极化行为的研究，可以实现这个目的，下面介绍有关计算方法。

晶体中介电行为的 Lorentz 公式为

$$\frac{\varepsilon-1}{\varepsilon+2}=\frac{4}{3}\pi\alpha_0 \tag{2.46}$$

式中：ε 为长波极限下的介电常数；α_0 为极化系数，表示 1Å³（即 0.001nm³）体积晶体的极化率。若晶体中包括多种类型的化学键，那么任何一类化学键的 Lorentz 公式可表示为和式（2.46）相似的形式，但是，ε、α_0 要用 ε^μ、α^μ 代替，它们分别表示任何一种 μ 类键的介电常数和极化系数。利用极化系数可求得每类化学键的任何单位体积的极化率，如分子体积 v_m、化学键的键体积 v_b^μ 等，它们相应的极化率为

$$\alpha_m=\alpha_0 v_m, \qquad \alpha_b^\mu=\alpha^\mu v_b^\mu \tag{2.47}$$

任何一个化学键只包括 2 种化学元素，如 A—B 键包括 A、B 两种元素，设它们在晶体中的配位数分别为 M_A 和 M_B，则化学键可以认为是由（$1/M_A$）个 A 离子和（$1/M_B$）个 B 离子所组成；化学键长 $d=r_A+r_B$，r_A、r_B 分别为 A、B 离子的半径，根据 Levine 的理论，化学键体积可表示为

$$v_b^\mu=\frac{(d^\mu)^3}{\sum\limits_v N_b^v(d^v)^3} \tag{2.48}$$

式中：N_b^v 为 v 类化学键的密度，求和表示对晶体中的各类化学键求和。类比式 (2.48)，可以得出一个化学键体积中，每种离子所占有的体积。设 A 离子在 A—B 化学键体积中占有的体积为 v_A^μ，B 离子占有的体积为 v_B^μ，则

$$v_A^\mu = \frac{r_A^3}{r_A^3 + r_B^3} v_b^\mu, \qquad\qquad v_B^\mu = \frac{r_B^3}{r_A^3 + r_B^3} v_b^\mu \qquad (2.49)$$

显然

$$v_A^\mu + v_B^\mu = v_b^\mu \qquad (2.50)$$

根据式 (2.47) 的结果，在 μ 类化学键的体积中，A、B 离子具有的极化率应该是化学键的极化系数乘以 A、B 离子在该化学键中占有的体积，故可以表示为如下形式

$$\alpha_A^\mu = \alpha_0^\mu v_A^\mu, \qquad\qquad \alpha_B^\mu = \alpha_0^\mu v_B^\mu \qquad (2.51)$$

然而，晶体中 A、B 离子和配体可以形成多个键，它们的极化率应该是离子在各个化学键中所占有的极化率之和

$$\alpha_A = \sum_\mu \alpha_A^\mu N_{cA}^\mu, \qquad\qquad \alpha_B = \sum_\mu \alpha_B^\mu N_{cB}^\mu \qquad (2.52)$$

式中：N_{cA}^μ、N_{cB}^μ 分别代表 A、B 离子形成 μ 类化学键的数目。若已经知道晶体结构、组成，并测出了介电常数，原则上可以求出各种离子在晶体中的极化率。对只有一种化学键类型的晶体，公式变得更为简单

$$\alpha_A = \frac{N_{cA} v_b r_A^3 \alpha_0^\mu}{r_A^3 + r_B^3}, \qquad\qquad \alpha_B = \frac{N_{cB} v_b r_B^3 \alpha_0^\mu}{r_A^3 + r_B^3} \qquad (2.53)$$

式中的化学键体积 $v_b = 1/N_b$，N_b 为化学键密度。晶体中离子半径可以利用上节的方法求得（或者利用已经给出的结果），这样，晶体中离子的极化率利用上面的方法很容易得到。

我们选择了立方结构的若干碱金属卤化物和碱土金属化合物晶体进行了晶体中离子极化率的计算，它们的晶体结构参数、介电常数、晶体中的离子半径都已经知道。各个晶体中离子极化率的计算结果列于表 2.18 和表 2.19 中。从表中结果可见，同一种阳离子的极化率在不同晶体中是不同的，体现了各自环境的差别，并随着阴离子配体的半径增大而增大，显然是很合理的。

表 2.18　碱金属卤化物晶体中离子的电子极化率

晶体	ε	$\alpha_0/(10^{-3}\mathrm{nm}^3)$	$\alpha_m/(10^{-3}\mathrm{nm}^3)$	$N_e/(10^{30}/\mathrm{m}^3)$	r_A/nm	r_B/nm	$\alpha_A/(10^{-3}\mathrm{nm}^3)$	$\alpha_B/(10^{-3}\mathrm{nm}^3)$
LiF	1.9	0.055	0.90	0.369	0.076	0.126	0.162	0.738
LiCl	2.7	0.086	2.91	0.178	0.088	0.169	0.360	2.550
LiBr	3.2	0.101	4.20	0.144	0.090	0.185	0.434	3.766
LiI	3.8	0.115	6.22	0.111	0.095	0.205	0.563	5.657
NaF	1.7	0.045	1.11	0.243	0.106	0.126	0.414	0.696
NaCl	2.3	0.072	3.24	0.134	0.116	0.166	0.824	2.416

晶体	ε	$\alpha_0/(10^{-3}nm^3)$	$\alpha_m/(10^{-3}nm^3)$	$N_e/(10^{30}/m^3)$	r_A/nm	r_B/nm	$\alpha_A/(10^{-3}nm^3)$	$\alpha_B/(10^{-3}nm^3)$
NaBr	2.6	0.083	4.12	0.113	0.121	0.178	0.985	3.135
NaI	3.0	0.095	6.47	0.089	0.128	0.196	1.409	5.061
KF	1.8	0.050	1.92	0.157	0.128	0.140	0.832	1.088
KCl	2.2	0.068	4.25	0.096	0.147	0.168	1.705	2.545
KBr	2.3	0.072	5.19	0.084	0.157	0.173	2.220	2.970
KI	2.7	0.086	7.63	0.068	0.162	0.191	2.891	4.739

注：A 表示 Li、Na、K；B 表示 F、Cl、Br、I。

表 2.19　碱土金属化合物晶体中离子的电子极化率

晶体	ε	$\alpha_0/(10^{-3}nm^3)$	$\alpha_m/(10^{-3}nm^3)$	$N_e/(10^{30}/m^3)$	r_A/nm	r_B/nm	$\alpha_A/(10^{-3}nm^3)$	$\alpha_B/(10^{-3}nm^3)$
CaO	3.3	0.104	2.89	0.216	0.105	0.135	0.92	1.97
CaS	4.5	0.128	5.91	0.130	0.121	0.163	1.72	4.19
CaSe	5.1	0.138	7.13	0.116	0.126	0.169	2.09	5.04
CaTe	6.3	0.152	9.70	0.094	0.034	0.184	2.70	7.00
SrO	3.2	0.101	3.46	0.175	0.118	0.140	1.30	2.16
SrS	4.4	0.127	6.93	0.110	0.126	0.168	2.06	4.87
SrSe	4.9	0.135	8.18	0.099	0.138	0.173	2.75	5.43
SrTe	5.8	0.147	9.91	0.089	0.141	0.182	3.15	6.76
BaO	3.8	0.115	4.82	0.143	0.125	0.152	1.72	3.10
BaS	4.5	0.128	8.35	0.092	0.145	0.172	3.13	5.22
BaSe	4.9	0.135	9.76	0.083	0.155	0.176	3.96	5.80
BaTe	5.3	0.141	12.06	0.070	0.166	0.183	5.15	6.91

注：A 表示 Ca、Sr、Ba；B 表示 O、S、Se、Te。

2.7　二元晶体的热膨胀与化学键

　　随着晶体材料科学的发展，功能材料设计已成为重要研究课题之一。进行材料设计的先决条件是对晶体微观结构的深刻认识和建立宏观性质与微观结构的定量规律。已经发展起来的固体量子理论中，往往因其繁杂性而降低了实用性。P-V 理论对 $A^N B^{8-N}$ 晶体的应用则显示了理论的有效性，本部分讨论该理论在固体中热膨胀中的应用。

　　固体中热膨胀是由热膨胀系数（体膨胀系数和线膨胀系数）表征的。其中，线膨胀系数定义为温度升高 1℃ 单位长度的变化量，即 $\alpha = \dfrac{1}{L}\left(\dfrac{\partial L}{\partial T}\right)_P$。体膨胀系数是二阶张量，它反映了固体中原子间、分子间作用力的强弱，以及随方向、温度、杂质和电子跃迁等因素的变化情况。研究热膨胀与化学键的关系，一方面可通过化学键参数定量计算膨胀系数，另一方面可利用热膨胀的研究进一步了解化学键情况。

　　影响热膨胀的因素很多，为简便起见，我们只考虑平均线膨胀系数的计算。

首先选一类结构相似、组成简单的化合物为研究对象，这样能尽可能减少其他因素的影响。因此，我们先从碱金属卤化物、碱土金属硫族化合物晶体入手。众所周知，热膨胀是由于晶体受热后晶格振动引起的，主要是和非线性振动相关，晶格的振动行为和晶体结构组成及离子间的作用力有很大关系，人们已经研究了很长时间并总结了若干定性规律。比如，热膨胀系数和化学键强度成反比关系，和化学键长成正比关系；共价键晶体热膨胀小，离子性晶体热膨胀大等。实验中已经测出了很多晶体的线膨胀系数，我们根据已有的定性规律和实验结果，给出如下计算线膨胀系数的经验公式

$$\alpha = C(d \cdot N_c/Z)\exp(Bf_i) \tag{2.54}$$

式中：d 为化学键长；N_c 为阳离子的配位数；Z 为阳离子的化合价；f_i 为化学键的离子性；B 取为 0.618；C 为阳离子所在周期的函数，$C = 1.68/\delta$。我们给出由 H 到 Cs 各元素周期的 δ 值：

周　期	1	2	3	4	5	6
δ	1.00	1.00	1.275	1.55	1.685	1.925

利用式（2.54）对碱金属卤化物、碱土金属硫族化合物晶体的线膨胀系数进行了计算并和实验结果作了比较，两者符合很好。详细结果见表 2.20。

表 2.20　碱金属卤化物、碱土金属硫族化合物晶体的线膨胀系数的计算

晶　体	$d/(10^{-10}\text{m})$	f_i	$\alpha_{cal}/(10^{-6}/\text{K})$	$\alpha_{exp}/(10^{-6}/\text{K})$
LiF	2.014	0.915	35.7	37
LiCl	2.570	0.903	45.3	44
LiBr	2.751	0.899	48.3	—
LiI	3.026	0.890	52.8	58
NaF	2.317	0.946	32.8	32
NaCl	2.820	0.935	39.7	40
NaBr	2.986	0.934	42.1	42
NaI	3.237	0.927	45.4	45
KF	2.672	0.955	31.3	30
KCl	3.147	0.953	36.9	37
KBr	3.299	0.952	38.6	39
KI	3.533	0.950	41.2	41
RbF	2.815	0.960	30.4	—
RbCl	3.295	0.955	35.6	36
RbBr	3.434	0.957	37.1	—
RbI	3.670	0.951	39.5	39
MgO	2.104	0.841	14.0	13.5
MgS	2.600	0.786	16.8	—
MgSe	2.732	0.790	17.6	—
MgTe	2.762	0.554	10.3	—
CaO	2.406	0.913	13.7	13.1

晶　　体	$d/(10^{-10}\,\mathrm{m})$	f_i	$\alpha_{cal}/(10^{-6}/\mathrm{K})$	$\alpha_{exp}/(10^{-6}/\mathrm{K})$
CaS	2.845	0.902	16.2	—
CaSe	2.962	0.900	16.8	—
CaTe	3.179	0.894	18.0	—
SrO	2.580	0.926	13.7	13.7
SrS	3.010	0.914	15.9	—
SrSe	3.123	0.917	16.5	—
SrTe	3.330	0.903	17.5	—
BaO	2.761	0.931	12.8	12.8
BaS	3.193	0.935	14.9	—
BaSe	3.300	0.937	15.4	—
BaTe	3.500	0.940	16.4	—

事实上，式（2.54）对一般的二元晶体也适用。这时，式中 Z/N_c 仍是鲍林定义的化学键强度。为了说明这一点，我们对若干二元晶体也进行了计算并与它们的实验测量结果进行了比较（见表 2.21）。除了化学键因素外，在有些晶体中，特殊的结构和相变可能会对热膨胀产生决定性影响。例如，某些结构的晶体中，多面体可能转动，造成热膨胀的异常。Taylor 的定量计算表明，石英的热膨胀一半以上是由于 SiO_4 四面体旋转所致。因此在具体计算热膨胀时，除了化学键因素外还要考虑其他方面的原因。

表 2.21　某些二元晶体线膨胀系数的计算

晶　　体	N_c	$d/(10^{-10}\,\mathrm{m})$	f_i	$\alpha_{cal}/(10^{-6}/\mathrm{K})$	$\alpha_{exp}/(10^{-6}/\mathrm{K})$
CsBr	8	3.712	0.965	47.0	47
CsI	8	3.955	0.965	50.1	50
AgCl	6	2.778	0.856	28.2	30
AgBr	6	2.888	0.850	29.2	35
CuCl	4	2.342	0.746	16.1	13.8
CuBr	4	2.524	0.735	17.6	19
MnO	6	2.222	0.887	12.6	13
ZnS	4	2.314	0.623	7.4	6.7
ZnSe	4	2.454	0.676	8.0	7.5
ZnTe	4	2.644	0.546	8.1	8.2
GaP	4	2.359	0.374	4.3	5.3
GaAs	4	2.456	0.310	4.3	5.7
GaSb	4	2.650	0.261	4.5	6.9
InP	4	2.542	0.421	4.4	4.5
InAs	4	2.619	0.357	4.4	5.3
InSb	4	2.806	0.321	4.6	4.9
SiC	4	1.887	0.177	2.8	2.8
CaF_2	8 : 4	2.365	0.968	18.5	19.5

续表

晶　体	N_c	$d/(10^{-10}\,\mathrm{m})$	f_i	$\alpha_{cal}/(10^{-6}/\mathrm{K})$	$\alpha_{exp}/(10^{-6}/\mathrm{K})$
BaF$_2$	8 : 4	2.685	0.974	16.8	18.4
MgF$_2$	6 : 3	1.992	0.911	13.9	14
ZnF$_2$	6 : 3	2.033	0.889	11.4	9.8
GeO$_2$	6 : 3	1.880	0.730	4.8	4.5
Si$_3$N$_4$	4 : 3	1.737	0.400	2.8	2.1

我们可将式（2.54）表示为随温度变化的形式：

$$\alpha(T) = C[d(T) \cdot N_c/Z]\exp[Bf_i(T)] \tag{2.55}$$

一般 d 改变极小，可以由热膨胀分析化学键的离子性 f_i 随着温度的变化趋势，即温度升高时，f_i 增大，即离子性增强。

参 考 文 献

高发明，张思远. 人工晶体学报，1992，21：315

任金生，张思远. 人工晶体学报，1992，21：125

张思远. 应用化学，1993，10：97

张思远. 中国稀土学报，1995，13：201

Fowler P W，Madden P A. Phys. Rev. 1984，B29：1035

Guntherodt G，Wachter P. Proceedings of 11th rare earth reseach conf，1974，2：820

Kucharczyk W. J. Phys. Chem. Solids.，1989，50：233

Levine B F. J. Chem. Phys.，1973，59：1463

Levine B F. Phys. Rev.，1973，B7：2591

Levine B F. Phys. Rev.，1973，B7：2600

Phillips J C，Van Vechten J A. Phys. Rev. Lett.，1969，22：705

Phillips J C. Rev. Mod. Phys.，1970，42：317

Sarkar K K，Goyal S C. Phys. Rev.，1980，B21：879

Sharma S B，Paliwal P，Kumar M. J. Phys. Chem. Solids.，1990，51：35

Sharnmon R D. Acta. Crystallogr.，1976，A32：751

Tessman J R. Kahn A H. Phys. Rev.，1953，92：890

Van Vechten J A. Phys. Rev.，1969，182：891

Wilson J N，Cuttis R M. J. Phys. Chem，1974，74：187

第 3 章　复杂晶体化学键的介电理论

3.1　复杂晶体化学键的理论方法

晶体中化学键的概念已被广泛应用于化学和固体物理学中，其中，20 世纪 60 年代末，由 Phillips 和 Van Vechten 所发展的离子性的电介质描述理论成功地用于键结构、弹性和压电系数、价键参数、非线性光学系数等方面的计算，引起了人们的极大注意。但是，这个理论的研究对象仅限于 $A^N B^{8-N}$ 型化合物晶体，限制了它的应用范围。1973 年，Levine 将 P-V 理论扩展到 $A_m B_n$ 型晶体并试图将 P-V 理论扩展到复杂结构的多元晶体，由于一些模型和方法上的具体困难未解决，只能利用一些近似方法处理若干特殊结构类型，虽然如此，现在仍然被应用于各方面的研究工作。本章的目的是提出系统的解决多元体系的复杂晶体的化学键参数计算的理论方法和晶体性质的有关计算问题。其基本思想概括如下：大家知道，晶体组成可用化学分子式表征，它表明构成晶体各种化学元素间的当量比。但是，在晶体结构中它不和特定的空间构型相应，晶体空间结构的最小重复单元是原胞，通常它包含一个或若干分子的当量元素。从另一个角度看，晶体也可看成是组成晶体的各种离子及离子间的化学键的集合体，如果我们定义，组成化学键的两个离子以及它们在晶体中所处的对称性格位都相同，化学键长也相等的一些化学键为一类化学键。每类化学键都应该具有自己特定的性质、空间构型和元素比例，若我们把这种元素比例关系也表示为化学式，那么晶体中每一类化学键就将相应于一种化学子式，晶体是各种类型化学键的集合体，晶体的分子式也应是各类化学键所相应的化学子式的和。大家知道，任何一个化学键都是二元的，其化学子式也应是二元化合物形式，我们就可以利用 P-V 理论的基本精神，首先解决这些二元化学子式的计算问题，然后，建立这些二元化学子式和复杂晶体的分子式之间的关系，进而达到解决多元成分的复杂结构晶体的化学键性质研究的目的。

为了解决复杂晶体的化学键计算问题，首要任务是建立将多类化学键的复杂体系分解为单一类化学键的二元体系组合的方法。由于每类化学键和确定的化学分子式相应，所以，它也可转换为晶体分子式分解为各类化学键相应的分子式问题。若晶体的详细结构知道，我们根据结构中的各个离子的配位数和晶体分子式中各个元素数量，确定出与各类化学键相应的化学分子式中元素间的比例关系。

具体分解方法如下：设任何一个复杂晶体的分子式为 $A_{a_1}^1\, A_{a_2}^2\, A_{a_3}^3\, \cdots A_{a_i}^i\, B_{b_1}^1\, B_{b_2}^2\, B_{b_3}^3\, \cdots B_{b_j}^j$，A、B 分别表示阳离子和阴离子，$A^i$、$B^j$ 分别表示不同元素或同一元素的不同对称性格位，a_i、b_j 表示相应元素的数目，在晶体中各元素的近邻配位数分别为 N_{cAi}、N_{cBj}。通常，在晶体中，某个离子的近邻配位体中可包含几种不同的元素，这样，对于相应任何一类 A—B 化学键的化学分子式可由式（3.1）求得

$$\frac{N(B^j - A^i)a_i}{N_{cAi}} \cdot A^i \cdot \frac{N(A^i - B^j)b_j}{N_{cBj}} \cdot B^j \tag{3.1}$$

式中：$N(I - J)$ 表示在 J 离子的配位体中包含 I 种离子的数目。若我们知道晶体结构数据，化学键的情况也就知道，晶体的所有类型化学键相应的化学分子式都可利用式（3.1）求出。这种与每类化学键相应的化学分子式我们称为键子式。可以列出晶体的分子式和这些键子式的关系方程，这种等式关系我们叫做键子式方程，它不仅反映了晶体分子式和各类化学键所相应的化学子式之间的元素数量关系，也反映了晶体总的性质和各类化学键的性质之间的关系，见式（3.2）。

$$A_{a_1}^1 A_{a_2}^2 \cdots A_{a_i}^i B_{b_1}^1 B_{b_2}^2 \cdots B_{b_j}^j = \sum_{i,j} A_{m_i}^i B_{n_j}^j \tag{3.2}$$

其中

$$m_i = \frac{N(B^j - A^i)a_i}{N_{cAi}}$$

$$n_j = \frac{N(A^i - B^j)b_j}{N_{cBj}}$$

晶体的分子式反映了晶体的组成和电荷守恒，化学键子式也需要反映组成的电荷平衡，但它比分子式反映得更细致，并且利用它可以确定离子在这类化学键中所呈现的化合价，比如，键子式 $A_m B_n$，若 A 离子的化合价为 Q_A，则在这个化学键中 B 离子的呈现的化合价为 $Q_B = mQ_A/n$。通常，在一种阴离子和多种阳离子构成的晶体中，首先确定化学键子式中的阳离子的化合价，认定它和晶体中阳离子的化合价一致，然后确定各个化学键子式中阴离子的呈现的化合价，而在一种阳离子和多种阴离子构成的晶体中，则首先认定化学键子式中的阴离子和晶体中阴离子的化合价一致，然后确定各个键子式中阳离子的呈现的化合价。晶体总体上保持电中性，晶体中的阳（阴）离子一般可以和其他几种阴（阳）离子形成多种化学键，在不同化学键中同一离子所呈现的化合价数可以不相同，体现了晶体中离子的电荷分布的变化。但是，每个离子在各个键上的总电荷应等于晶体中离子的化合价，这样，利用键子式和离子的化合价可以确定各种离子在各类化学键中所呈现的化合价数。例如，$KMgF_3$ 晶体，该晶体中包含两种阳离子和一种阴离子，所以，首先确定阳离子的化合价和晶体中的化合价一致，K 的配位数

是 12，Mg 的配位数是 6（见图 3.1），如果电荷在各个化学键上是平均分配的话，它们在化学键上的平均电荷分别是 1/12 和 1/3，F 有 6 个配位体。其中 2 个配位体是 Mg，4 个配位体是 K。这样，$KMgF_3$ 晶体的键子式可以利用式（3.1）求出，键子式方程表示为，$KMgF_3 = KF_2 + MgF$，根据化学键子式电荷守恒原则，在 K—F 化学键中，F 的呈现电荷是 $-1/2$，在 Mg—F 化学键中，F 的呈现电荷是 -2，由于 F 有 6 个配位体，那么，对于每个配位体的平均电荷分别是 $-1/12$ 和 $-1/3$，F 离子的总电荷 $Q_F = 4 \times (-1/12) + 2 \times (-1/3) = -1$，F 离子的电荷保持不变。

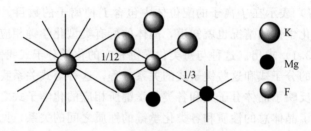

图 3.1　$KMgF_3$ 晶体的化学键电荷平衡图

根据复杂晶体的键子式方程，利用 Phillips-Van Vechten-Levine（简称 P-V-L）理论方法，对每个键子式进行相似的化学键参数计算，但计算中的参数已不是 P-V-L 理论原来的含义，要根据离子在各化学键上所呈现的电荷量进行修正。假设复杂晶体中任一个 μ 类化学键，它由 A、B 离子组成，离子的价电子数分别为 Z_A^μ、Z_B^μ，离子的近邻配位数分别为 N_{cA}^μ、N_{cB}^μ，各离子的每个价电子在化学键中所呈现的有效电荷分别为 q_A^μ、q_B^μ，则 A、B 离子在 μ 类化学键中的有效价电子数为

$$(Z_A^\mu)^* = Z_A^\mu \cdot (q_A^\mu)^*$$
$$(Z_B^\mu)^* = Z_B^\mu \cdot (q_B^\mu)^* \tag{3.3}$$

例如，对于 $KMgF_3$ 晶体，在 K—F 化学键中，F 的呈现电荷是 $-1/2$，在 Mg—F 化学键中，F 的呈现电荷是 -2，通常 F 是因为得到一个电子而形成了一价的负离子，但是，在晶体中，F 在两个化学键上的价电子有效电荷量分别是 $-1/2$ 和 -2，F 的价电子数 $Z_B^\mu = 7$（2 个 2s 电子，5 个 2p 电子），这样，晶体中 K—F 化学键和 Mg—F 化学键的有效价电子数应该分别是 7/2 和 14。任何一个 μ 键上的有效价电子数定义为

$$(n_\mu)^* = \frac{(Z_A^\mu)^*}{N_{cA}^\mu} + \frac{(Z_B^\mu)^*}{N_{cB}^\mu} \tag{3.4}$$

μ 键的键体积定义为

$$v_{\mathrm{b}}^{\mu} = \frac{(d_{\mu})^3}{\sum_{v} (d_v)^3 \cdot N_{\mathrm{b}}^{v}} \tag{3.5}$$

公式中的求和表示对晶体中包含的所有化学键的类型求和，形成归一化因子，N_{b}^{v} 是 v 类化学键的键密度（1cm³ 中的化学键数目），它可由晶体的结构数据求得，晶体中任何一类化学键的有效价电子密度为

$$(N_{\mathrm{e}}^{\mu})^* = \frac{(n_{\mu})^*}{v_{\mathrm{b}}^{\mu}} \tag{3.6}$$

根据 P-V 理论，任何一种 μ 类化学键的极化率 χ^{μ} 可表示为

$$\varepsilon^{\mu} = 1 + 4\pi\chi^{\mu} \tag{3.7}$$

$$\chi^{\mu} = \frac{(\hbar\Omega_{\mathrm{p}}^{\mu})^2}{4\pi(E_{\mathrm{g}}^{\mu})^2} \tag{3.8}$$

式中：ε^{μ} 为 μ 类化学键的介电常数；E_{g}^{μ} 是 μ 类化学键的成键分子轨道和反键分子轨道之间的平均能量间隔；$\Omega_{\mathrm{p}}^{\mu}$ 是 μ 类化学键的等离子频率

$$(\Omega_{\mathrm{p}}^{\mu})^2 = \frac{4\pi(N_{\mathrm{e}}^{\mu})^* e^2}{m} D_{\mu} \cdot A_{\mu} \tag{3.9}$$

式中：D_{μ} 为含有 d 电子元素的校正因子；A_{μ} 为 Penn 校正因子。它们的表达式分别为

$$D_{\mu} = \Delta_{\mathrm{A}}^{\mu} \cdot \Delta_{\mathrm{B}}^{\mu} - (\delta_{\mathrm{A}}^{\mu} \cdot \delta_{\mathrm{B}}^{\mu} - 1)[(Z_{\mathrm{A}}^{\mu})^* - (Z_{\mathrm{B}}^{\mu})^*]^2 \tag{3.10}$$

$$A_{\mu} = 1 - \frac{E_{\mathrm{g}}^{\mu}}{4E_{\mathrm{F}}^{\mu}} + \frac{1}{3}\left(\frac{E_{\mathrm{g}}^{\mu}}{4E_{\mathrm{F}}^{\mu}}\right)^2 \tag{3.11}$$

式中：Δ、δ 为常数，依赖于该化学元素在周期表中的周期（见表 2.1）；E_{F}^{μ} 为 μ 类化学键的 Fermi 能量

$$E_{\mathrm{F}}^{\mu} = \frac{(\hbar k_{\mathrm{F}}^{\mu})^2}{2m} \tag{3.12}$$

$$k_{\mathrm{F}}^{\mu} = [3\pi^2 (N_{\mathrm{e}}^{\mu})^*]^{1/3} \tag{3.13}$$

E_{g}^{μ} 可以分为同性极化 E_{h}^{μ} 和异性极化 C^{μ} 两部分，且

$$(E_{\mathrm{g}}^{\mu})^2 = (E_{\mathrm{h}}^{\mu})^2 + (C^{\mu})^2 \tag{3.14}$$

$$E_{\mathrm{h}}^{\mu} = 39.74/(d_{\mu})^{2.48} \tag{3.15}$$

$$C^{\mu} = 14.4b^{\mu}\exp(-k_{\mathrm{s}}^{\mu} \cdot r_0^{\mu})\left[(Z_{\mathrm{A}}^{\mu})^* - \frac{n}{m}(Z_{\mathrm{B}}^{\mu})^*\right]\Big/ r_0^{\mu} \quad (n > m) \tag{3.16}$$

$$C^{\mu} = 14.4b^{\mu}\exp(-k_{\mathrm{s}}^{\mu} \cdot r_0^{\mu})\left[\frac{m}{n}(Z_{\mathrm{A}}^{\mu})^* - (Z_{\mathrm{B}}^{\mu})^*\right]\Big/ r_0^{\mu} \quad (n < m) \tag{3.17}$$

其中

$$k_{\mathrm{s}}^{\mu} = (4k_{\mathrm{F}}^{\mu}/\pi a_{\mathrm{B}})^{1/2} \tag{3.18}$$

$$d_\mu = 2r_0^\mu \tag{3.19}$$

式中：a_B 为 Bohr 半径；$\exp(-k_s^\mu \cdot r_0^\mu)$ 是 Thomas-Fermi 屏蔽因子；b^μ 是结构校正因子，一般与平均配位数 N_c^μ 的 p 次幂成正比，对于 $A_m B_n$ 型晶体可以表示为如下形式

$$b^\mu = \beta (N_c^\mu)^p \tag{3.20}$$

$$N_c^\mu = \frac{m}{m+n} N_{cA}^\mu + \frac{n}{m+n} N_{cB}^\mu \tag{3.21}$$

p 的具体值与平均配位数有关，我们给出如下的经验关系

$$b^\mu = \beta (N_c^\mu)^{1.48} \qquad (N_c^\mu \geqslant 5.3)$$

$$b^\mu = \beta (N_c^\mu)^2 \qquad (5.3 > N_c^\mu \geqslant 3)$$

$$b^\mu = \beta (N_c^\mu)^3 \qquad (3 > N_c^\mu > 1.6)$$

$$b^\mu = \beta (N_c^\mu)^{4.1} \qquad (N_c^\mu = 1.6)$$

β 因子依赖于具体的晶体结构，在 $A^N B^{8-N}$ 化合物中，通过大量计算和实验比较发现，β 因子近似为 0.089，若晶体的介电常数知道，可由上面的公式直接拟合求得更符合实际的 β 值，对于含有多种类型化学键的复杂晶体，总的电极化率可表示为

$$\chi = \sum_\mu F^\mu \cdot \chi^\mu = \sum_\mu N_b^\mu \cdot \chi_b^\mu \tag{3.22}$$

式中：χ^μ 为晶体中 μ 类化学键的极化率；χ_b^μ 为 μ 类化学键的一个键的极化率；F^μ 是晶体中 μ 类化学键的数目占有的比例系数，若晶体的介电常数或折射率知道，利用式（3.22）和式（3.8）可以求出真实晶体的 β 值。

晶体中任何一种 μ 类化学键的离子性 f_i^μ 和共价性 f_c^μ 可由下面关系确定

$$f_i^\mu = \frac{(C^\mu)^2}{(E_g^\mu)^2} \tag{3.23}$$

$$f_c^\mu = \frac{(E_h^\mu)^2}{(E_g^\mu)^2} \tag{3.24}$$

若一个复杂晶体的结构和介电常数知道，晶体中各类化学键的参数都可以求得；反之，也可利用上面公式和经验值对晶体的未知介电常数进行估算。在复杂晶体的计算模型中，虽然在计算键子式时，在公式的形式上和 P-V 理论相似，但是，这里用有效价电子电荷代替了它们的价电子电荷 e 的概念，所以，其结果是截然不同的。

在含多种元素的复杂晶体的化学键计算中，首先要知道离子在每个化学键中所呈现的化合价和有效价电子电荷，设 A—B 化学键中，两种离子所呈现的化合价分别为 p_{A-B}^μ 和 p_{B-A}^μ，根据键子式电荷平衡关系，由式（3.1）可以导出式（3.25）成立

$$\frac{p^{\mu}_{A-B} \cdot N_{B-A} \cdot a}{N_{cA}} = \frac{p^{\mu}_{B-A} \cdot N_{A-B} \cdot b}{N_{cB}} \tag{3.25}$$

另外，在同一化学键上的阴离子和阳离子的电荷相等，符号相反，有

$$\frac{p^{\mu}_{A-B}}{N_{cA}} = \frac{p^{\mu}_{B-A}}{N_{cB}} \tag{3.26}$$

根据式（3.25）和式（3.26），得

$$N_{B-A} \cdot a = N_{A-B} \cdot b \tag{3.27}$$

$$\frac{N_{B-A}}{N_{A-B}} = \frac{b}{a} \tag{3.28}$$

若我们假设 Q_A、Q_B 是自由离子的化合价数，则

$$Q_A = \sum_{\mu, I} \frac{p^{\mu}_{A-I} \cdot N^{\mu}_{A-I}}{N_{cA}} \tag{3.29}$$

$$Q_B = \sum_{\mu, I} \frac{p^{\mu}_{B-I} \cdot N^{\mu}_{B-I}}{N_{cB}} \tag{3.30}$$

式中：p^{μ}_{A-I} 表示 A 离子和 I 离子的化学键中 A 离子所呈现的化合价，N^{μ}_{A-I} 为 μ 类化学键中 A 离子和 I 离子成键的数目。这样，利用上面方法很容易确定任何一个 μ 类化学键的两个离子的一个价电子的有效价电荷，对于阳离子 A 和阴离子 B 的一个价电子的有效电荷分别表示为如下形式

$$(q^{\mu}_A)^* = \frac{p^{\mu}_{A-B}}{Z^{\mu}_A} \tag{3.31}$$

$$(q^{\mu}_B)^* = \frac{p^{\mu}_{B-A}}{N - Z^{\mu}_B} \tag{3.32}$$

式中：N 是填满原子壳层时原子的价电子数，对 s 和 p 壳层为外层的阴离子，则 $N=8$。

3.2　复杂晶体的化学键性质

晶体中的化学键性质研究是一个很困难的问题，定量计算复杂晶体中各类化学键的性质至今尚未进行。复杂晶体介电理论方法为计算复杂晶体的化学键性质提供了可能性，复杂晶体化学键微观结果可以帮助我们更详细地了解微观参数和晶体宏观性质之间的关系，调整微观参数引起宏观性质的变化规律，为材料设计和新材料性质的预测提供理论依据。下面介绍几类晶体化学键性质和相应参数的研究结果。

3.2.1　含 Y 的光学晶体的化学键性质

含 Y 的复合氧化物晶体是一类重要的激光工作物质，详细地了解它们的微观性质和物理参数对于研究和改进晶体的宏观性质有着重要意义。为此，首先我们利用上面的理论方法分别研究 $Y_3Al_5O_{12}$、$YAlO_3$、Y_2O_3、YVO_4 和 YPO_4 等 5

种含 Y 复杂晶体的化学键性质和相关参数。$Y_3Al_5O_{12}$ 晶体属于 $Ia3d$ 空间群，立方对称性，晶胞参数 $a=12$Å，原胞中含有 8 个分子。$YAlO_3$ 晶体属于 $Pnma$ 空间群，正交对称性，晶胞参数 $a=5.330$Å，$b=7.375$Å，$c=5.180$Å，原胞中含有 4 个分子。YVO_4 和 YPO_4 晶体属于 $I4_1/amd$ 空间群，四方对称性，晶胞参数分别是 $a=7.12$Å，$c=6.289$Å 和 $a=6.885$Å，$c=5.982$Å，原胞中含有 4 个分子。Y_2O_3 晶体属于 $Ia3$ 空间群，立方对称性，晶胞参数 $a=10.6073$Å，原胞中含有 16 个分子。根据晶体的详细结构和对称性，首先计算晶体中各类化学键的键长，阴离子和阳离子的配位数，确定化学键的类型，各个晶体的详细结构参数列于表 3.1 中。然后根据表 3.1 的晶体结构的结果和式（3.1）和式（3.2）写出各晶体的键子式方程如下。

$$Y_3Al_5O_{12} = Y_3Al(1)_2Al(2)_3O_{12} = Y_3O_6 + Al(1)_2O_3 + Al(2)_3O_3 \tag{3.33}$$

$$YAlO_3 = YO_{9/5} + AlO_{6/5} \tag{3.34}$$

$$Y_2O_3 = Y(1)Y(2)O_3 = Y(1)_{1/2}O_{3/4} + Y(2)_{3/2}O_{9/4} \tag{3.35}$$

$$YVO_4 = YO_{8/3} + VO_{4/3} \tag{3.36}$$

$$YPO_4 = YO_{8/3} + PO_{4/3} \tag{3.37}$$

表 3.1　各晶体中的化学键型、键长和离子配位数

晶　体	中心离子	键　型	键长/nm	配 位 数
$Y_3Al_5O_{12}$	Y	Y—O	0.2367	8
	Al(1)	Al(1)—O	0.1937	6
	Al(2)	Al(2)—O	0.1761	4
	O	O—Y	0.2367	2
		O—Al(1)	0.1937	1
		O—Al(2)	0.1761	1
$YAlO_3$	Y	Y—O	0.2469	9
	Al	Al—O	0.1911	6
	O	O—Y	0.2469	3
		O—Al	0.1911	2
Y_2O_3	Y(1)	Y(1)—O	0.2288	6
	Y(2)	Y(2)—O	0.2283	6
	O	O—Y(1)	0.2288	1
		O—Y(2)	0.2283	3
YVO_4	Y	Y—O	0.2362	8
	V	V—O	0.1717	4
	O	O—Y	0.2362	2
		O—V	0.1717	1
YPO_4	Y	Y—O	0.2240	8
	P	P—O	0.1663	4
	O	O—Y	0.2240	2
		O—P	0.1663	1

晶体的折射率已经知道：$n = 1.825 (Y_3Al_5O_{12})$，$n = 1.96 (YAlO_3)$，$n = 1.91 (Y_2O_3)$，$n = 2.01 (YVO_4)$，$n = 1.72 (YPO_4)$，利用 $\varepsilon = n^2$ 的关系可求得各晶体的光波频率的介电常数，在含有一种阴离子和多种阳离子的化合物中，利用键子式保持电中性的原则下，一般地，首先根据阳离子化合价确定阴离子在各个化学键中的价电子有效电荷和它的呈现价，在含有一种阳离子和多种阴离子的化合物中，则首先根据阴离子化合价确定阳离子在各个化学键中的价电子有效电荷和它的呈现价。对于更复杂的情况确定起来会麻烦些，但是，必须满足电荷平衡。以 $Y_3Al_5O_{12}$ 晶体为例说明晶体内的电荷平衡情况（见图 3.2）。由图 3.2 可

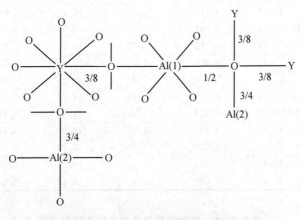

图 3.2　$Y_3Al_5O_{12}$ 晶体的电荷平衡图

以看出，这个晶体属于含有多种阳离子和一种阴离子的情况，Y 和 Al 都是 3 价，O 在不同的化学键中呈现的化合价不一样，在 Y—O 化学键中，O 呈现的化合价是 $-3/2$ 价，有效价电子电荷是 $-3/4$，有效价电子数是 $9/2$。在 Al(1)—O 化学键中，O 呈现的化合价是 -2 价，有效价电子电荷是 -1，有效价电子数是 6。在 Al(2)—O 化学键中，O 呈现的化合价是 -3 价，有效价电子电荷是 $-3/2$，有效价电子数是 9。阳离子对每个化学键提供的电荷可以近似等于平均电荷，即阳离子的化合价除以配位数。O 有 4 个配位体，它对各个化学键提供的电荷依赖于相应的阳离子，分别为 $-3/8(Y)$，$-3/8(Y)$，$-1/2[Al(1)]$ 和 $-3/4[Al(2)]$，这些电荷的和等于 -2，正好是自由离子 O 的带电量。O 离子各向异性的分布反映了离子电子云在晶体状况下发生了形变，产生了各向异性的相互作用，但是，晶体的电中性仍然保持。基于以上分析，利用上节的理论公式可以计算晶体中各类型键的键参数，其他晶体也作类似处理，计算结果列在表 3.2 中。从结果可以看出，虽然，每种晶体中都含有 Y—O 键，稀土掺杂一般是取代 Y 的位置，但是，由于晶体的结构和组成不一样，其化学键长、化学键参数都不相同，显然，在 Y—O 键上也反映了各个晶体自身的特殊性质。为了比较 Y—O

键在不同晶体中的性质，我们详细计算了它们的极化系数，键体积极化率，结果列于表 3.3 中。从表中可以看出这些 Y—O 化学键在各个晶体中的极化行为也是不一样的，但是，有一定的规律，就是键体积极化率的大小和共价性的大小次序一致，即 $Y_3Al_5O_{12} < YAlO_3 < YPO_4 < YVO_4 < Y_2O_3$。这样的次序和 Eu^{3+} 掺杂在这些晶体中的发光强弱的次序也是一致的，表明了配位体的极化行为和发光性质之间的关联。

表 3.2　各个晶体的键参数

晶　体	键　型	$N_e^\mu/(10^{30}/m^3)$	E_h^μ/eV	C^μ/eV	f_c^μ	ε^μ
	Y—O	0.247	4.69	17.61	0.066	2.03
$Y_3Al_5O_{12}$	Al(1)—O	0.601	7.71	19.90	0.131	2.83
	Al(2)—O	1.199	9.77	14.50	0.312	6.43
YAlO$_3$	Y—O	0.309	4.22	14.60	0.077	2.84
	Al—O	0.998	7.98	15.96	0.200	5.32
Y_2O_3	Y(1)—O	0.320	5.10	11.84	0.156	3.66
	Y(2)—O	0.322	5.13	11.90	0.157	3.65
YVO$_4$	Y—O	0.180	4.72	12.30	0.130	2.44
	V—O	1.560	10.40	15.70	0.306	7.09
YPO$_4$	Y—O	0.204	5.38	15.76	0.103	1.93
	P—O	1.670	11.31	19.43	0.251	4.10

表 3.3　Y—O 键的极化系数和键体积极化率　　　　（单位：$10^{-3}\,nm^3$）

	$Y_3Al_5O_{12}$	YAlO$_3$	Y_2O_3	YVO$_4$	YPO$_4$
α_0^μ	0.061	0.091	0.112	0.077	0.059
α_b^μ	0.370	0.392	0.694	0.646	0.414
f_c^μ	0.066	0.077	0.157	0.130	0.103

3.2.2　立方钙钛矿型复合氟化物晶体的化学键和离子行为

近年来，可调谐激光材料已引起人们的极大兴趣，掺低价稀土离子的复合氟化物晶体是重要的研究对象之一，因为它们的禁带宽，透明区域大，可以利用稀土离子的 5d－4f 跃迁，在可见光区域或者近紫外线区域实现可调谐激光输出。为了选择和设计一个好的激光材料，必须研究清楚微观行为和宏观性质之间的关系，化学键性质是影响晶体性质的重要因素之一，这节我们将研究立方钙钛矿型晶体 KMF$_3$（M＝Mg，Mn，Co，Ni，Zn）的化学键性质和晶体中的离子行为。KMF$_3$ 晶体属于立方对称性，空间群为 $Pm\overline{3}m$，晶体的原胞中只有 1 个分子（见图 3.3），根据晶体结构，计算了各晶体中的各类化学键长和配位情况，结果见表 3.4。

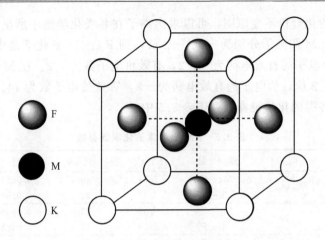

图 3.3　KMF$_3$ 晶体的结构

表 3.4　KMF$_3$（M＝Mg，Mn，Co，Ni，Zn）晶体的结构参数

晶　体	$a/\text{Å}$	中心离子	键　型	$d^{\mu}/\text{Å}$	N_c^{μ}
KMgF$_3$	3.973	Mg	Mg—F	1.987	6
		K	K—F	2.089	12
		F	F—Mg	1.987	2
			F—K	2.089	4
KMnF$_3$	4.190	Mn	Mn—F	2.095	6
		K	K—F	2.963	12
		F	F—Mn	2.095	2
			F—K	2.963	4
KCoF$_3$	4.069	Co	Co—F	2.035	6
		K	K—F	2.877	12
		F	F—Co	2.035	2
			F—K	2.877	4
KNiF$_3$	4.012	Ni	Ni—F	2.006	6
		K	K—F	2.837	12
		F	F—Ni	2.006	2
			F—K	2.837	4
KZnF$_3$	4.055	Zn	Zn—F	2.028	6
		K	K—F	2.867	12
		F	F—Zn	2.028	2
			F—K	2.867	4

从表中可见，每种晶体有两类键，M—F 键和 K—F 键，M 和 K 的配位数分别为 6 和 12。F 的配位数为 6，2 个为 M，4 个为 K。根据这个结果很容易写出这类晶体的键子式方程

$$KMF_3 = KF_2 + MF \tag{3.38}$$

这个方程在质量和电荷上都是守恒的，每个化学键子式也是电中性，利用在

晶体中离子的化合价不变原则，可以求出离子在各类化学键中所呈现的化合价。首先确定 K、M 阳离子分别为 +1、+2 价，则 F 在 K—F 化学键中的呈现价为 -1/2 价，价电子的有效电荷为 -1/2，有效价电子数为 7/2。在 M—F 化学键中的呈现价为 -2 价，价电子的有效电荷为 -2，有效价电子数为 14。计算得到的各个晶体中各类的化学键参数列于表 3.5 中。

表 3.5　KMF₃ 晶体的化学键参数

晶　体	$\varepsilon_{\exp}$	键　型	$E_{\mathrm{h}}^{\mu}/\mathrm{eV}$	C^{μ}/eV	f_{c}^{μ}	ε^{μ}
KMgF₃	2.04	Mg—F	7.24	30.7	0.0530	3.35
		K—F	3.07	22.8	0.0180	1.39
KMnF₃	2.10	Mn—F	6.35	23.9	0.0660	4.27
		K—F	2.69	17.8	0.0223	1.55
KCoF₃	2.25	Co—F	6.28	27.1	0.0596	3.78
		K—F	2.89	20.2	0.0201	1.46
KNiF₃	2.30	Ni—F	7.07	27.1	0.0637	3.90
		K—F	2.99	19.8	0.0214	1.48
KZnF₃	2.34	Zn—F	6.88	26.2	0.0645	4.00
		K—F	2.92	19.5	0.0219	1.50

　　晶体中的离子半径和自由离子的半径不同，随着晶体的结构和组成而变化，反映出微观相互作用的差异，我们可以利用 2.6 节的方法求解每个晶体中离子半径。

　　对 M—F 键

$$r_{\mathrm{A}}^{\mu} = \{d^{\mu}X + 16 - [(d^{\mu}X)^2 + 256 - 24d^{\mu}X]^{1/2}\}/(2X) \tag{3.39}$$

$$r_{\mathrm{B}}^{\mu} = \{d^{\mu}X - 16 + [(d^{\mu}X)^2 + 256 - 24d^{\mu}X]^{1/2}\}/(2X) \tag{3.40}$$

　　对 K—F 键

$$r_{\mathrm{A}}^{\mu} = \{d^{\mu}X + 8 - [(d^{\mu}X)^2 + 256 - 12d^{\mu}X]^{1/2}\}/(2X) \tag{3.41}$$

$$r_{\mathrm{B}}^{\mu} = \{d^{\mu}X - 8 + [(d^{\mu}X)^2 + 256 - 12d^{\mu}X]^{1/2}\}/(2X) \tag{3.42}$$

其中：
$$d^{\mu} = r_{\mathrm{A}}^{\mu} + r_{\mathrm{B}}^{\mu} \tag{3.43}$$

$$X = \frac{C^{\mu}\exp(k_{\mathrm{s}}^{\mu} \cdot d^{\mu}/2)}{14.4(N_{\mathrm{c}}^{\mu})^2 \cdot \beta^{\mu}} \tag{3.44}$$

　　采用 Kucharczyk 方法，通过计算机拟合，求得 M—F 键的 $\beta^{\mu} = 0.079$，K—F 键的 $\beta^{\mu} = 0.087$，这样，可以用表 3.5 的有关结果，求出各晶体中各类离子所显示的半径，结果列于表 3.6 中，从表中可见，F 离子和 K 离子在不同晶体中或不同化学键中显示了不同的半径，F 离子半径在 M—F 键中较短，在 K—F 键中较长，反映出 F 离子在晶体中已不再是球形体，产生了形变。

　　我们还可以计算晶体中各个化学键的键体积和离子的极化率，也可以发现同一离子在不同晶体中的极化程度不一样，详细结果见表 3.7。通过计算结果我们

表 3.6　KMF₃ 晶体中的离子半径　　　　　　（单位：Å）

晶　体	键　型	d^μ	r_A^μ	r_B^μ
KMgF₃	Mg—F	1.987	1.123	0.864
	K—F	2.809	1.486	1.323
KMnF₃	Mn—F	2.095	1.094	1.001
	K—F	2.963	1.436	1.527
KCoF₃	Co—F	2.035	1.102	0.933
	K—F	2.877	1.454	1.423
KNiF₃	Ni—F	2.006	1.060	0.946
	K—F	2.837	1.398	1.439
KZnF₃	Zn—F	2.028	1.066	0.962
	K—F	2.867	1.402	1.465

可以发现，这种晶体中无论是 M—F 键还是 K—F 键的化学键都具有很强的离子性，其中 K—F 化学键比 M—F 键的离子性更强，是一个典型的离子型晶体。同时我们看到，F 离子在不同化学键中所呈现的化合价、离子半径和极化行为都是不同的，如果把 F 的半径在不同化学键中的形变（F 离子在 2 种化学键中的半径差）、离子的极化率和化学键的共价性比较一下（见表 3.8）可以得到一些规律，就是离子的形变、离子的极化率和化学键的共价性大小次序是一致的，即 KMgF₃ < KCoF₃ < KNiF₃ < KZnF₃ < KMnF₃。这样的规律结果，无论从物理学还是从化学的角度来看都是很合理的。

表 3.7　KMF₃ 晶体中离子和键体积的极化率　　　　（单位：Å³）

晶　体	键　型	α_b^μ	α_A^μ	α_B^μ	α_M	α_K	α_F
KMgF₃	Mg—F	0.165	0.113	0.052	0.678	0.840	0.304
	K—F	0.120	0.070	0.050			
KMnF₃	Mn—F	0.230	0.130	0.100	0.780	1.056	0.620
	K—F	0.193	0.088	0.105			
KCoF₃	Co—F	0.195	0.121	0.074	0.726	0.948	0.444
	K—F	0.153	0.079	0.074			
KNiF₃	Ni—F	0.189	0.110	0.079	0.660	0.864	0.474
	K—F	0.151	0.072	0.079			
KZnF₃	Zn—F	0.199	0.115	0.084	0.690	0.900	0.508
	K—F	0.160	0.075	0.085			

表 3.8　F 离子的形变、极化率和化学键的共价性

晶　体	键　型	$r_F^\mu/\text{Å}$	$\Delta r_F/\text{Å}$	$\alpha_F/\text{Å}^3$	f_c^μ
KMgF₃	Mg—F	0.864	0.459	0.304	0.0530
	K—F	1.323			0.0180
KCoF₃	Co—F	0.933	0.490	0.444	0.0569
	K—F	1.423			0.0201

晶　体	键　　型	$r_F^\mu/\text{Å}$	$\Delta r_F/\text{Å}$	$\alpha_F/\text{Å}^3$	f_c^μ
KNiF₃	Ni—F	0.946	0.493	0.474	0.0637
	K—F	1.439			0.0214
KZnF₃	Zn—F	0.962	0.503	0.508	0.0645
	K—F	1.465			0.0219
KMnF₃	Mn—F	1.001	0.526	0.620	0.0660
	K—F	1.527			0.0223

3.2.3　Ln₂O₂S 晶体的化学键

稀土硫氧化物是一种高效率的发光材料，Eu^{3+}：Y_2O_2S 已经用于彩电红粉和照明，掺 Tb^{3+} 的 Gd_2O_2S 和 La_2O_2S 可作为 X 射线的转换磷光体，也有人将它们做成单晶成为激光工作物质。这种晶体属于六角对称性，空间群为 $p\bar{3}m1(D_{3d}^3)$，每个原胞含有 1 个分子（见图 3.4），Ln 的最近邻有 7 个配位体，其中 4 个是 O，3 个是 S。S 的配位数是 6，O 的配位数是 4（其中 3 个是相等的键长，另一个稍长些），根据结构我们可以写出下面的键子式方程

$$Ln_2O_2S = Ln_{6/7}S + Ln_{6/7}O(1)_{3/2} + Ln_{2/7}O(2)_{1/2} \qquad (3.45)$$

式中：O(1) 代表与稀土形成 3 个相等化学键长的氧，O(2) 代表化学键较长的氧。在这类晶体中已经知道 La_2O_2S 和 Y_2O_2S 晶体的折射率分别为 2.21 和 2.15，利用这个值可以近似地求出 β 因子，首先在表 3.9 中列出稀土硫氧化物各晶体的晶胞参数、化学键长。计算含有一个阳离子和多个阴离子的晶体的化学键参数时，一般首先固定阴离子的化合价，如在这个晶体中要先确定 O 和 S 都是 −2 价，在保证键子式的电荷为电中性的原则下，确定阳离子在各化学键中的呈

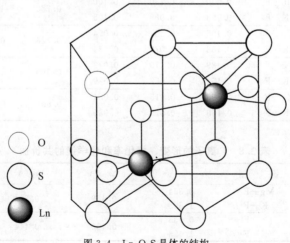

图 3.4　Ln₂O₂S 晶体的结构

现价（见图 3.5）。在 Ln—O 化学键中 Ln 呈现 7/2 价，因为一个配位体化学键的化合价是 1/2，Ln 的配位数是 7。同理，在 Ln—S 化学键中 Ln 呈现 7/3 价。这样，根据稀土硫氧化物晶体的结构参数和理论计算公式，可以计算出各类化学键的化学键参数，结果列于表 3.10 中。

表 3.9　Ln_2O_2S 晶体的结构参数

晶　体	$a/\text{Å}$	$c/\text{Å}$	键　型	$d^\mu/\text{Å}$	N_c^μ
La_2O_2S	4.0509	6.9430	La—O(1)	2.3888	3
			La—O(2)	2.4300	1
			La—S	3.0861	3
Ce_2O_2S	4.0040	6.8720	Ce—O(1)	2.3614	3
			Ce—O(2)	2.4052	1
			Ce—S	3.0521	3
Pr_2O_2S	3.9737	6.8250	Pr—O(1)	2.3435	3
			Pr—O(2)	2.3887	1
			Pr—S	3.0300	3
Nd_2O_2S	3.9460	6.7900	Nd—O(1)	2.3273	3
			Nd—O(2)	2.3765	1
			Nd—S	3.0112	3
Sm_2O_2S	3.8934	6.7170	Sm—O(1)	2.2965	3
			Sm—O(2)	2.3510	1
			Sm—S	2.9744	3
Eu_2O_2S	3.8716	6.6856	Eu—O(1)	2.2837	3
			Eu—O(2)	2.3400	1
			Eu—S	2.9589	3
Gd_2O_2S	3.8514	6.6670	Gd—O(1)	2.2721	3
			Gd—O(2)	2.3335	1
			Gd—S	2.9466	3
Tb_2O_2S	3.8249	6.6260	Tb—O(1)	2.2514	3
			Tb—O(2)	2.3190	1
			Tb—S	2.9270	3
Dy_2O_2S	3.8029	6.6030	Dy—O(1)	2.2438	3
			Dy—O(2)	2.3110	1
			Dy—S	2.9133	3
Ho_2O_2S	3.7816	6.5800	Ho—O(1)	2.2314	3
			Ho—O(2)	2.3030	1
			Ho—S	2.8997	3
Er_2O_2S	3.7601	6.5521	Er—O(1)	2.2189	3
			Er—O(2)	2.2932	1
			Er—S	2.8850	3
Tm_2O_2S	3.7470	6.5380	Tm—O(1)	2.2112	3
			Tm—O(2)	2.2883	1
			Tm—S	2.8766	3

续表

晶　　体	$a/\text{Å}$	$c/\text{Å}$	键　　型	$d^{\mu}/\text{Å}$	N_c^{μ}
Yb_2O_2S	3.7233	6.5031	Yb—O(1)	2.1973	3
			Yb—O(2)	2.2761	1
			Yb—S	2.8596	3
Lu_2O_2S	3.7093	6.4860	Lu—O(1)	2.1892	3
			Lu—O(2)	2.2701	1
			Lu—S	2.8502	3
Y_2O_2S	3.7800	6.5630	Y—O(1)	2.2302	3
			Y—O(2)	2.2970	1
			Y—S	2.8958	3

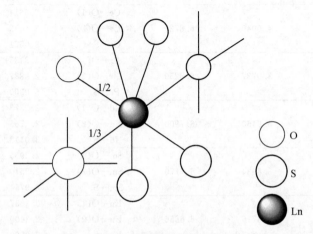

图 3.5　Ln_2O_2S 晶体的化学键电荷平衡图

表 3.10　Ln_2O_2S 的化学键参数

晶　　体	键　　型	$N_e^{\mu}/(10^{30}/\text{m}^3)$	E_h^{μ}/eV	C^{μ}/eV	f_c^{μ}	$4\pi\chi^{\mu}$
La_2O_2S	La—O(1)	0.4265	4.585	10.747	0.1540	4.713
	La—O(2)	0.4052	4.395	10.312	0.1537	4.870
	La—S	0.1318	2.429	7.491	0.0952	2.860
Ce_2O_2S	Ce—O(1)	0.4407	4.719	11.051	0.1542	4.611
	Ce—O(2)	0.4179	4.510	10.570	0.1539	4.776
	Ce—S	0.1363	2.497	7.700	0.0951	2.753
Pr_2O_2S	Pr—O(1)	0.4159	4.808	11.252	0.1544	4.547
	Pr—O(2)	0.4267	4.586	10.747	0.1540	4.715
	Pr—S	0.1393	2.542	7.841	0.0951	2.753
Nd_2O_2S	Nd—O(1)	0.4615	4.891	11.440	0.1546	4.489
	Nd—O(2)	0.4334	4.644	10.879	0.1541	4.671
	Nd—S	0.1420	2.582	7.962	0.0952	2.719
Sm_2O_2S	Sm—O(1)	0.4804	5.056	11.808	0.1549	4.382
	Sm—O(2)	0.4478	4.770	11.163	0.1544	4.579
	Sm—S	0.1474	2.662	8.207	0.0952	2.653

续表

晶　　体	键　　型	$N_e^\mu/(10^{30}/\text{m}^3)$	E_h^μ/eV	C^μ/eV	f_c^μ	$4\pi\chi^\mu$
Eu_2O_2S	Eu—O(1)	0.4893	5.134	11.987	0.1550	4.328
	Eu—O(2)	0.4540	4.826	11.292	0.1544	4.535
	Eu—S	0.1496	2.697	8.316	0.0952	2.622
Gd_2O_2S	Gd—O(1)	0.4963	5.191	12.110	0.1552	4.300
	Gd—O(2)	0.4582	4.859	11.363	0.1546	4.519
	Gd—S	0.1517	2.725	8.398	0.0952	2.605
Tb_2O_2S	Tb—O(1)	0.5356	5.273	11.972	0.1625	4.747
	Tb—O(2)	0.4943	4.935	11.230	0.1619	4.991
	Tb—S	0.1639	2.770	8.301	0.1002	2.903
Dy_2O_2S	Dy—O(1)	0.5156	5.355	12.473	0.1556	4.205
	Dy—O(2)	0.4719	4.977	11.627	0.1549	4.441
	Dy—S	0.1570	2.803	8.634	0.0953	2.548
Ho_2O_2S	Ho—O(1)	0.5244	5.430	12.636	0.1558	4.167
	Ho—O(2)	0.4770	5.020	11.722	0.1550	4.416
	Ho—S	0.1593	2.835	8.733	0.0954	2.525
Er_2O_2S	Er—O(1)	0.5334	5.506	12.808	0.1560	4.125
	Er—O(2)	0.4832	5.074	11.841	0.1551	4.382
	Er—S	0.1617	2.871	8.842	0.0954	2.501
Tm_2O_2S	Tm—O(1)	0.5391	5.553	12.909	0.1562	4.100
	Tm—O(2)	0.4864	5.101	11.901	0.1552	4.366
	Tm—S	0.1632	2.892	8.904	0.0954	2.486
Yb_2O_2S	Yb—O(1)	0.5494	5.641	13.101	0.1564	4.054
	Yb—O(2)	0.4943	5.169	12.053	0.1553	4.324
	Yb—S	0.1661	2.935	9.034	0.0955	2.486
Lu_2O_2S	Lu—O(1)	0.5557	5.693	13.215	0.1565	4.029
	Lu—O(2)	0.4983	5.203	12.128	0.1554	4.305
	Lu—S	0.1678	2.959	9.106	0.0955	2.443
Y_2O_2S	Y—O(1)	0.5251	5.437	12.654	0.1558	3.883
	Y—O(2)	0.4806	5.053	11.797	0.1550	4.099
	Y—S	0.1599	2.845	8.763	0.0953	2.379

从表中的结果我们可以发现，在相同结构的系列晶体中，不同稀土离子和配体所形成的化学键的共价性基本上是近似相等的，只是随着原子序的增加或稀土离子半径的减小，共价性略有增大。晶体中，Ln—O 化学键的共价性比 Ln—S 化学键的共价性强。

3.2.4　LnOX(X=Cl，Br，I) 晶体的结构和化学键

稀土卤氧化物晶体与 PbFCl 晶体同构，属于四方对称性，$p4/nmm(D_{4h}^7)$ 空间群，晶体的原胞中包含 2 个分子，Ln 有 9 个配位，其中 4 个是 O，5 个是 X（4 个在同一平面上具有相同的键长，一个在轴上与其他 4 个的键长不同），O 的配位数是 4，X 的配位数是 5（见图 3.6）。这种晶体的结构稳定，性能优良，是

重要的发光材料基质之一，也是基础研究的重要模型化合物。X＝Cl，Br，I 的晶体结构参数分别列于表 3.11～表 3.13 中。

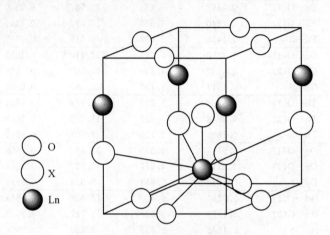

图 3.6　LnOX 晶体的结构

表 3.11　LnOCl 晶体的结构参数和键长

晶　　体	$a/\text{Å}$	$c/\text{Å}$	键　　型	$d^{\mu}/\text{Å}$	$N_c^{\mu}/\text{Å}$
LaOCl	4.119	6.883	La—O	2.396	4
			La—Cl(1)	3.146	1
			La—Cl(2)	3.184	4
CeOCl	4.080	6.831	Ce—O	2.375	4
			Ce—Cl(1)	3.122	1
			Ce—Cl(2)	3.155	4
PrOCl	4.051	6.810	Pr—O	2.368	4
			Pr—Cl(1)	3.133	1
			Pr—Cl(2)	3.116	4
NdOCl	4.018	6.782	Nd—O	2.351	4
			Nd—Cl(1)	3.120	1
			Nd—Cl(2)	3.092	4
SmOCl	3.982	6.721	Sm—O	2.296	4
			Sm—Cl(1)	3.092	1
			Sm—Cl(2)	3.120	4
EuOCl	3.965	6.695	Eu—O	2.286	4
			Eu—Cl(1)	3.080	1
			Eu—Cl(2)	3.107	4
GdOCl	3.950	6.672	Gd—O	2.278	4
			Gd—Cl(1)	3.069	1
			Gd—Cl(2)	3.096	4
TbOCl	3.927	6.645	Tb—O	2.265	4
			Tb—Cl(1)	3.057	1
			Tb—Cl(2)	3.079	4

续表

晶 体	$a/\text{Å}$	$c/\text{Å}$	键 型	$d^{\mu}/\text{Å}$	$N_c^{\mu}/\text{Å}$
DyOCl	3.911	6.620	Dy—O	2.256	4
			Dy—Cl(1)	3.045	1
			Dy—Cl(2)	3.066	4
HoOCl	3.893	6.602	Ho—O	2.247	4
			Ho—Cl(1)	3.037	1
			Ho—Cl(2)	3.053	4
ErOCl	3.880	6.580	Er—O	2.239	4
			Er—Cl(1)	3.027	1
			Er—Cl(2)	3.043	4
YOCl	3.903	6.579	Y—O	2.284	4
			Y—Cl(1)	3.035	1
			Y—Cl(2)	3.005	4
BiOCl	3.891	7.369	Bi—O	2.314	4
			Bi—Cl(1)	3.500	1
			Bi—Cl(2)	3.071	4

表 3.12 LnOBr 晶体的结构参数和键长

晶 体	$a/\text{Å}$	$c/\text{Å}$	键 型	$d^{\mu}/\text{Å}$	$N_c^{\mu}/\text{Å}$
LaOBr	4.415	7.359	La—O	2.398	4
			La—Br(1)	3.466	1
			La—Br(2)	3.283	4
CeOBr	4.138	7.487	Ce—O	2.406	4
			Ce—Br(1)	3.526	1
			Ce—Br(2)	3.290	4
PrOBr	4.071	7.487	Pr—O	2.377	4
			Pr—Br(1)	3.526	1
			Pr—Br(2)	3.248	4
NdOBr	4.024	7.579	Nd—O	2.351	4
			Nd—Br(1)	3.647	1
			Nd—Br(2)	3.226	4
SmOBr	3.950	7.909	Sm—O	2.346	4
			Sm—Br(1)	3.796	1
			Sm—Br(2)	3.210	4
EuOBr	3.908	7.973	Eu—O	2.334	4
			Eu—Br(1)	3.827	1
			Eu—Br(2)	3.191	4
GdOBr	3.895	8.116	Gd—O	2.341	4
			Gd—Br(1)	3.896	1
			Gd—Br(2)	3.197	4
TbOBr	3.891	8.219	Tb—O	2.348	4
			Tb—Br(1)	3.945	1
			Tb—Br(2)	3.205	4

晶　　体	$a/\text{Å}$	$c/\text{Å}$	键　　型	$d^{\mu}/\text{Å}$	$N_c^{\mu}/\text{Å}$
DyOBr	3.867	8.219	Dy—O	2.338	4
			Dy—Br(1)	3.945	1
			Dy—Br(2)	3.190	4
HoOBr	3.832	8.241	Ho—O	2.326	4
			Ho—Br(1)	3.956	1
			Ho—Br(2)	3.172	4
ErOBr	3.821	8.264	Er—O	2.323	4
			Er—Br(1)	3.967	1
			Er—Br(2)	3.167	4
TmOBr	3.806	8.288	Tm—O	2.320	4
			Tm—Br(1)	3.978	1
			Tm—Br(2)	3.161	4
YbOBr	3.780	8.362	Yb—O	2.316	4
			Yb—Br(1)	4.014	1
			Yb—Br(2)	3.153	4
LuOBr	3.770	8.387	Lu—O	2.314	4
			Lu—Br(1)	4.026	1
			Lu—Br(2)	3.150	4
YOBr	3.838	8.241	Y—O	2.328	4
			Y—Br(1)	3.956	1
			Y—Br(2)	3.175	4

表 3.13　LnOI 晶体的结构参数和键长

晶　　体	$a/\text{Å}$	$c/\text{Å}$	键　　型	$d^{\mu}/\text{Å}$	$N_c^{\mu}/\text{Å}$
LaOI	4.144	9.126	La—O	2.411	4
			La—I(1)	4.791	1
			La—I(2)	3.477	4
SmOI	4.008	9.192	Sm—O	2.310	4
			Sm—I(1)	5.102	1
			Sm—I(2)	3.353	4
EuOI	3.993	9.186	Eu—O	2.303	4
			Eu—I(1)	5.098	1
			Eu—I(2)	3.344	4
TmOI	3.887	9.166	Tm—O	2.256	4
			Tm—I(1)	5.087	1
			Tm—I(2)	3.279	4
YbOI	3.870	9.161	Yb—O	2.249	4
			Yb—I(1)	5.084	1
			Yb—I(2)	3.268	4

　　按照晶体结构参数，这类晶体的键子式方程的通式如式（3.46）

$$\text{LnOX} = \text{Ln}_{4/9}\text{O} + \text{Ln}_{1/9}\text{X}(1)_{1/5} + \text{Ln}_{4/9}\text{X}(2)_{4/5} \tag{3.46}$$

式中：X(1) 表示位于对称轴上的卤离子；X(2) 表示同一平面上的 4 个卤离子。

阳离子的呈现价的计算方法和 Ln_2O_2S 晶体的相同，晶体中 Ln 离子在 Ln—O 化学键中呈现的化合价是 9/2 价，在 Ln—X 化学键中呈现的化合价是 9/5 价，按照复杂晶体化学键理论计算的晶体的各个化学键的键参数分别列于表 3.14～表 3.16 中。

表 3.14 LnOCl 晶体的化学键参数

晶　　体	键　　型	$N_e^\mu/(10^{30}/\text{m}^3)$	E_h^μ/eV	C^μ/eV	f_c^μ	$4\pi\chi^\mu$
LaOCl	La—O	0.536	4.55	11.31	0.1394	5.660
	La—Cl(1)	0.183	2.25	9.93	0.0488	2.153
	La—Cl(2)	0.190	2.32	10.25	0.0486	2.092
CeOCl	Ce—O	0.543	4.65	11.63	0.1378	5.409
	Ce—Cl(1)	0.192	2.36	10.53	0.0478	1.990
	Ce—Cl(2)	0.185	2.30	10.25	0.0480	2.040
PrOCl	Pr—O	0.552	4.69	11.67	0.1388	5.468
	Pr—Cl(1)	0.194	2.37	10.54	0.0482	2.020
	Pr—Cl(2)	0.191	2.34	10.39	0.0483	2.046
NdOCl	Nd—O	0.547	4.77	12.06	0.1354	5.061
	Nd—Cl(1)	0.192	2.42	10.94	0.0466	1.843
	Nd—Cl(2)	0.187	2.36	10.68	0.0467	1.882
SmOCl	Sm—O	0.619	5.06	12.46	0.1414	5.359
	Sm—Cl(1)	0.197	2.36	10.39	0.0493	2.125
	Sm—Cl(2)	0.203	2.42	10.63	0.0492	2.080
EuOCl	Eu—O	0.627	5.11	12.60	0.1415	5.312
	Eu—Cl(1)	0.200	2.39	10.50	0.0492	2.103
	Eu—Cl(2)	0.205	2.44	10.74	0.0491	2.060
GdOCl	Gd—O	0.633	5.16	12.71	0.1415	5.274
	Gd—Cl(1)	0.202	2.41	10.61	0.0492	2.083
	Gd—Cl(2)	0.207	2.46	10.85	0.0491	2.042
TbOCl	Tb—O	0.644	5.23	12.89	0.1415	5.213
	Tb—Cl(1)	0.205	2.45	10.76	0.0491	2.055
	Tb—Cl(2)	0.210	2.49	10.96	0.0490	2.022
DyOCl	Dy—O	0.652	5.28	13.01	0.1416	5.175
	Dy—Cl(1)	0.208	2.47	10.87	0.0490	2.037
	Dy—Cl(2)	0.212	2.51	11.07	0.0490	2.004
HoOCl	Ho—O	0.660	5.34	13.14	0.1416	5.136
	Ho—Cl(1)	0.210	2.50	10.99	0.0490	2.017
	Ho—Cl(2)	0.214	2.53	11.15	0.0489	1.993
ErOCl	Er—O	0.667	5.38	13.25	0.1417	5.100
	Er—Cl(1)	0.213	2.52	13.25	0.1416	4.781
	Er—Cl(2)	0.216	2.55	11.24	0.0489	1.977
YOCl	Y—O	0.656	5.31	13.08	0.1416	4.781
	Y—Cl(1)	0.209	2.48	10.94	0.0490	1.969
	Y—Cl(2)	0.214	2.53	11.16	0.0489	1.933

表 3.15　LnOBr 晶体的化学键参数

晶　体	键　型	$N_e^\mu/(10^{30}/m^3)$	E_h^μ/eV	C^μ/eV	f_c^μ	$4\pi\chi^\mu$
	La—O	0.5468	4.542	11.159	0.1412	5.926
LaOBr	La—Br(1)	0.1449	1.822	7.814	0.0515	2.799
	La—Br(2)	0.1705	2.083	9.041	0.0504	2.443
	Ce—O	0.5305	4.504	11.178	0.1397	5.371
CeOBr	Ce—Br(1)	0.1348	1.746	7.544	0.0508	2.789
	Ce—Br(2)	0.1660	2.072	9.092	0.0494	2.343
	Pr—O	0.5631	4.642	11.388	0.1425	5.858
PrOBr	Pr—Br(1)	0.1380	1.746	7.444	0.0521	2.946
	Pr—Br(2)	0.1766	2.140	9.287	0.0504	2.396
	Nd—O	0.5875	4.770	11.648	0.1436	5.837
NdOBr	Nd—Br(1)	0.1259	1.606	6.749	0.0536	3.288
	Nd—Br(2)	0.1819	2.176	9.408	0.0508	2.408
	Sm—O	0.5989	4.795	11.636	0.1452	5.962
SmOBr	Sm—Br(1)	0.1133	1.456	6.001	0.0556	3.768
	Sm—Br(2)	0.1870	2.203	9.425	0.0514	2.451
	Eu—O	0.6117	4.857	11.751	0.1459	5.968
EuOBr	Eu—Br(1)	0.1110	1.425	5.837	0.0562	3.911
	Eu—Br(2)	0.1917	2.238	9.594	0.0516	2.446
	Gd—O	0.6107	4.821	11.623	0.1468	6.091
GdOBr	Gd—Br(1)	0.1060	1.363	5.525	0.0574	4.176
	Gd—Br(2)	0.1918	2.226	9.500	0.0520	2.501
	Tb—O	0.6081	4.785	11.511	0.1474	6.184
TbOBr	Tb—Br(1)	0.1026	1.321	5.318	0.0582	4.376
	Tb—Br(2)	0.1913	2.212	9.412	0.0523	2.544
	Dy—O	0.6172	4.836	11.621	0.1476	6.157
DyOBr	Dy—Br(1)	0.1024	1.321	5.311	0.0583	4.398
	Dy—Br(2)	0.1944	2.238	9.519	0.0524	2.527
	Ho—O	0.6302	4.898	11.739	0.1483	6.158
HoOBr	Ho—Br(1)	0.1025	1.312	5.252	0.0588	4.489
	Ho—Br(2)	0.1986	2.270	9.635	0.0526	2.523
	Er—O	0.6337	4.914	11.766	0.1485	6.164
ErOBr	Er—Br(1)	0.1018	1.303	5.205	0.0590	4.543
	Er—Br(2)	0.2001	2.278	9.666	0.0526	2.524
	Tm—O	0.6390	4.934	11.798	0.1489	6.180
TmOBr	Tm—Br(1)	0.1013	1.224	5.154	0.0593	4.612
	Tm—Br(2)	0.2018	2.289	9.698	0.0528	2.530
	Yb—O	0.6461	4.951	11.794	0.1498	6.252
YbOBr	Yb—Br(1)	0.0993	1.266	5.001	0.0602	4.813
	Yb—Br(2)	0.2048	2.304	9.725	0.0531	2.557
	Lu—O	0.6495	4.961	11.804	0.1501	6.275
LuOBr	Lu—Br(1)	0.0987	1.256	4.950	0.0605	4.885
	Lu—Br(2)	0.2060	2.309	9.735	0.0533	2.567
	Y—O	0.6279	4.888	11.720	0.1482	5.708
YOBr	Y—Br(1)	0.1024	1.312	5.255	0.0587	4.659
	Y—Br(2)	0.1980	2.264	9.616	0.0525	2.625

表 3.16　LnOI 晶体的化学键参数

晶　体	键　型	$N_e^\mu/(10^{30}/m^3)$	E_h^μ/eV	C^μ/eV	f_c^μ
	La—O	0.6086	4.481	10.353	0.1578
LaOI	La—I(1)	0.0620	0.816	2.848	0.0759
	La—I(2)	0.1632	1.807	7.214	0.0591
	Sm—O	0.6670	4.740	10.829	0.1608
SmOI	Sm—I(1)	0.0622	0.802	2.740	0.0788
	Sm—I(2)	0.1776	1.906	7.548	0.0600
	Eu—O	0.6744	4.775	10.898	0.1611
EuOI	Eu—I(1)	0.0624	0.803	2.741	0.0790
	Eu—I(2)	0.1791	1.919	7.594	0.0600
	Tm—O	0.8014	5.284	11.768	0.1678
TmOI	Tm—I(1)	0.0559	0.703	2.242	0.0896
	Tm—I(2)	0.2088	2.090	8.106	0.0623
	Yb—O	0.8121	5.331	11.857	0.1681
YbOI	Yb—I(1)	0.0562	0.704	2.242	0.0896
	Yb—I(2)	0.2115	2.108	8.168	0.0624

从上面的结果我们可以看出两个明显的特点，一个是在同系列晶体中同一个稀土离子的共价性随着 Cl、Br、I 的次序而增大。另一个是在一种晶体中随着稀土离子原子序的增大而略有增大，但相差很小。和 Ln_2O_2S 晶体的情况一样，反映不同稀土离子间在化学性质上的相似性。

3.2.5　稀土乙基硫酸盐晶体的化学键

稀土乙基硫酸盐晶体 $[Ln(C_2H_5SO_4)_3 \cdot 9H_2O]$ 具有容易生长，结构清晰，对称性较高等特点，利用这种晶体可以对稀土离子在晶体中的性质进行广泛研究。晶体是六角对称性，$P6_3/m(C_{6h}^2)$ 空间群，晶胞内含有 2 个分子，晶体中离子间的具体配位情况见图 3.7，由图中可见，Ln 离子是 9 配位，实际上是 9 个水分子，S 和 C 是 4 配位，O(4) 是 2 配位，其他的 O 都是 3 配位，H(1)、H(2) 和 H(3) 是 2 配位，H(4)、H(5) 和 H(6) 是 1 配位。这个晶体中阳离子和阴离子都不止一种，是一个结构较复杂的晶体，需要仔细地确定晶体中离子的呈现电荷，利用复杂晶体化学键介电理论确定化学键子式，计算这种晶体中各类化学键参数，晶体结构参数列在表 3.17 中，各离子在晶体中的呈现的化合价也列在该表中。从表 3.17 可见，除了 Ln、S 外，C、O、H 都有几种不同的对称性格位，形成了 16 种不同类型的化学键，按照结构情况将分子式写出键子式方程

$Ln(C_2H_5SO_4)_3 \cdot 9H_2O$

$=LnS_3C(1)_3C(2)_3H(1)_6H(2)_6H(3)_6H(4)_6H(5)_6H(6)_6O(1)_6O(2)_3O(3)_3O(4)_3O(5)_6$

$=Ln_{2/3}O(1)_2 + Ln_{1/3}O(2) + S_{3/4}O(4)_{3/2} + S_{3/4}O(3) + S_{3/2}O(5)_2$

$$+C(1)_{3/4}H(4)_3 + C(1)_{3/2}H(5)_6 + C(2)_{3/2}H(6)_6 + C(1)_{3/4}C(2)_{3/4}$$
$$+C(2)_{3/4}O(4)_{3/2} + O(5)_2H(2)_3 + O(5)_2H(3)_3 + O(3)_2H(1)_3 + O(1)_2H(1)_3$$
$$+O(1)_2H(2)_3 + O(2)_2H(3)_3 \tag{3.47}$$

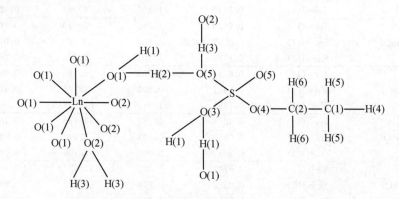

图 3.7 稀土乙基硫酸盐晶体 $[Ln(C_2H_5SO_4)_3 \cdot 9H_2O]$ 的配位示意图

表 3.17 $Ln(C_2H_5SO_4)_3 \cdot 9H_2O$ 晶体的化学键类型、配位数和离子的呈现价

中心离子	键 型	配 位 数	离子的呈现价
Ln	Ln—O(1)	6	Ln=+3,O(1)=−1
	Ln—O(2)	3	Ln=+3,O(1)=−1
S	S—O(3)	1	S=+20/3,O(3)=−5
	S—O(4)	1	S=+4,O(4)=−2
	S—O(5)	2	S=+20/3,O(3)=−5
C(1)	C(1)—C(2)	1	C(1)=−4,C(2)=+4
	C(1)—H(4)	1	C(1)=−4,H(4)=+1
	C(1)—H(5)	2	C(1)=−4,H(5)=+1
C(2)	C(2)—C(1)	1	C(2)=+4,C(1)=−4
	C(2)—O(4)	1	C(2)=+4,O(4)=−2
	C(2)—H(6)	2	C(2)=−4,H(6)=+1
O(1)	O(1)—H(1)	1	O(1)=−5/2,H(1)=+5/3
	O(1)—H(2)	1	O(1)=−5/2,H(2)=+5/3
	O(1)—Ln	1	O(1)=−1,Ln=+3
O(2)	O(2)—H(3)	2	O(2)=−5/2,H(3)=+5/3
	O(2)—Ln	1	O(2)=−1,Ln=+3
O(3)	O(3)—H(1)	2	O(3)=−1/2,H(1)=+1/3
	O(3)—S	1	O(3)=−5,S=+20/3
O(4)	O(4)—S	1	O(4)=−2,S=+4
	O(4)—C(2)	1	O(4)=−2,C(2)=+4
O(5)	O(5)—H(2)	1	O(5)=−1/2,H(2)=+1/3
	O(5)—H(3)	1	O(5)=−1/2,H(3)=+1/3
	O(5)—S	1	O(5)=−5,S=+20/3

这 16 种化学键类型可近似分为 6 类，即稀土-氧键、氢-氧键、硫-氧键、碳-碳键、碳-氢键和碳-氧键。在碳-碳键中，一个作为阳离子处理，另一个作为阴离子处理，计算出的各种稀土离子的各类化学键的化学键参数的主要结果列于表 3.18 中，其中碳-碳键、碳-氢键是 100% 的共价性，所以未列入表中，对其他的化学键分别进行讨论。从表中可以看出，稀土-氧化学键的离子性为 93%～94%，这种化学键是典型的离子键，不同稀土离子之间化学键性质近似相同。

表 3.18 $Ln(C_2H_5SO_4)_3 \cdot 9H_2O$ 晶体的键参数

键 型	参 数	La	Ce	Pr	Nd	Sm	Eu	Gd
Ln—O(1)	E_g^μ/eV	15.8	16.2	16.4	16.6	17.0	17.3	17.5
	f_i	0.94	0.94	0.93	0.93	0.93	0.93	0.93
Ln—O(2)	E_g^μ/eV	14.6	14.8	14.9	15.1	15.4	15.5	15.7
	f_i	0.94	0.94	0.94	0.94	0.94	0.94	0.94
S—O(3)	E_g^μ/eV	37.8	37.9	37.7	38.0	38.0	38.0	38.1
	f_i	0.83	0.83	0.83	0.83	0.83	0.83	0.83
S—O(4)	E_g^μ/eV	18.1	18.1	17.9	18.0	18.0	18.1	18.2
	f_i	0.49	0.49	0.49	0.49	0.49	0.50	0.50
S—O(5)	E_g^μ/eV	38.1	38.0	38.0	37.9	37.8	38.1	38.3
	f_i	0.83	0.83	0.83	0.83	0.83	0.83	0.83
C(2)—O(4)	E_g^μ/eV	21.4	21.4	21.4	21.4	21.4	21.5	21.5
	f_i	0.47	0.47	0.47	0.47	0.47	0.48	0.48
O(1)—H(1)	E_g^μ/eV	54.7	53.2	75.2	64.8	57.0	55.5	63.4
	f_i	0.12	0.12	0.10	0.11	0.12	0.12	0.11
O(1)—H(2)	E_g^μ/eV	78.6	88.7	84.9	85.5	91.4	86.3	62.0
	f_i	0.10	0.09	0.09	0.09	0.09	0.09	0.11
O(2)—H(3)	E_g^μ/eV	77.0	71.7	72.9	65.6	82.7	69.2	63.2
	f_i	0.10	1.10	0.10	0.11	0.10	0.11	0.11
O(3)—H(1)	E_g^μ/eV	8.8	9.1	7.7	8.7	8.7	8.9	8.2
	f_i	0.03	0.03	0.04	0.04	0.04	0.03	0.04
O(5)—H(2)	E_g^μ/eV	6.9	6.6	6.7	6.6	6.5	6.6	7.4
	f_i	0.04	0.04	0.04	0.04	0.04	0.04	0.04
O(5)—H(3)	E_g^μ/eV	6.7	6.9	6.8	7.0	6.5	6.9	7.0
	f_i	0.04	0.04	0.04	0.04	0.04	0.04	0.04
	$4\pi\chi$	0.92	0.91	0.91	0.91	0.91	0.90	0.89

键 型	参 数	Tb	Dy	Ho	Er	Tm	Yb	Lu
Ln—O(1)	E_g^μ/eV	17.9	18.0	17.7	18.4	18.4	18.8	18.7
	f_i	0.93	0.93	0.93	0.93	0.93	0.93	0.93
Ln—O(2)	E_g^μ/eV	15.9	15.9	15.6	16.2	16.1	16.1	16.1
	f_i	0.94	0.94	0.94	0.94	0.94	0.94	0.94
S—O(3)	E_g^μ/eV	38.4	38.2	37.3	38.5	38.0	38.2	38.0
	f_i	0.83	0.83	0.83	0.83	0.83	0.83	0.83
S—O(4)	E_g^μ/eV	18.2	18.1	17.9	18.2	18.0	18.1	18.0
	f_i	0.50	0.50	0.48	0.50	0.50	0.50	0.49

续表

键　型	参　数	Tb	Dy	Ho	Er	Tm	Yb	Lu
S—O(5)	E_g^μ/eV	38.4	38.0	37.7	38.3	38.1	38.0	38.0
	f_i	0.83	0.83	0.83	0.83	0.83	0.83	0.83
C(2)—O(4)	E_g^μ/eV	21.5	21.5	21.3	21.5	21.5	21.5	21.4
	f_i	0.48	0.48	0.48	0.48	0.48	0.48	0.47
O(1)—H(1)	E_g^μ/eV	68.3	62.7	68.6	60.9	46.5	63.7	62.7
	f_i	0.11	0.11	0.10	0.12	0.13	0.11	0.11
O(1)—H(2)	E_g^μ/eV	62.9	86.5	171	65.5	91.2	88.7	84.8
	f_i	0.11	0.09	0.06	0.11	0.09	0.09	0.09
O(2)—H(3)	E_g^μ/eV	60.3	64.3	88.4	71.9	81.7	61.8	85.6
	f_i	0.12	0.11	0.09	0.11	0.10	0.11	0.09
O(3)—H(1)	E_g^μ/eV	8.0	8.3	7.9	8.4	9.7	8.2	8.2
	f_i	0.04	0.04	0.04	0.04	0.03	0.04	0.04
O(5)—H(2)	E_g^μ/eV	7.6	6.6	5.4	7.5	6.5	6.6	6.7
	f_i	0.04	0.04	0.04	0.04	0.04	0.04	0.04
O(5)—H(3)	E_g^μ/eV	7.3	7.1	6.1	6.8	6.3	7.3	6.3
	f_i	0.04	0.04	0.04	0.04	0.04	0.04	0.04
	$4\pi\chi$	0.87	0.89	0.96	0.87	0.90	0.88	0.90

　　说明在晶体中不同稀土离子相互取代基本上不改变化学性质。氢-氧化学键则分为两种：一种是水分子上的氢-氧化学键，如 O(1)—H(1)、O(1)—H(2)、O(2)—H(3)，它们基本上是共价的，离子性大约为 10%；另一种是水分子上的氢和硫酸根上的氧离子构成的氢-氧化学键，如 O(3)—H(1)、O(5)—H(2)、O(5)—H(3)，它们的离子性更小，约为 4%。硫-氧化学键也分为两类，其原因是氧离子的环境不同，如 O(3)、O(5) 除了 S 外是 H 配位，O(4) 则除了 S 外是 C(2) 配位，因此前者的离子性大约为 83%，后者的离子性大约为 50%。这种环境差别还造成了在这两种化学键中的 S 和 O 离子的呈现的化合价和其他化学参数的截然不同，因此，在晶体中只谈两个元素的化学键性质是无意义的，必须讲清楚在什么环境下的化学键性质才有意义。

3.2.6　混价稀土晶体的化学键

　　混价稀土晶体指的是晶体中稀土离子含有两种以上化合价的晶体，最常见的晶体是 Eu_3O_4、Eu_3S_4 和 Sm_3S_4。在这些晶体中，稀土离子以 +2 和 3 两种化合价存在，可以写成这样的通式 $A^{2+}B_2^{3+}C_4$，长期以来，由于这类晶体具有特殊的光学、磁学和电学性质，引起了人们的广泛注意。这些晶体的结构已经被测定，Eu_3O_4 晶体和 $CaFe_2O_4$ 晶体是同构的，Eu^{2+} 离子等同于 Ca 的格位，Eu^{3+} 离子等同于 Fe 的格位。最初认为 Eu_3S_4 和 Sm_3S_4 晶体与 Th_3P_4 晶体同构，2 价和 3 价离子占据相同格位，以 1:2 的比例无规分布。后来，通过 Madelung 常数和键价模型的计算，确定其结构的空间群是 $I42d\text{-}D_{2d}^{12}$，2 价离子占据（4a）格位，3 价离子占据（8d）格位。

Eu₃O₄晶体是正交对称性，空间群是 $Pnam$，晶胞参数为 $a=10.085$、$b=12.054$、$c=3.502\text{A}$，晶体原胞中包括 4 个分子。Eu 离子存在 3 个对称格位，O 离子存在 4 个对称格位，Eu^{3+} 占据 Eu(1) 和 Eu(2) 对称性格位，由 6 个 O 离子配位，Eu^{2+} 占据 Eu(3) 对称格位，由 8 个 O 离子配位。根据晶体的结构，我们得到如下的键子式方程

$$Eu_3O_4 = Eu(1)Eu(2)Eu(3)O(1)O(2)O(3)O(4)$$
$$= (1/6)[Eu(1)O(1)_{6/5}] + (1/2)[Eu(1)O(2)_{6/5}] + (1/3)[Eu(1)O(3)_{6/5}]$$
$$+ (1/3)[Eu(2)O(1)_{6/5}] + (1/6)[Eu(2)O(3)_{6/5}] + (1/2)[Eu(2)O(4)_{6/5}]$$
$$+ (1/4)[Eu(3)O(1)_{8/5}] + (1/4)[Eu(3)O(2)_{8/5}] + (1/4)[Eu(3)O(3)_{8/5}]$$
$$+ (1/4)[Eu(3)O(4)_{8/5}] \tag{3.48}$$

晶体中共含有 10 种类型的化学键，Eu₃O₄晶体的光学介电常数为 4.15，我们计算的各类化学键的参数列于表 3.19 中。从表中结果我们可以发现，严格地讲，10 类化学键的性质都不相同，Eu(1) 和 Eu(2)两个格位与 O 形成化学键的平均化学键长分别是 2.337Å 和 2.343Å，Eu(3) 格位与 O 形成化学键的平均化学键长是 2.711Å，3 价稀土离子和 2 价稀土离子与 O 形成化学键的平均共价性的值分别是 0.143 和 0.106。结果表明三价稀土离子比二价稀土离子化学键短，配位数少，平均共价性大，晶体中稀土离子的多种形态会产生奇异的物理性质。

表 3.19　Eu₃O₄晶体的化学键参数

键　型	N_{cA}	d^μ/nm	$(N_e^\mu)^*$	E_h^μ/eV	C^μ/eV	f_c^μ
Eu(1)—O(1)	1	0.2301	0.484	4.977	12.23	0.143
Eu(1)—O(2)	3	0.2415	0.418	4.432	10.89	0.142
Eu(1)—O(3)	2	0.2236	0.528	5.365	13.08	0.144
Eu(2)—O(1)	2	0.2345	0.458	4.768	11.67	0.143
Eu(2)—O(3)	1	0.2297	0.486	5.019	12.28	0.143
Eu(2)—O(4)	3	0.2357	0.450	4.708	11.56	0.142
Eu(3)—O(1)	2	0.2722	0.146	3.294	9.57	0.106
Eu(3)—O(2)	2	0.2648	0.159	3.527	10.20	0.107
Eu(3)—O(3)	2	0.2838	0.129	2.970	8.66	0.105
Eu(3)—O(4)	2	0.2638	0.161	3.560	10.27	0.107

Eu₃S₄ 和 Sm₃S₄ 晶体属于 $I42d\text{-}D_{2d}^{12}$ 空间群，晶胞参数分别为 $a=c=8.537\text{Å}$ 和 $a=c=8.556\text{Å}$，原胞包含 4 个分子。2 价离子占据（4a）对称性格位，是 8 个配位，对于 Eu—S 化学键长是 3.143Å，对于 Sm—S 化学键长是 3.15Å。3 价离子占据（8d）对称性格位，配位数是 6，对于 Eu—S 化学键平均长是 2.756Å，对

于 Sm—S 化学键平均长是 2.75Å。S 离子占据（16e）对称性格位，配位数是 5。两种晶体具有相同的键子式方程

$$Ln_3S_4 = Ln(1)Ln_2(2)S_4$$

$$= Ln(1)S_{8/5} + Ln(2)_{4/3}S_{8/5} + Ln'(2)_{2/3}S_{4/5} \qquad (3.49)$$

各类化学键的参数列于表 3.20 中。从表中的结果，我们同样可以发现 2 价离子比 3 价离子有较多的配位数，较大的化学键长和较小的共价性。

表 3.20　Eu₃S₄ 和 Sm₃S₄ 晶体的化学键参数

键　型	N_{cA}^{μ}	d^{μ}/nm	$(N_e^{\mu})^*$	E_h^{μ}/eV	C^{μ}/eV	f_c^{μ}
Eu(1)—S	8	0.3143	0.103	2.320	6.533	0.112
Eu(2)—S	4	0.2706	0.162	3.365	7.924	0.153
Eu'(2)—S	2	0.2839	0.140	2.988	6.996	0.154
Sm(1)—S	8	0.3150	0.103	2.309	6.496	0.112
Sm(2)—S	4	0.2712	0.161	3.347	7.870	0.153
Sm'(2)—S	2	0.2845	0.139	2.972	6.697	0.154

3.2.7　复合硫化物的结构和化学键

（1）Eu₃Sn₂S₇ 晶体的化学键性质

Eu₃Sn₂S₇ 晶体是正交对称性，空间群为 $Pbam$，晶胞参数分别为 $a = 11.542Å$、$b = 12.690Å$、$c = 3.974Å$，$Z = 2$，Eu 离子有 2 个对称性格位，都是 8 配位。Sn 离子有 1 个对称性格位，配位数是 5，S 离子有 4 个对称性格位，S(1)、S(2) 和 S(3) 对称性格位都被 2 个 S 离子占据，S(4) 对称格位被 1 个 S 离子占据。S(1) 对称格位的配位数是 4，S(2) 和 S(3) 对称格位的配位数是 5，S(4)对称格位的配位数是 6。在这个晶体中，Eu 离子是 +2 价，Sn 离子是 +4 价，S 离子是 -2 价。晶体的键子式方程为

$$Eu_3Sn_2S_7 = Eu(1)Eu(2)_2Sn_2S(1)_2S(2)_2S(3)_2S(4)$$

$$= Eu(1)_{1/2}S(2)_{4/5} + Eu(1)_{1/2}S(3)_{4/5} + Eu(2)_{1/2}S(2)_{4/5} + Eu(2)_{1/2}S(3)_{4/5}$$

$$+ Eu(2)_{1/2}S(4)_{2/3} + Eu(2)_{1/4}S(1)_{1/2} + Eu(2)_{1/4}S(1')_{1/2}$$

$$+ Sn_{4/5}S(1) + Sn_{2/5}S(2)_{2/5} + Sn_{2/5}S(3)_{2/5} + Sn_{2/5}S(4)_{1/3} \qquad (3.50)$$

根据介电化学键理论，可以计算出每个键子式的化学键参数，由于这个晶体的介电常数是未知的，我们采用 $\beta = 0.089$ 作了近似计算，结果列于表 3.21 中。从结果我们可以发现，S(1) 和金属离子的共价性比较大，S(4) 和金属离子的共价性比较小，这个现象与 S(1) 对称性格位的配位数是 4 和 S(4) 对称性格位的配位数是 6 相关，在阳离子配位数相同的情况下，阴离子配位数少的共价性大。

表 3.21　$Eu_3Sn_2S_7$ 晶体的化学键参数

键　型	N_{cA}^μ	d^μ/nm	$(N_e^\mu)^*$	E_h^μ/eV	C^μ/eV	f_c^μ	χ^μ
Eu(1)—S(2)	4	0.3196	0.0941	2.23	6.42	0.1074	2.86
Eu(1)—S(3)	4	0.3159	0.0974	2.29	6.61	0.1075	2.80
Eu(2)—S(3)	2	0.2989	0.1150	2.63	7.56	0.1079	2.50
Eu(2)—S(4)	2	0.3019	0.1116	2.57	9.17	0.0727	1.60
Eu(2)—S(2)	2	0.3071	0.1061	2.46	7.08	0.1076	2.64
Eu(2)—S(1)	1	0.3148	0.0985	2.31	5.01	0.1759	4.85
Eu(2)—S(1)	1	0.3303	0.0852	2.05	4.44	0.1759	5.35
Sn—S(2)	1	0.2367	0.7328	4.65	9.94	0.1793	6.80
Sn—S(3)	1	0.2448	0.6383	4.14	8.84	0.1804	7.50
Sn—S(1)	2	0.2467	0.6547	4.23	7.14	0.2603	12.80
Sn—S(4)	1	0.2971	0.3748	2.67	7.89	0.1027	4.46

（2）$Eu_5Sn_3S_{12}$ 晶体的结构和化学键性质

$Eu_5Sn_3S_{12}$ 晶体也是正交对称性，空间群为 $Pm2_1b$，晶胞参数为 $a=3.924Å$、$b=11.509Å$、$c=20.219Å$，$Z=2$，在晶体中分子的每个元素都有自己的对称性格位，就是说 Eu 离子有 5 个对称性格位，Sn 离子有 3 个对称性格位，S 离子有 12 个对称性格位。Eu(1)、Eu(2)、Eu(3) 和 Eu(4) 对称格位是 8 配位，Eu(5) 对称格位是 7 配位。Sn(1)、Sn(2) 对称格位是 6 配位，Sn(3) 对称格位是 5 配位。S(1)、S(6)、S(7)、S(8)、S(9)、S(10)、S(11) 和 S(12) 对称格位都是 5 配位，S(2)、S(3)、S(4) 和 S(5) 对称格位则是 4 配位。晶体中 Eu 离子有 Eu^{2+} 和 Eu^{3+} 两种化合价，Eu^{2+} 占据 Eu(1)、Eu(3) 和 Eu(4) 对称性格位，Eu^{3+} 占据 Eu(2) 和 Eu(5) 对称性格位。晶体中包括 37 种不同的化学键，具体形式可以通过键子式方程得到，由于比较烦杂不在书中列出。各个化学键的化学键参数已被计算，结果列于表 3.22 中。

表 3.22　$Eu_5Sn_3S_{12}$ 晶体的结构和化学键参数

键　型	N_{cA}^μ	d^μ/nm	$(N_e^\mu)^*$	E_h^μ/eV	C^μ/eV	f_c^μ	χ^μ
Eu(1)—S(3)	1	0.2945	0.1168	2.73	5.97	0.1728	4.01
Eu(1)—S(5)	1	0.3108	0.0994	2.39	5.24	0.1720	4.46
Eu(1)—S(9)	2	0.3095	0.1006	2.41	7.05	0.1049	2.52
Eu(1)—S(11)	2	0.3060	0.1041	2.48	7.24	0.1050	2.46
Eu(1)—S(12)	2	0.3409	0.0753	1.90	5.55	0.1048	3.08
Eu(2)—S(4)	1	0.3065	0.1554	2.47	6.65	0.1212	4.63
Eu(2)—S(5)	1	0.3190	0.1379	2.24	6.01	0.1218	5.05
Eu(2)—S(10)	2	0.2870	0.1893	2.91	10.45	0.0720	2.23
Eu(2)—S(11)	2	0.2879	0.1875	2.89	10.36	0.0720	2.23
Eu(2)—S(12)	2	0.2878	0.1877	2.89	10.37	0.0720	2.22
Eu(3)—S(2)	1	0.2979	0.1129	2.65	5.81	0.1726	4.10

续表

键　型	N_{cA}^μ	d^μ/nm	$(N_e^\mu)^*$	E_h^μ/eV	C^μ/eV	f_c^μ	χ^μ
Eu(3)—S(4)	1	0.3056	0.1045	2.49	5.46	0.1722	4.31
Eu(3)—S(8)	2	0.2983	0.1124	2.64	7.71	0.1053	2.34
Eu(3)—S(9)	2	0.3166	0.0940	2.28	6.67	0.1048	2.64
Eu(3)—S(10)	2	0.3050	0.1052	2.50	7.30	0.1050	2.45
Eu(4)—S(1)	1	0.3299	0.0831	2.06	6.02	0.1047	2.87
Eu(4)—S(6)	2	0.3039	0.1063	2.52	7.37	0.1051	2.43
Eu(4)—S(7)	2	0.3051	0.1050	2.50	7.30	0.1050	2.45
Eu(4)—S(8)	2	0.2983	0.1124	2.64	7.71	0.1053	2.34
Eu(4)—S(1′)	1	0.3413	0.0750	1.89	5.53	0.1048	3.08
Eu(5)—S(1)	1	0.2823	0.2273	3.03	9.15	0.0988	3.43
Eu(5)—S(2)	1	0.2809	0.2308	3.07	7.06	0.1589	5.94
Eu(5)—S(3)	1	0.2816	0.2290	3.05	7.01	0.1589	5.97
Eu(5)—S(6)	2	0.2811	0.2303	3.06	9.25	0.0988	3.40
Eu(5)—S(7)	2	0.2836	0.2243	3.00	9.04	0.0989	3.47
Sn(1)—S(7)	1	0.2522	0.4960	4.01	11.33	0.1112	4.26
Sn(1)—S(11)	1	0.2510	0.5031	4.06	11.47	0.1111	4.22
Sn(1)—S(3)	2	0.2628	0.4383	3.62	7.90	0.1734	8.14
Sn(1)—S(4)	2	0.2575	0.4660	3.81	8.32	0.1729	7.79
Sn(2)—S(6)	1	0.2546	0.4821	3.91	11.06	0.1113	4.35
Sn(2)—S(8)	1	0.2476	0.5241	4.19	11.87	0.1110	4.10
Sn(2)—S(1)	2	0.2590	0.4581	3.75	10.59	0.1115	4.52
Sn(2)—S(2)	2	0.2613	0.4459	3.67	8.02	0.1732	8.04
Sn(3)—S(9)	1	0.2407	0.6846	4.50	9.76	0.1752	6.60
Sn(3)—S(10)	1	0.2520	0.5966	4.01	8.68	0.1762	7.28
Sn(3)—S(12)	1	0.2540	0.5826	3.94	8.51	0.1765	7.41
Sn(3)—S(5)	2	0.2457	0.6437	4.28	7.32	0.2544	12.02

从表中结果我们可以发现，化学键的共价性和化学键的平均配位数有关，任何化学键的平均配位数可以利用式（3.21）计算，比如 Eu(1)—S 化学键的 5 类键，Eu(1)—S(3)、Eu(1)—S(5)化学键的平均配位数是 16/3，Eu(1)—S(9)、Eu(1)—S(11)、Eu(1)—S(12)化学键的平均配位数是 80/13，前者化学键的平均配位数比后者小，则化学键的共价性，前者的平均共价性的值约为 0.172，后者平均共价性的值约为 0.105，前者比后者大。这个结果表明，一般结构相似的情况下，化学键的平均配位数多少和化学键的共价性大小成反比，其他的化学键也有相似的规律。比较 Eu(1)和 Eu(2)离子的化学键，我们还可以发现基本环境相同时，Eu^{2+} 离子化学键的共价性比 Eu^{3+} 离子化学键的共价性大。

（3）La_2SnS_5 晶体的化学键

La_2SnS_5 晶体是正交对称性，空间群为 $Pbam$，晶胞参数 $a=11.22\text{Å}$、$b=7.915\text{Å}$、$c=3.96\text{Å}$，$Z=2$。晶体中 La 和 Sn 离子都只有 1 种对称性格位，配位

数分别是 9 和 6，S 离子有 3 种对称性格位，S(1) 对称性格位被 1 个离子占据，配位数是 4，S(2) 和 S(3) 对称性格位都被 2 个离子占据，配位数是 5。晶体中 2 个 La 离子都是 +3 价。这种晶体的键子式方程为

$$La_2SnS_5 = La_2SnS(1)S(2)_2S(3)_2$$
$$= La_{4/9}S(1) + La_{4/9}S(2)_{4/5} + La_{4/9}S(2')_{4/5} + La_{2/9}S(3)_{2/5}$$
$$+ La_{2/9}S(3')_{2/5} + La_{2/9}S(3'')_{2/5} + Sn_{1/3}S(2)_{2/5} + Sn_{2/3}S(3)_{4/5} \quad (3.51)$$

式 (3.51) 中 3、3′ 和 3″ 表示同一对称性格位、不同化学键长的化学键，各个化学键参数的计算结果列于表 3.23 中。

表 3.23 La_2SnS_5 晶体的化学键的化学键参数

键 型	N_{cA}^μ	d^μ/nm	$(N_e^\mu)^*$	E_h^μ/eV	C^μ/eV	f_c^μ	χ^μ
La—S (1)	2	0.2804	0.2080	3.08	8.86	0.1080	3.52
La—S (2)	2	0.2998	0.1702	2.61	10.10	0.0627	2.17
La—S (2′)	2	0.3011	0.1680	2.58	9.99	0.0627	2.19
La—S (3)	1	0.3068	0.1588	2.47	9.52	0.0628	2.28
La—S (3′)	1	0.3266	0.1316	2.11	8.11	0.0634	2.63
La—S (3″)	1	0.3274	0.1307	2.10	8.06	0.0635	2.64
Sn—S (2)	2	0.2529	0.5670	3.98	10.46	0.1266	5.74
Sn—S (3)	4	0.2591	0.5272	3.75	9.82	0.1271	6.05

通过对 3 个复合硫化物的结构分析和化学键参数计算，我们可以发现一些规律性的结果并得到下面的结论：在结构基本相似的情况下，配位阴离子相同时，平均配位数多的化学键的共价性比平均配位数少的化学键的共价性小；在同一种阴离子配位，配位数相等时，阳离子化合价高的化学键的共价性比阳离子化合价低的化学键的共价性小。

3.2.8 三元黄铜矿型晶体的化学键

三元黄铜矿型晶体在光电器件领域中有广泛的应用，因此，这类晶体的性质研究长期以来受到人们的重视，它们大致可分为两类，即 $A^{2+}B^{4+}C_2^{3-}$ 和 $A^{1+}B^{3+}C_2^{2-}$ 型。晶体是四方对称性，空间群为 $I\bar{4}2d(D_{2d}^{12})$，晶体中的原胞容纳 4 个分子，阳离子和阴离子都是 4 配位，晶体中只有 2 种类型的化学键。详细的结构参数列于表 3.24 中。表中 a、c 表示晶体的晶胞参数，d 表示离子间的键长。晶体的键子式方程可以写成如下的通式

$$ABC_2 = AC + BC \quad (3.52)$$

由于这类晶体的结构是四面体结构，在计算化学键参数时我们取晶体结构参数 $\beta = 0.089$，各类晶体的化学键参数结果列于表 3.25～表 3.28 中。从表中结果我们可以发现，$A^{2+}B^{4+}C_2^{3-}$ 型晶体的 2 类化学键都具有很强的共价性，而 $A^{1+}B^{3+}C_2^{2-}$ 型晶体的 2 类化学键的性质差别较大，A^{1+}—C^{2-} 化学键的共价性比 B^{3+}—C^{2-} 化学键的共价性大得多。

表 3.24　ABC₂ 晶体的结构参数

晶　体	$a/\text{Å}$	$c/\text{Å}$	$d/\text{Å}$	晶　体	$a/\text{Å}$	$c/\text{Å}$	$d/\text{Å}$
ZnSiP₂	5.400	10.441	2.312	CdSiP₂	5.678	10.431	2.390
ZnGeP₂	5.465	10.771	2.347	CdGeP₂	5.741	10.775	2.459
ZnSiAs₂	5.610	10.880	2.404	CdSnP₂	5.900	11.518	2.536
ZnGeAs₂	5.672	11.153	2.445	CdSiAs₂	5.884	10.882	2.477
ZnSnAs₂	5.852	11.704	2.536	CdGeAs₂	5.943	11.217	2.527
CdSnAs₂	6.094	11.918	2.619	CuGaS₂	5.360	10.490	2.305
CuAlS₂	5.323	10440	2.292	CuGaSe₂	5.618	11.010	2.417
CuAlSe₂	5.617	10.92	2.424	CuGaTe₂	6.013	11.920	2.597
CuAlTe₂	5.976	11.000	2.590	AgGaS₂	5.753	10.280	2.399
CuInS₂	5.528	11.080	2.397	AgGaSe₂	5.985	10.900	2.542
CuInSe₂	5.785	11.560	2.505	AgGaTe₂	6.301	11.960	2.681
CuInTe₂	6.179	12.365	2.677	AgInS₂	5.828	11.190	2.492
AgInSe₂	6.102	11.690	2.605	AgInTe₂	6.420	12.590	2.761

表 3.25　含 Zn 晶体的化学键参数

晶　体	键　型	$d/\text{Å}$	E_h/eV	C/eV	f_c	χ
ZnSiP₂	Zn—P	2.312	4.97	2.43	0.8066	6.10
	Si—P	2.312	4.97	3.68	0.6452	9.13
ZnGeP₂	Zn—P	2.347	4.79	2.37	0.8037	6.48
	Ge—P	2.347	4.79	3.58	0.6417	9.25
ZnSiAs₂	Zn—As	2.404	4.51	2.24	0.8024	7.31
	Si—As	2.404	4.51	3.37	0.6415	10.80
ZnGeAs₂	Zn—As	2.445	4.33	2.16	0.8012	7.59
	Ge—As	2.445	4.33	3.24	0.6410	13.40
ZnSnAs₂	Zn—As	2.536	3.95	1.99	0.7975	7.83
	Sn—As	2.536	3.95	2.98	0.6382	12.77

表 3.26　含 Cd 晶体的化学键参数

晶　体	键　型	$d/\text{Å}$	E_h/eV	C/eV	f_c	χ
CdSiP₂	Cd—P	2.390	4.58	2.27	0.8030	6048
	Si—P	2.390	4.58	3.42	0.6421	9.70
CdGeP₂	Cd—P	2.459	4.27	2.11	0.8040	7.66
	Ge—P	2.459	4.27	3.16	0.6461	11.77
CdSnP₂	Cd—P	2.536	3.95	1.99	0.7975	7.83
	Sn—P	2.536	3.95	2.98	0.6381	12.77
CdSiAs₂	Cd—As	2.477	4.19	2.10	0.7987	8.28
	Si—As	2.477	4.19	3.16	0.6380	11.33
CdGeAs₂	Cd—As	2.527	3.99	2.01	0.7980	8.71
	Ge—As	2.527	3.99	3.00	0.6382	12.77
CdSnAs₂	Cd—As	2.619	3.65	1.86	0.7942	9.27
	Sn—As	2.619	3.65	2.76	0.6356	15.01

表 3.27　含 Cu 晶体的化学键参数

晶　体	键　型	$d/\text{Å}$	E_h/eV	C/eV	f_c	χ
CuAlS$_2$	Cu—S	2.292	5.08	4.13	0.6016	3.15
	Al—S	2.292	5.08	8.04	0.2854	4.30
CuAlSe$_2$	Cu—Se	2.424	4.42	3.66	0.5940	3.94
	Al—Se	2.424	4.42	7.01	0.2845	5.02
CuAlTe$_2$	Cu—Te	2.590	3.75	3.09	0.5954	5.24
	Al—Te	2.590	3.75	5.81	0.2940	6.40
CuGaS$_2$	Cu—S	2.305	5.01	4.09	0.6002	3.17
	Ga—S	2.305	5.01	7.94	0.2847	4.46
CuGaSe$_2$	Cu—Se	2.417	4.45	3.70	0.5914	3.82
	Ga—Se	2.417	4.45	7.11	0.2815	5.05
CuGaTe$_2$	Cu—Te	2.597	3.73	3.18	0.5792	4.65
	Ga—Te	2.597	3.73	6.01	0.2779	5.83
CuInS$_2$	Cu—S	2.397	4.55	3.77	0.5931	3.39
	In—S	2.397	4.55	7.25	0.2822	4.78
CuInSe$_2$	Cu—Se	2.505	4.08	3.43	0.5851	4.07
	In—Se	2.505	4.08	6.54	0.2795	5.45
CuInTe$_2$	Cu—Te	2.677	3.46	2.98	0.5744	4.90
	In—Te	2.677	3.46	5.59	0.2768	6.27

表 3.28　含 Ag 晶体的化学键参数

晶　体	键　型	$d/\text{Å}$	E_h/eV	C/eV	f_c	χ
AgGaS$_2$	Ag—S	2.399	4.54	3.76	0.5925	3.63
	Ga—S	2.399	4.54	7.24	0.2817	4.77
AgGaSe$_2$	Ag—Se	2.542	3.93	3.28	0.5891	4.71
	Ga—Se	2.542	3.93	6.22	0.2852	5.90
AgGaTe$_2$	Ag—Te	2.681	3.44	2.87	0.5905	6.00
	Ga—Te	2.681	3.44	5.35	0.2932	7.22
AgInS$_2$	Ag—S	2.492	4.13	3.47	0.5864	3.90
	In—S	2.492	4.13	6.62	0.2802	5.14
AgInSe$_2$	Ag—Se	2.605	3.70	3.16	0.5786	4.67
	In—Se	2.605	3.70	5.97	0.2777	5.85
AgInTe$_2$	Ag—Te	2.761	3.20	2.78	0.5694	5.55
	In—Te	2.761	3.20	5.19	0.2756	6.63

3.2.9　其他类型晶体

除了上面的晶体外，还有一些常遇到的复杂晶体，这些晶体也是重要的光学材料，如石榴石型、尖晶石型、白钨矿、钙钛矿等晶体，我们将它们的结构特征、键子式方程的通式和一些晶体的键参数介绍如下。

石榴石型晶体的分子式通式为 A$_3$B$_5$O$_{12}$，A 有 1 种对称性格位，周围有 8 个 O 配位，B 有 2 种对称性格位，2 个 B(1) 是 6 个 O 配位，另 3 个 B(2) 是 4 个 O 配位，O 是 4 个 配体，其中 2 个 A，1 个 B(1) 和 1 个 B(2)，键子式方程是

$$A_3B_5O_{12} = A_3B(1)_2B(2)_3O_{12} = A_3O_6 + B(1)_2O_3 + B(2)_3O_3 \quad (3.53)$$

尖晶石型晶体的分子式通式是 AB_2O_4，A 和 B 都只有 1 种对称性格位，A 有 4 个 O 配位，B 有 6 个 O 配位，O 有 4 个配体，其中 1 个是 A，3 个是 B，键子式方程是

$$AB_2O_4 = AO + B_2O_3 \quad (3.54)$$

白钨矿型晶体的分子式通式是 ABX_4，A 和 B 都是阳离子，X 是阴离子，A 是 8 配位，B 是 4 配位，X 是 3 配位，其中 2 个是 A，1 个是 B，键子式方程是

$$ABX_4 = AX_{8/3} + BX_{4/3} \quad (3.55)$$

钙钛矿型晶体的分子式通式是 ABO_3，A 有 12 个配体，B 有 6 个配体，O 也有 6 个配体，其中 4 个是 A，2 个是 B。它们的键子式方程是

$$ABO_3 = AO_2 + BO \quad (3.56)$$

利用上面的晶体结构和复杂晶体化学键介电理论方法，计算了各种类型晶体的化学键参数，详细结果见表 3.29 和表 3.30。

表 3.29   石榴石、尖晶石和钙钛矿型晶体的化学键参数

晶　　体	键　　型	$d/\text{Å}$	$N_e^\mu/(10^{30}/\text{m}^3)$	E_h^μ/eV	C^μ/eV	f_c^μ	$4\pi\chi^\mu$
$Gd_3Al_5O_{12}$	Gd—O	2.397	0.238	4.55	15.53	0.079	1.202
	Al(1)—O	1.944	0.569	7.64	17.87	0.155	1.794
	Al(2)—O	1.781	1.162	9.50	12.77	0.356	5.728
$Yb_3Al_5O_{12}$	Yb—O	2.340	0.254	4.83	16.33	0.080	1.152
	Al(1)—O	1.935	0.598	7.73	17.99	0.156	1.770
	Al(2)—O	1.762	1.188	9.75	13.06	0.358	5.579
$Lu_3Al_5O_{12}$	Lu—O	2.330	0.257	4.88	16.53	0.08	1.134
	Al(1)—O	1.939	0.594	7.69	17.97	0.155	1.762
	Al(2)—O	1.760	1.191	9.78	13.12	0.357	5.546
$MgAl_2O_4$	Mg—O	1.954	0.460	7.55	8.62	0.434	4.230
	Al—O	1.901	0.500	8.08	19.75	0.143	1.191
$MnAl_2O_4$	Mn—O	2.006	0.426	7.07	7.45	0.473	5.295
	Al—O	1.952	0.462	7.57	17.07	0.164	1.462
$FeAl_2O_4$	Fe—O	1.969	0.450	7.41	7.49	0.494	4.940
	Al—O	1.916	0.488	7.92	17.16	0.176	1.521
$CoAl_2O_4$	Co—O	1.964	0.453	7.45	8.17	0.454	4.843
	Al—O	1.911	0.492	7.97	18.72	0.153	1.300
$ZnAl_2O_4$	Zn—O	1.955	0.460	7.54	8.62	0.466	4.570
	Al—O	1.902	0.500	8.07	19.75	0.16	1.348
$SrTiO_3$	Sr—O	2.760	0.158	3.21	9.39	0.104	2.098
	Ti—O	1.953	1.785	7.56	12.65	0.263	10.170
$CaCO_3$	Ca—O	2.370	0.140	4.68	11.51	0.14	1.000
	C—O	1.240	3.905	23.31	30.43	0.37	3.289

表 3.30　白钨矿型晶体的化学键参数

晶　体	键　型	$d/\text{Å}$	$N_e^\mu/(10^{30}/\text{m}^3)$	E_h^μ/eV	C^μ/eV	f_c^μ	$4\pi\chi^\mu$
LiTbF$_4$	Tb—F	2.292	0.421	5.08	32.22	0.024	0.358
	Li—F	1.915	0.481	7.93	11.77	0.312	2.001
LiHoF$_4$	Ho—F	2.273	0.431	5.19	33.75	0.024	0.359
	Li—F	1.902	0.491	8.07	12.26	0.306	2.663
LiErF$_4$	Er—F	2.267	0.436	5.23	33.71	0.024	0.379
	Li—F	1.897	0.495	8.12	12.23	0.306	2.684
LiYF$_4$	Y—F	2.272	0.432	5.19	33.88	0.023	0.355
	Li—F	1.902	0.491	8.07	12.31	0.304	2.646
CaWO$_4$	Ca—O	2.460	0.121	4.26	9.44	0.169	1.328
	W—O	1.750	2.014	9.92	17.79	0.237	5.580
CaMoO$_4$	Ca—O	2.462	0.121	4.26	9.44	0.177	1.400
	Mo—O	1.750	2.014	9.92	17.79	0.247	5.850
SrMoO$_4$	Sr—O	2.553	0.109	3.89	9.13	0.153	1.353
	Mo—O	1.778	1.937	9.54	17.99	0.22	5.470
PbWO$_4$	Pb—O	2.596	0.105	3.73	6.96	0.223	2.353
	W—O	1.778	1.951	9.54	14.19	0.311	7.579
PbMoO$_4$	Pb—O	2.593	0.105	3.74	6.26	0.264	2.830
	Mo—O	1.773	1.970	9.6	12.84	0.358	9.152
ZrSiO$_4$	Zr—O	2.230	0.300	5.5	15.12	0.117	1.497
	Si—O	1.620	1.538	12.0	14.18	0.417	5.583

　　本章介绍了复杂晶体化学键的基本理论方法，以及根据各种类型晶体的结构，利用该理论方法计算得到的各种化学键参数的结果。一方面是让大家了解这个理论的使用方法，另一方面为读者提供大量的关于晶体微观参数和化学键性质的信息，为各个科学研究领域提供了众多基本数据。同时，我们也看到这种理论方法对复杂晶体应用的可行性。

参 考 文 献

高发明. 复杂无机晶体的化学键和性质研究. [硕士论文]. 长春：中国科学院长春应用化学
　　研究所，1992

孟庆波，张思远. 应用化学. 1994，11：69

张思远. 化学物理学报，1991，4：109

张思远，任金生. 化学物理学报. ，1993，6：172

Batlogg B, Kaldis E, Schlegel A, Wachter P. Phys. Rev. 1975, B12：3940

Broach R W, Williams J M, Felcher G P, Hinks D G. Acta. Cryst. , 1979, B35：2317

Jaulmes S, Julien-Pouzol M. Acta. Crystall. , 1977, B33：1191

Jaulmes S, Julien-Pouzol M. Acta. Crystall. , 1977, B33：3898

Jaulmes S. Acta. Crystall. , 1974, B30：2283

Kucharczyk W. J. Phys. Chem. Solids. , 1989, 50：233

Kumar V, Sastry B S R. J. Phys. Chem. Solids. , 2002, 63: 107

Levine B F. Phys. Rev. , 1973, B7: 2600

Meng Qingbo, Wu Zhijian, Zhang Siyuan. Physica C. , 1998, 306: 321

Morrison C A, Leavitt R. P. Handbook on the physics and chemistry of rare earth, ed by
　　Gschneidner K R, Ering L. Amsterdam: North-Holland, 1982, 5: 461

Perry C H, Young E F. J. Appl. Phys. , 1967, 38: 4616

Rau R C. Acta. Crystllgr. , 1966, 20: 716

Wu Z J, Zhang S Y. J. Phys. Chem. 1999, A103: 4270

Wyckoff R W G. Crystal Structure, New York: interscience, 1964, Vol. 2

Xue Dongfeng, Zhang Siyuan. Appl Phys Lett. , 1997, 70: 943

Xue Dongfeng, Zhang Siyuan. J. Solid. state. Chem. , 1997, 130: 54

Xue Dongfeng, Zhang Siyuan. Mol. Phys. , 1998, 93: 411

Zhang Siyuan, Gao Famin, Wu Chengxun. J. Alloy. Compounds. , 1998, 275~277: 835

第 4 章　晶体的化学键和非线性光学效应

自从 1960 年激光出现以后，人们可以获得的光强快速增加，非线性光学现象有条件充分显现出来，因此，非线性光学材料和光学现象的研究成为当前的重要课题之一。目前已经涌现出相当多的、非常优良和实用的非线性光学晶体，如磷酸二氢钾（KH_2PO_4，KDP）、偏硼酸钡（BaB_2O_4，BBO）、三硼酸锂（$LiBO_3$，LBO）、铌酸锂（$LiNbO_3$）、磷酸钛氧钾（$KTiOPO_4$，KTP）、铌酸钾（$KNbO_3$）和铌酸钡钠（$Ba_2NaNb_5O_{15}$，BNN）等。一些有机晶体也具有很大的非线性系数，引起了人们的注意，在其他类型的材料中也在探索非线性光学材料，形成了一个广泛的研究领域。无论实验和理论都有很大的发展，在理论方法方面，已经提出了阴离子集团理论、簇模型理论和化学键电荷模型等。本书只重点介绍以介电化学键理论为基础的键电荷模型方法是如何解决非线性光学系数的计算问题的，这个方法是目前能够对晶体的各部分基元贡献进行定量计算的惟一方法，这样就为材料设计和性质预测提供了可能性。

大家知道，光在介质中传播时，介质在电磁场的作用下产生极化，极化矢量在空间的分布称为极化场，极化矢量 P_i

$$P_i = \sum \chi_{ij} E_j + \sum \chi_{ijk} E_j E_k + \sum \chi_{ijkl} E_j E_k E_l + \cdots$$

式中：E_j、E_k、E_l … 为电场强度；χ_{ij}、χ_{ijk}、χ_{ijkl} … 分别为一阶极化系数、二阶极化系数和三阶极化系数等高阶系数。第一项为线性项，它涉及光在介质中的传播和衰减问题

$$P_i = \sum \chi_{ij} E_j$$

$$D_i = \sum \varepsilon_{ij} E_i = E_j + 4\pi P_i$$

$$\varepsilon_{ij} = 1 + 4\pi \chi_{ij}$$

式中：D_i 为电感应矢量；ε_{ij} 为介电常数，在一般光源情况下只考虑第一项就可以了，因为其他各项比它小很多。在激光情况就不同了，其电场振幅高达 $10^6\,V/cm$，光强相当 $10^9\,W/cm^2$，因此，第二项、第三项、……都可以产生可明显地观察到的效应，本章中介绍利用介电化学键理论计算二阶非线性光学系数的有关工作。

4.1　倍频系数的理论方法

二阶非线性效应也就是通常所说的倍频效应和线性电光效应，它是目前研究

较详细的非线性效应之一，非线性效应产生的原因是因为晶体受到电磁场作用时，电荷会产生新的分布，电荷分布的非对称部分将产生光学非线性现象。为此，首先分析这种非对称的电荷分布对 E_h 和 C 的影响，E_h 的目前表达式表明它在整个区域内是个常数，实际上，化学键电荷的位置在电场的作用下要产生变化，这种变化可看作是原来能量的校正项。由于它是对称的，所以，它应该正比于 $(r_\alpha - r_\beta)^2$，若我们单独考虑每个原子对 E_h 的贡献，可以从它的表达式得到

$$(E_h^{-2})_\alpha \propto (r_\alpha - r_c)^{2s} \tag{4.1}$$

$$(E_h^{-2})_\beta \propto (r_\beta - r_c)^{2s} \tag{4.2}$$

式中：r_α 和 r_β 分别是化学键中阳离子和阴离子的半径；r_c 为原子实的半径，根据 Van Vechten 和 Phillips 的计算结果可近似地表示为 $r_c = 0.35 r_0$，为了导出 E_h^{-2} 对 $(E_h^{-2})_\alpha$ 和 $(E_h^{-2})_\beta$ 的依赖关系，我们可以表示同极化能的极化率为

$$(\chi_h)_{av} = \frac{(\hbar \Omega_p)^2}{4\pi E_h^2} \tag{4.3}$$

两个原子对 $(\chi_h)_{av}$ 的贡献可以认为是它们和的一半，即

$$(\chi_h)_{av} = \frac{1}{2}[(\chi_h)_\alpha + (\chi_h)_\beta] \tag{4.4}$$

同理可以导出

$$(E_h^{-2}) = \frac{1}{2}[(E_h^{-2})_\alpha + (E_h^{-2})_\beta] \tag{4.5}$$

考虑到式（4.1）和式（4.2）的关系，则

$$(E_h^{-2}) \propto (r_\alpha - r_c)^{2s} + (r_\beta - r_c)^{2s} \tag{4.6}$$

或写成如下等式

$$(E_h^{-2}) = (E_h^{-2})_0 \frac{[(r_\alpha - r_c)^{2s} + (r_\beta - r_c)^{2s}]}{2(r_0 - r_c)^{2s}} \tag{4.7}$$

式中：$(E_h^{-2})_0$ 为 $r_\alpha = r_\beta = r_0$ 时的能量间隙，这样的表达式形式体现了线性极化率对位能的依赖性，使得我们可以利用这种形式进行非线性系数的计算。我们知道线性极化率是由于键电荷在对称位能和非对称位能的影响下发生移动引起的，非线性极化率是由于这些位能产生的总的偏心率引起的。我们假设 μ 类化学键的宏观极化率为 χ^μ，若一个电场 ε 平行于化学键的方向 ξ，则一个键的极化矢量可表示为

$$p^\mu = \chi_b^\mu \varepsilon = q^\mu \Delta r^\mu \tag{4.8}$$

式中：χ_b^μ 为平行于 ξ 方向的线性极化率；q^μ 为化学键电荷；Δr^μ 为电荷的位移，由于电荷的位移导致 E_h 和 C 能量变化，进而引起 χ_b^μ 的变化。

利用 χ_b^μ 的表达式，可得出一个化学键线性极化率的改变量为

$$\Delta \chi_b^\mu = -\frac{\chi_b^\mu}{(E_g^\mu)^2}[\Delta(E_h^\mu)^2 + \Delta(C^\mu)^2] \tag{4.9}$$

我们假定 $\Delta d^\mu = \Delta r_\alpha + \Delta r_\beta = 0$，$(\Omega_p^\mu)^2 \propto (d^\mu)^{-3}$ 是常数，则 C 对 r_α^μ 微分得

$$\Delta C^\mu = \frac{\partial C^\mu}{\partial r_\alpha^\mu}\Delta r_\alpha^\mu = -b^\mu \exp(-k_s^\mu d^\mu/2)\left[\frac{Z_\alpha^\mu}{(r_\alpha^\mu)^2} + \frac{n}{m}\frac{Z_\beta^\mu}{(d^\mu - r_\alpha^\mu)^2}\right]e^2 \Delta r_\alpha^\mu \tag{4.10}$$

若近似取 $d^\mu = r_\alpha^\mu + r_\beta^\mu = 2r_0^\mu$，$r_\alpha^\mu = r_\beta^\mu = r_0^\mu$，则有

$$\Delta C^\mu = \frac{\partial C^\mu}{\partial r_\alpha^\mu}\Delta r_\alpha^\mu = -b^\mu \exp(-k_s^\mu d^\mu/2)\left(Z_\alpha^\mu + \frac{n}{m}Z_\beta^\mu\right)e^2 \Delta r_0^\mu/(r_0^\mu)^2 \tag{4.11}$$

同样，E_h^2 对 r_α^μ 微分得

$$\Delta(E_h^\mu)^2 = -sE_h^2 \frac{(r_\alpha^\mu - r_c^\mu)^{2s-1} - (r_\beta^\mu - r_c^\mu)^{2s-1}}{(r_0^\mu - r_c^\mu)^{2s}}\Delta r_\alpha^\mu \tag{4.12}$$

若引入参数 ρ^μ，则

$$r_\alpha^\mu = r_0^\mu(1 + \rho^\mu), \qquad r_\beta^\mu = r_0^\mu(1 - \rho^\mu) \tag{4.13}$$

则可求出

$$\rho^\mu = \frac{(r_\alpha^\mu - r_\beta^\mu)}{(r_\alpha^\mu + r_\beta^\mu)} \tag{4.14}$$

忽略掉 ρ^μ 的高级小量，则得

$$\Delta(E_h^\mu)^2 = -4s(2s-1)\left(\frac{r_0^\mu}{r_0^\mu - r_c^\mu}\right)^2 \frac{(E_h^\mu)^2 \rho^\mu \Delta r_\alpha^\mu}{d^\mu} \tag{4.15}$$

利用式（4.8）替换掉 Δr_α^μ，则式（4.12）和式（4.15）变为

$$\Delta(E_h^\mu)^2 = -4s(2s-1)\left(\frac{r_0^\mu}{r_0^\mu - r_c^\mu}\right)^2 \frac{(E_h^\mu)^2 \chi_b^\mu \rho^\mu \xi}{d^\mu q^\mu} \tag{4.16}$$

$$\Delta C^\mu = -4b^\mu \exp(-k_s^\mu d^\mu/2)\left(Z_\alpha^\mu + \frac{n}{m}Z_\beta^\mu\right)\frac{e^2 \chi_b^\mu \xi}{(d^\mu)^2 q^\mu} \tag{4.17}$$

将式（4.12）和式（4.15）代入式（4.9），在化学键方向上的一个键的极化率改变量 $\Delta(\chi_b^\mu)_{\xi\xi}$ 为

$$\Delta(\chi_b^\mu)_{\xi\xi} = 8b^\mu \exp(-k_s^\mu d^\mu/2)\left(Z_\alpha^\mu + \frac{n}{m}Z_\beta^\mu\right)\frac{(\chi_b^\mu)^2 C^\mu e^2 \xi_\xi}{(E_g^\mu)^2 (d^\mu)^2 q^\mu}$$

$$+ 4s(2s-1)\left(\frac{r_0^\mu}{r_0^\mu - r_c^\mu}\right)^2 \frac{f_c^\mu(\chi_b^\mu)^2 \rho^\mu \xi_\xi}{d^\mu q^\mu} \tag{4.18}$$

在化学键方向的一个键的二阶非线性光学系数 $\beta_{\xi\xi\xi}$ 可表示为

$$\beta_{\xi\xi\xi} = \frac{1}{4}\Delta(\chi_b^\mu)_{\xi\xi}/\xi_\xi \tag{4.19}$$

晶体宏观的二阶非线性光学系数

$$d_{ijk} = \sum_\mu F^\mu d_{ijk}^\mu = \sum_\mu G_{ijk}^\mu N_b^\mu \beta_{\xi\xi\xi}^\mu \tag{4.20}$$

$$\beta^\mu = F^\mu d_{ijk}^\mu/G_{ijk}^\mu N_b^\mu \tag{4.21}$$

G_{ijk}^{μ} 是几何因子

$$G_{ijk}^{\mu} = \frac{1}{n_b^{\mu}} \sum_{\lambda} \alpha_i^{\mu}(\lambda) \alpha_j^{\mu}(\lambda) \alpha_k^{\mu}(\lambda) \tag{4.22}$$

式中：n_b^{μ} 为原胞中 μ 类化学键的数目；λ 求和是对原胞中 μ 类化学键的所有键求和；$\alpha_i^{\mu}(\lambda)$ 是 μ 类化学键中的 λ 键在 i 坐标上的方向余弦，这样二阶非线性光学系数（倍频系数）可完整地表达如下

$$d_{ijk} = \sum_{\mu} F^{\mu} \left[d_{ijk}^{\mu}(C) + d_{ijk}^{\mu}(E_h) \right] \tag{4.23}$$

$$F^{\mu} d_{ijk}^{\mu}(C) = \frac{2G_{ijk}^{\mu} N_b^{\mu} b^{\mu} \exp(-k_s^{\mu} d^{\mu}/2) \left(Z_{\alpha}^{\mu} + \dfrac{n}{m} Z_{\beta}^{\mu} \right) e^2 (\chi_b^{\mu})^2 C^{\mu}}{(E_g^{\mu})^2 (d^{\mu})^2 q^{\mu}} \tag{4.24}$$

$$F^{\mu} d_{ijk}^{\mu}(E_h) = \frac{G_{ijk}^{\mu} N_b^{\mu} s(2s-1) \left[r_0^{\mu}/(r_0^{\mu} - r_c^{\mu}) \right]^2 f_c^{\mu} (\chi_b^{\mu})^2 \rho^{\mu}}{d^{\mu} q^{\mu}}$$

式中：q^{μ} 是化学键上的电荷，根据大量的实验结果给出的计算表达式为

$$q^{\mu}/e = n^{\mu}(1/\varepsilon^{\mu} + kf_c^{\mu}) \tag{4.25}$$

式中：k 为未知常数，对二元晶体 $k=1/3$。对于多种化学键的复杂晶体，其值要进行修正，因为它除了和本身的键电荷有关外，还与其他的化学键的性质有关，表示如下

$$k = \frac{2^{F_C} - 1.1}{N_{cat}}, \qquad F_C = \sum_{\mu} N_b^{\mu} f_c^{\mu} \tag{4.26}$$

式中：N_{cat} 是阳离子的配位数；F_C 是晶体的平均共价性。

Miller 定义了一种极化率的归一化表达形式，

$$\Delta_{ijk} = \frac{d_{ijk}}{\chi_i(\omega_i) \chi_j(\omega_j) \chi_k(\omega_k)} \tag{4.27}$$

式中：ω_i 是光学频率；$\chi_i(\omega_i)$ 是在频率为 ω_i 时的极化率；Δ_{ijk} 表示比 d_{ijk} 更能反映出晶体的非对称程度，它们的具体表达式很容易通过式（4.24）和式（4.26）得到

$$\Delta_{ijk} = \sum_{\mu} F^{\mu} \left[\Delta_{ijk}^{\mu}(C) + \Delta_{ijk}^{\mu}(E_h) \right] \tag{4.28}$$

$$F^{\mu} \Delta_{ijk}^{\mu}(C) = \frac{2G_{ijk}^{\mu} N_b^{\mu} b^{\mu} \exp(-k_s^{\mu} d^{\mu}/2) \left(Z_{\alpha}^{\mu} + \dfrac{n}{m} Z_{\beta}^{\mu} \right) e^2 (\chi_b^{\mu})^2 C^{\mu}}{(E_g^{\mu})^2 (d^{\mu})^2 q^{\mu} \chi^3} \tag{4.29}$$

$$F^{\mu} \Delta_{ijk}^{\mu}(E_h) = \frac{G_{ijk}^{\mu} N_b^{\mu} s(2s-1) \left[r_0^{\mu}/(r_0^{\mu} - r_c^{\mu}) \right]^2 f_c^{\mu} (\chi_b^{\mu})^2 \rho^{\mu}}{d^{\mu} q^{\mu} \chi^3} \tag{4.30}$$

式（4.29）中 χ 也可以直接用宏观折射率求得，对计算结果影响不大。

4.2　晶体的倍频系数和对称性

产生倍频效应的极化场可以写成下面形式

$$\boldsymbol{P}_i(2\omega) = \sum_{jk} \chi_{ijk}(2\omega,\omega,\omega) E_j(\omega) E_k(\omega) \tag{4.31}$$

其中 $\chi_{ijk}(2\omega,\omega,\omega)$ 在忽略色散关系时，对角标 j、k 显然是对称的，即

$$\chi_{ijk} = \chi_{ikj} \tag{4.32}$$

这样 χ_{ijk} 由 27 个分量减少到 18 个，通常用 $d_{i\alpha}(i=1,2,3;\ \alpha=1,2,3,4,5,6)$ 表示形式来代替 χ_{ijk}，其矩阵表示为

$$\begin{bmatrix} d_{11} & d_{12} & d_{13} & d_{14} & d_{15} & d_{16} \\ d_{21} & d_{22} & d_{23} & d_{24} & d_{25} & d_{26} \\ d_{31} & d_{32} & d_{33} & d_{34} & d_{35} & d_{36} \end{bmatrix}$$

$d_{i\alpha}$ 和 χ_{ijk} 的关系如下

$$d_{ij} = \chi_{ijj}$$
$$d_{i4} = \chi_{i23} = \chi_{i32}$$
$$d_{i5} = \chi_{i13} = \chi_{i31}$$
$$d_{i6} = \chi_{i12} = \chi_{i21}$$

在近中红外和可见光波段，晶体的离子运动较慢，远远小于光波电场的频率周期，离子位移对晶体极化几乎没有作用。因此，在忽略色散关系的条件下，Kleinman 进一步简化，提出全交换对称性近似规则，即

$$\chi_{ijk} = \chi_{jki} = \chi_{kij} = \chi_{ikj} = \chi_{kji} = \chi_{jik}$$

或

$$\begin{bmatrix} d_{11} & d_{12} & d_{13} & d_{14} & d_{15} & d_{16} \\ d_{16} & d_{22} & d_{23} & d_{24} & d_{14} & d_{12} \\ d_{15} & d_{24} & d_{33} & d_{23} & d_{13} & d_{14} \end{bmatrix}$$

此外，这些分量还和晶体的结构有关，没有对称中心的晶体才有不为零的 $d_{i\alpha}$ 系数，在 32 个点群对称性中只有 20 种点群没有对称中心，其中 422（D_4）和 622（D_6）点群的二阶非线性光学为零，所以实际上只有 18 种点群对称性才存在 $d_{i\alpha}$ 系数，详细情况见表 4.1。

表 4.1　晶体中各对称性的 d_{ij} 值表

晶系和晶类	d_{ij}	Kleinman 规则
	三斜晶系	
1（C_1）	$d_{11},d_{12},d_{13},d_{14},d_{15},d_{16}$	$d_{14}=d_{25}=d_{36}$
	$d_{21},d_{22},d_{23},d_{24},d_{25},d_{26}$	$d_{15}=d_{31},d_{24}=d_{32},d_{16}=d_{21}$
	$d_{31},d_{32},d_{33},d_{34},d_{35},d_{36}$	$d_{12}=d_{26},d_{23}=d_{34},d_{13}=d_{35}$

续表

晶系和晶类	d_{ij}	Kleinman 规则
单斜晶系		
$2(C_2)$	d_{14}, d_{15}	$d_{14}=d_{25}=d_{36}$
	d_{24}, d_{25}	$d_{15}=d_{31}$, $d_{24}=d_{32}$
	d_{31}, d_{32}, d_{33}, d_{36}	
$m(C_s)$	d_{11}, d_{12}, d_{13}, d_{15}	$d_{15}=d_{31}$, $d_{24}=d_{32}$
	d_{24}, d_{26}	$d_{12}=d_{26}$, $d_{13}=d_{35}$
	d_{31}, d_{32}, d_{33}, d_{35}	
正交晶系		
$222(D_2)$	d_{14}	$d_{14}=d_{25}=d_{36}$
	d_{25}	
	d_{36}	
$mm2(C_{2v})$	d_{15}	$d_{15}=d_{31}$
	d_{24}	$d_{24}=d_{32}$
	d_{31}, d_{32}, d_{33}	
三角晶系		
$3(C_3)$	$d_{11}=-d_{22}=-d_{26}$, d_{33}	$d_{15}=d_{31}$
	$d_{14}=-d_{25}$, $d_{15}=d_{24}$	$d_{14}=d_{25}=0$
	$d_{22}=-d_{16}=-d_{21}$, $d_{31}=d_{32}$	
$32(D_3)$	$d_{11}=-d_{12}=-d_{26}$	$d_{14}=d_{25}=0$
	$d_{14}=-d_{25}$	
$3m(C_{3v})$	$d_{15}=d_{24}$	$d_{15}=d_{31}$
	$d_{22}=-d_{21}=-d_{16}$	
	$d_{31}=d_{32}$, d_{33}	
四角晶系		
$4(C_4)$	$d_{14}=-d_{25}$, $d_{15}=d_{24}$	$d_{14}=d_{25}=0$
	$d_{31}=d_{32}$, d_{33}	$d_{15}=d_{31}$
$\bar{4}(S_4)$	$d_{14}=d_{25}$, $d_{15}=-d_{24}$	$d_{15}=d_{31}$
	$d_{31}=d_{32}$, d_{33}	$d_{14}=d_{36}$
$422(D_4)$	$d_{14}=d_{25}$	$d_{14}=0$
$4mm(C_{4v})$	$d_{15}=d_{24}$	$d_{15}=d_{31}$
	$d_{31}=d_{32}$, d_{33}	
$\bar{4}2m$	$d_{14}=d_{25}$, d_{36}	$d_{14}=d_{36}$
六角晶系		
$6(C_6)$	$d_{14}=-d_{25}$, $d_{15}=d_{24}$	$d_{14}=0$
	$d_{31}=d_{32}$, d_{33}	$d_{24}=d_{32}$
$\bar{6}(S_6)$	$d_{11}=-d_{12}=-d_{26}$	$d_{11}=-d_{12}=-d_{26}$
	$d_{22}=-d_{21}=-d_{16}$	$d_{22}=-d_{21}=-d_{16}$
$622(D_6)$	$d_{14}=d_{25}$	$d_{14}=d_{25}=0$
$6mm(C_{6v})$	$d_{15}=d_{24}$	$d_{15}=d_{31}$
	$d_{31}=d_{32}$, d_{33}	
$\bar{6}2m(D_{3h})$	$d_{21}=d_{16}=-d_{22}$	$d_{21}=d_{16}=-d_{22}$
立方晶系		
$\bar{4}3m(T_d)$	$D_{14}=d_{25}=d_{36}$	$D_{14}=d_{25}=d_{36}$
$432(O)$	—	—

4.3 KH_2PO_4(KDP)和 $NH_4H_2PO_4$(ADP)晶体的化学键和倍频系数

KH_2PO_4(KDP)和 $NH_4H_2PO_4$(ADP)晶体是最早得到应用的非线性晶体之一，由于它们是用水溶液法生长，容易得到大块晶体，所以现在仍然被广泛研究，它们属于四角对称性，$I\bar{4}2d$ 空间群，每个晶胞包括 4 个分子，$Z=4$。晶胞参数分别为 $a=b=7.4521Å$、$c=6.974Å$ 和 $a=b=7.502Å$、$c=7.546Å$，根据晶体结构和 Kleinman 规则，只有一个二阶非线性系数 d_{36}，为了计算晶体的化学键参数和倍频系数，我们首先写出晶体的键子式方程

$$KH_2PO_4 = K_{1/2}O(s) + K_{1/2}O(l) + HO(s)_{1/2} + HO(l)_{1/2} + PO$$

$$NH_4H_2PO_4 = H^N_{4/3}N + H^N_{4/3}O(s) + H^N_{4/3}O(l) + HO(s)_{1/2} + HO(l)_{1/2} + PO$$

上式中 H^N 表示与 N 连接的 H，O(s) 和 O(l) 分别表示短化学键长和长化学键长的 O，KDP 和 ADP 的折射率分别是 $n=1.4939$ 和 $n=1.50866$，根据复杂化学键理论可以计算出各晶体的化学键参数和倍频系数，结果列于表 4.2 和表 4.3 中。

表 4.2 KH_2PO_4 晶体的化学键参数和倍频系数

KDP	K—O(l)	K—O(s)	H—O(s)	H—O(l)	P—O
$d^\mu/Å$	2.900	2.828	1.066	1.429	1.540
n_e^μ	0.5	0.5	2.0	2.0	5.0
$N_e^\mu/(10^{30}/m^3)$	0.045	0.048	3.599	1.492	2.980
E_h^μ/eV	2.83	3.02	33.94	16.39	13.62
C^μ/eV	8.01	8.47	50.73	28.46	36.01
f_c^μ	0.111	0.113	0.309	0.249	0.125
$4\pi\chi^\mu$	0.581	0.558	1.109	1.597	2.435
χ_b^μ	0.280	0.269	0.534	0.769	1.173
q^μ/e	0.316	0.321	0.948	0.770	1.456
ρ^μ	0.529	0.529	-0.367	-0.367	0.221
G_{36}^μ	-0.073	0.062	0.0	0.0	0.164
$F^\mu\Delta_{36}^\mu(C)/(10^{-6}esu)$	-0.10	0.08	0.0	0.0	1.60
$F^\mu\Delta_{36}^\mu(E_h)/(10^{-6}esu)$	0.08	-0.06	0.0	0.0	-0.59
$\Delta_{36}^\mu/(10^{-6}esu)$	-0.023	0.017	0.0	0.0	1.014
$d_{36}^\mu/(10^{-9}esu)$	-0.022	0.016	0.0	0.0	0.955
$\Delta_{36}(KDP)_{cal}/(10^{-6}esu)$	1.01				
$\Delta_{36}(KDP)_{exp}/(10^{-6}esu)$	1.18				
$d_{36}(KDP)_{cal}/(10^{-9}esu)$	0.95				
$d_{36}(KDP)_{exp}/(10^{-9}esu)$	0.93				

表 4.3　$NH_4H_2PO_4$ 晶体的化学键参数和倍频系数

ADP	H^N-N	$H^N-O(s)$	$H^N-O(l)$	$H-O(s)$	$H-O(l)$	$P-O$
$d^\mu/\text{Å}$	1.004	1.956	2.650	1.067	1.414	1.536
n_e^μ	0.5	0.5	0.5	2.0	2.0	5.0
$N_e^\mu/(10^{30}/\text{m}^3)$	2.439	0.082	0.033	2.034	0.873	1.702
E_h^μ/eV	39.36	7.53	3.55	33.87	16.84	13.71
C^μ/eV	18.02	3.89	2.15	52.10	30.68	39.76
f_c^μ	0.827	0.789	0.730	0.297	0.232	0.106
$4\pi\chi^\mu$	1.517	1.147	2.000	0.550	0.748	1.076
χ_b^μ	0.641	0.484	0.841	0.233	0.316	0.455
q^μ/e	1.373	0.371	0.295	1.498	1.307	2.594
ρ^μ	-0.325	-0.367	-0.367	-0.367	-0.367	0.221
G_{36}^μ	-0.048	0.061	0.030	0.0	0.0	0.164
$F^\mu\Delta_{36}^\mu(C)/(10^{-6}\text{esu})$	-0.055	0.047	0.081	0.0	0.0	0.116
$F^\mu\Delta_{36}^\mu(E_h)/(10^{-6}\text{esu})$	-0.663	0.989	1.250	0.0	0.0	-0.036
$\Delta_{36}^\mu/(10^{-6}\text{esu})$	-0.718	1.035	1.331	0.0	0.0	0.081
$d_{36}^\mu/(10^{-9}\text{esu})$	-0.752	1.084	1.394	0.0	0.0	0.008
$\Delta_{36}(\text{ADP})_{cal}/(10^{-6}\text{esu})$	1.73					
$\Delta_{36}(\text{ADP})_{exp}/(10^{-6}\text{esu})$	1.30					
$d_{36}(\text{ADP})_{cal}/(10^{-9}\text{esu})$	1.81					
$d_{36}(\text{ADP})_{exp}/(10^{-9}\text{esu})$	1.36					

我们从表中的结果可以发现，KH_2PO_4（KDP）和 $NH_4H_2PO_4$（ADP）晶体虽然结构相同，但是对非线性贡献的结构单元是不同的，KH_2PO_4（KDP）的倍频系数主要来源于磷酸根的贡献，$NH_4H_2PO_4$（ADP）的倍频系数则主要来源于 $(NH_4)O_8$ 集团，这个现象表明结构或组成的改变对非线性性质有极大的影响。

4.4　$LiNbO_3$ 和 $LiTaO_3$ 晶体的倍频系数

$LiNbO_3$ 和 $LiTaO_3$ 是容易用提拉法生长成大块并且光学质量优良的一类晶体，在集成光学和电子光学中有着广泛的应用，空间群为 $R3c$，$Z=2$，晶胞参数分别为 $a=5.148\text{Å}$、$c=13.864\text{Å}$ 和 $a=5.154\text{Å}$、$c=13.783\text{Å}$。根据晶体结构和 Kleinman 对称关系，在 2 个晶体中各有 3 个独立的张量系数，即 d_{33}、d_{31} 和 d_{22}。

根据复杂晶体化学键理论，这 2 个晶体的分子式可分解为如下的键子式方程
$$LiXO_3 = Li_{1/2}O(l)_{3/4} + Li_{1/2}O(s)_{3/4} + X_{1/2}O(l)_{3/4} + X_{1/2}O(s)_{3/4}$$
这里，$X = Nb$，Ta。利用 $LiNbO_3$ 和 $LiTaO_3$ 晶体在 $1.064\mu m$ 的折射率，$n_{LiNbO_3}=2.23$，$n_{LiTaO_3}=2.04$，我们计算出 2 个晶体的各类化学键的键参数，并利用这些参数和二阶非线性系数公式求出系数的具体值，详细结果列于表 4.4 和表

4.5 中。

表 4.4　LiNbO₃ 晶体的化学键参数和倍频系数

	Li—O(s)	Li—O(l)	Nb—O(s)	Nb—O(l)
$d^{\mu}/\text{Å}$	2.068	2.239	2.112	1.889
$E_{\text{h}}^{\mu}/\text{eV}$	6.554	5.387	6.221	8.211
C^{μ}/eV	4.632	3.938	11.671	15.145
f_{c}^{μ}	0.667	0.652	0.221	0.227
χ^{μ}	2.713	3.113	5.529	4.537
χ_{b}^{μ}	0.954	1.095	1.954	1.596
q^{μ}/e	0.180	0.162	0.511	0.602
G_{22}^{μ}	−0.016	−0.027	−0.033	0.066
$F^{\mu}\Delta_{22}(C)/(10^{-6}\text{esu})$	−0.010	−0.024	−0.067	0.085
$F^{\mu}\Delta_{22}(E_{\text{h}})/(10^{-6}\text{esu})$	0.086	0.193	0.083	−0.101
$d_{22}^{\mu}/(10^{-9}\text{esu})$	2.397	5.354	0.526	−0.184
G_{31}^{μ}	−0.152	0.175	−0.185	0.184
$F^{\mu}\Delta_{31}(C)/(10^{-6}\text{esu})$	−0.093	0.150	−0.376	0.237
$F^{\mu}\Delta_{31}(E_{\text{h}})/(10^{-6}\text{esu})$	0.814	−1.234	0.470	−0.307
$d_{31}^{\mu}/(10^{-9}\text{esu})$	22.785	−34.248	2.974	−2.200
G_{33}^{μ}	−0.041	0.363	−0.300	0.107
$F^{\mu}\Delta_{33}(C)/(10^{-6}\text{esu})$	−0.025	0.311	−0.610	0.138
$F^{\mu}\Delta_{33}(E_{\text{h}})/(10^{-6}\text{esu})$	0.220	−2.553	0.763	−0.179
$d_{33}^{\mu}/(10^{-9}\text{esu})$	6.171	−70.835	4.824	−1.281
$\Delta_{22,\text{cal}}/(10^{-6}\text{esu})$		0.237		
$\Delta_{22,\text{exp}}/(10^{-6}\text{esu})$		0.15		
$\Delta_{31,\text{cal}}/(10^{-6}\text{esu})$		−0.338		
$\Delta_{31,\text{exp}}/(10^{-6}\text{esu})$		−0.40		
$\Delta_{33,\text{cal}}/(10^{-6}\text{esu})$		−1.934		
$\Delta_{33,\text{exp}}/(10^{-6}\text{esu})$		−2.7		
$d_{22,\text{cal}}/(10^{-9}\text{esu})$		7.449		
$d_{22,\text{exp}}/(10^{-9}\text{esu})$		5.0		
$d_{31,\text{cal}}/(10^{-9}\text{esu})$		−10.69		
$d_{31,\text{exp}}/(10^{-9}\text{esu})$		−10.3		
$d_{33,\text{cal}}/(10^{-9}\text{esu})$		−61.121		
$d_{33,\text{exp}}/(10^{-9}\text{esu})$		−64.5		

表 4.5　LiTaO₃ 的化学键参数和倍频系数

	Li—O(s)	Li—O(l)	Ta—O(s)	Ta—O(l)
$d^{\mu}/\text{Å}$	2.041	2.313	2.073	1.909
$E_{\text{h}}^{\mu}/\text{eV}$	6.774	4.967	6.520	8.000
C^{μ}/eV	5.790	4.473	14.819	17.960

	Li—O(s)	Li—O(l)	Ta—O(s)	Ta—O(l)
f_c^μ	0.578	0.552	0.162	0.166
χ^μ	2.298	2.929	4.032	3.488
χ_b^μ	0.806	0.992	1.413	1.222
q^μ/e	0.199	0.197	0.855	0.856
G_{22}^μ	−0.015	−0.026	−0.036	0.065
$F^\mu\Delta_{22}(C)/(10^{-6}\,esu)$	−0.015	−0.038	−0.051	0.073
$F^\mu\Delta_{22}(E_h)/(10^{-6}\,esu)$	0.093	0.204	0.044	−0.064
$d_{22}^\mu/(10^{-9}\,esu)$	1.227	2.651	−0.121	0.148
G_{31}^μ	−0.135	0.170	−0.188	0.187
$F^\mu\Delta_{31}(C)/(10^{-6}\,esu)$	−0.135	0.243	−0.263	0.212
$F^\mu\Delta_{31}(E_h)/(10^{-6}\,esu)$	0.810	−1.315	0.224	−0.185
$d_{31}^\mu/(10^{-9}\,esu)$	10.747	−17.068	−0.621	0.428
G_{33}^μ	−0.026	0.394	−0.277	0.122
$F^\mu\Delta_{33}(C)/(10^{-6}\,esu)$	−0.026	0.566	−0.388	0.138
$F^\mu\Delta_{33}(E_h)/(10^{-6}\,esu)$	0.154	−3.058	0.330	−0.121
$d_{33}^\mu/(10^{-9}\,esu)$	2.046	−39.694	−0.916	0.280
$\Delta_{22,cal}/(10^{-6}\,esu)$		0.245		
$\Delta_{22,exp}/(10^{-6}\,esu)$		0.19		
$\Delta_{31,cal}/(10^{-6}\,esu)$		−0.409		
$\Delta_{31,exp}/(10^{-6}\,esu)$		−0.10		
$\Delta_{33,cal}/(10^{-6}\,esu)$		−2.404		
$\Delta_{33,exp}/(10^{-6}\,esu)$		−1.6		
$d_{22,cal}/(10^{-9}\,esu)$		3.906		
$d_{22,exp}/(10^{-9}\,esu)$		4.8		
$d_{31,cal}/(10^{-9}\,esu)$		−6.513		
$d_{31,exp}/(10^{-9}\,esu)$		−2.4		
$d_{33,cal}/(10^{-9}\,esu)$		−38.284		
$d_{33,exp}/(10^{-9}\,esu)$		−39		

从结果可以看出，倍频系数的计算值和实验值之间非常符合，证明了这种方法的可行性。同时，我们注意到几何因子的符号是很重要的，如果是正、负抵消将使结果减小，充分显示出晶体结构对非线性性质的意义。

4.5　$NdAl_3(BO_3)_4$ 晶体的倍频系数

$NdAl_3(BO_3)_4$（NBA）晶体是一种优良的小型的激光晶体，它具有低阈值，高增益，线性偏振激光输出，高 Nd 浓度掺杂等特点，同时，该晶体没有对称中心，从结构上讲，这种晶体具有内禀的倍频能力。因此，这种晶体实际是一种自倍频激光晶体，在实验上已经观察到很强的绿色激光，而且已经测定了倍频系数，现在，我们利用复杂晶体介电化学键的理论方法和有关公式，可以直接计算这种晶体的倍频系数。

晶体属于 $R32(D_3{}^7)$ 空间群，晶胞参数是 $a=9.3416\text{Å}$，$c=7.3066\text{Å}$，$Z=3$。根据它的结构可以写出价键方程并计算各类化学键的键参数，键子式方程是

$$\text{NdAl}_3(\text{BO}_3)_4 = \text{Nd}_{1/3}\text{O}(3)_{2/3} + \text{Nd}_{1/3}\text{O}(3')_{2/3} + \text{Nd}_{1/3}\text{O}(3'')_{2/3}$$
$$+ \text{AlO}(1)_2 + \text{AlO}(2)_2 + \text{AlO}(3)_2 + \text{B}(1)_{1/3}\text{O}(1)_{1/3}$$
$$+ \text{B}(1)_{2/3}\text{O}(1')_{2/3} + \text{B}(2)\text{O}(2) + \text{B}(2)_2\text{O}(3)_2$$

晶体的折射率 $n=1.75$，根据对称性，这个晶体只有一个倍频系数 d_{11}，晶体中各类化学键的键参数和倍频系数的结果列于表 4.6 中。

表 4.6　$\text{NdAl}_3(\text{BO}_3)_4$ 晶体的键参数和倍频系数

	Nd—O(3)	Nd—O(3′)	Nd—O(3″)	Al—O(1)	Al—O(2)
$d^{\mu}/\text{Å}$	2.371	2.371	2.371	1.932	1.947
n_{e}^{μ}	2.0	2.0	2.0	2.0	2.0
$N_{\text{e}}^{\mu}/(10^{30}/\text{m}^3)$	0.194	0.194	0.194	0.358	0.350
$E_{\text{h}}^{\mu}/\text{eV}$	4.671	4.671	4.671	7.761	7.614
C^{μ}/eV	12.06	12.06	12.06	18.80	18.50
f_{c}^{μ}	0.131	0.131	0.131	0.146	0.146
$4\pi\chi^{\mu}$	1.567	1.567	1.567	0.894	0.903
χ_{b}^{μ}	0.637	0.637	0.637	0.364	0.367
q^{μ}/e	0.784	0.784	0.784	1.063	1.057
ρ^{μ}	0.462	0.462	0.462	0.323	0.323
G_{11}^{μ}	−0.126	0.508	−0.026	−0.074	−0.051
$\Delta_{\beta}^{\mu}/10^{-28}$	0.035	0.035	0.035	0.019	0.019
$F^{\mu}\Delta_{11}^{\mu}(C)/(10^{-6}\text{esu})$	−0.025	0.099	−0.005	−0.013	−0.009
$F^{\mu}\Delta_{11}^{\mu}(C)/(10^{-6}\text{esu})$	0.020	−0.080	0.004	0.008	0.006
$\Delta_{11}^{\mu}/(10^{-6}\text{esu})$	−0.005	0.019	−0.001	−0.005	−0.003
$d_{11}^{\mu}/(10^{-9}\text{esu})$	−0.021	0.085	−0.004	−0.020	−0.014

	Al—O(3)	B(1)—O(1)	B(1)—O(1′)	B(2)—O(2)	B(2)—O(3)
$d^{\mu}/\text{Å}$	1.858	1.392	1.392	1.429	1.348
n_{e}^{μ}	2.0	4.0	4.0	4.0	4.0
$N_{\text{e}}^{\mu}/(10^{30}/\text{m}^3)$	0.402	1.914	1.914	1.769	2.108
$E_{\text{h}}^{\mu}/\text{eV}$	8.551	17.499	17.499	16.396	18.950
C^{μ}/eV	20.407	16.300	16.300	15.441	17.410
f_{c}^{μ}	0.145	0.535	0.535	0.530	0.542
$4\pi\chi^{\mu}$	0.847	4.141	4.141	4.319	3.935
χ_{b}^{μ}	0.345	1.685	1.685	1.757	1.601
q^{μ}/e	1.089	0.871	0.871	0.844	0.905

续表

	Al—O(3)	B(1)—O(1)	B(1)—O(1′)	B(2)—O(2)	B(2)—O(3)
ρ^μ	0.323	0.137	0.137	0.137	0.137
G_{11}^μ	0.195	−1.000	0.125	0.250	0.505
$\Delta_\beta^\mu/10^{-28}$	0.161	−0.850	−0.850	−0.895	−0.798
$F^\mu\Delta_{11}^\mu(C)/(10^{-6}\text{esu})$	0.030	−0.557	0.139	0.462	1.491
$F^\mu\Delta_{11}^\mu(C)/(10^{-6}\text{esu})$	−0.020	1.019	−0.255	−0.827	−2.803
$\Delta_{11}^\mu/(10^{-6}\text{esu})$	0.010	0.462	−0.115	−0.365	−1.312
$d_{11}^\mu/(10^{-9}\text{esu})$	0.045	2.041	−0.510	−1.613	−5.800
$\Delta_{11}(\text{NBA})/(10^{-6}\text{esu})$			−1.31		
$d_{11}(\text{NBA})/(10^{-9}\text{esu})$			−5.81(cal)		
$d_{11}(\text{NBA})/(10^{-9}\text{esu})$			−4.06(exp)		

表中 Nd—O(3)、Nd—O(3′)、Nd—O(3″) 表示键长相等、几何因子不同的 3 种键，我们可以发现这个晶体的 B—O 化学键对光学倍频系数有较大的贡献，其他的化学键贡献很小。计算得到的倍频系数值与实验测量值相比较是很合理的。

4.6　稀土三硼酸盐 $Ca_4LnO(BO_3)_3$ 晶体的非线性性质

稀土三硼酸盐 $Ca_4LnO(BO_3)_3$ 晶体是最近新出现的一种性能优良的激光材料，由于它是同成分熔化，可以用提拉法生长较大的单晶，比用助溶剂生长的 BaB_2O_4、LiB_3O_5 和 $Nd_xY_{1-x}Al_3(BO_3)_4$ 晶体在生长方法上显示了优越性。同时，这种晶体还具有很好的非线性性质，因此，引起了人们的极大科学兴趣。这种晶体结构较复杂，单晶结构已经解出是单斜对称性，空间群是 Cm，晶体的原胞含有 2 个分子，即 $Z=2$，晶体中各离子间的配位情况见图 4.1，Ln 有一种对称性格位，配位数是 6，Ca 有 2 种对称性格位，配位数都是 6，图中虚线表示化学键长大于 2.8Å，我们不作为近邻考虑。B 有 2 种对称性格位，配位数都是 3。O 有 6 种对称性格位，O(1)、O(6) 对称性格位只占据 1 个 O 离子，其他的对称性格位都占据 2 个 O 离子。除了 O(6) 的配位数是 3 外，其余 O 的配位数都是 4。根据晶体的结构情况，我们可以写出键子式方程。

$Ca_4LnO(BO_3)_3 = Ca(1)_{1/3}O(1)_{1/2} + Ca(1)_{1/3}O(3)_{1/2} + Ca(1)_{1/3}O(4)_{1/2}$
$+ Ca(1)_{1/3}O(4')_{1/2} + Ca(1)_{1/3}O(5)_{1/2} + Ca(1)_{1/3}O(5')_{1/2} + Ca(2)_{1/3}O(2)_{1/2}$
$+ Ca(2)_{1/3}O(2')_{1/2} + Ca(2)_{1/3}O(3)_{1/2} + Ca(2)_{1/3}O(3')_{1/2} + Ca(2)_{1/3}O(4)_{1/2}$
$+ Ca(2)_{1/3}O(5)_{1/2} + Ln_{1/6}O(1)_{1/4} + Ln_{1/6}O(1')_{1/4} + Ln_{1/3}O(2)_{1/2} + Ln_{1/6}O(6)_{1/3}$
$+ Ln_{1/6}O(6')_{1/3} + B(1)_{2/3}O(5)_{1/2} + B(1)_{1/3}O(6)_{1/3} + B(2)_{2/3}O(2)_{1/2}$
$+ B(2)_{2/3}O(3)_{1/2} + B(2)_{2/3}O(4)_{1/2}$

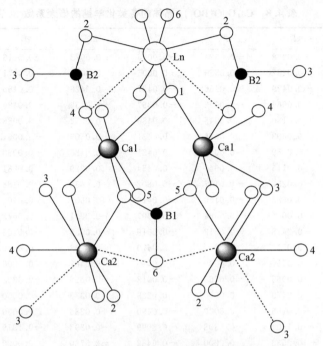

图 4.1　$Ca_4LnO(BO_3)_3$ 晶体离子间配位关系

前式中相同格位、不同化学键长的氧离子，我们用带撇的数字表示，如 $O(4)$ 和 $O(4')$。利用复杂晶体化学键的介电理论，我们可以计算出各个类型化学键的参数，利用晶体的对称性和 Kleinman 对称关系，我们知道，这种晶体的倍频系数有 6 个，即 d_{11}、d_{12}、d_{13}、d_{31}、d_{32} 和 d_{33}。利用上节的公式计算出各类化学键对倍频系数的贡献，进而求出晶体的各个倍频系数分量。我们以 $Ca_4GdO(BO_3)_3$ 晶体为例，它的化学键参数和各类化学键对倍频系数的贡献分别列于表 4.7 和表 4.8 中。

表 4.7　$Ca_4GdO(BO_3)_3$ 晶体的化学键参数

键　型	$d^\mu/\text{Å}$	f_c^μ	χ^μ	q^μ/e	键　型	$d^\mu/\text{Å}$	f_c^μ	χ^μ	q^μ/e
Ca(1)—O(1)	2.331	0.124	1.199	0.607	Ca(2)—O(5)	2.336	0.124	1.203	0.606
Ca(1)—O(3)	2.340	0.124	1.206	0.605	Gd—O(1)	2.257	0.061	1.214	1.205
Ca(1)—O(4)	2.374	0.123	1.234	0.598	Gd—O(1)	2.243	0.061	1.201	1.213
Ca(1)—O(4)	2.320	0.124	1.190	0.610	Gd—O(2)	2.421	0.122	1.468	0.541
Ca(1)—O(5)	2.355	0.124	1.218	0.602	Gd—O(6)	2.365	0.154	2.949	0.508
Ca(1)—O(5)	2.360	0.123	1.222	0.601	Gd—O(6)	2.451	0.153	3.142	0.484
Ca(2)—O(2)	2.339	0.124	1.205	0.604	B(1)—O(5)	1.372	0.308	3.405	0.919
Ca(2)—O(2)	2.328	0.124	1.196	0.608	B(1)—O(6)	1.389	0.573	6.680	0.540
Ca(2)—O(3)	2.617	0.118	1.449	0.545	B(2)—O(2)	1.385	0.307	3.454	0.909
Ca(2)—O(3)	2.462	0.121	1.309	0.578	B(2)—O(3)	1.372	0.308	3.404	0.919
Ca(2)—O(4)	2.496	0.121	1.338	0.571	B(2)—O(4)	1.378	0.308	3.428	0.914

表 4.8　Ca₄GdO(BO₃)₃ 晶体的各类化学键的倍频系数 （单位：10^{-9} esu）

键　　型	d_{11}^{μ}	d_{12}^{μ}	d_{13}^{μ}	d_{31}^{μ}	d_{32}^{μ}	d_{33}^{μ}
Ca(1)—O(1)	−0.0328	−0.0524	−0.0016	−0.0073	−0.0116	−0.0004
Ca(1)—O(3)	0.0287	0.0550	0.0005	0.0037	0.0071	0.0001
Ca(1)—O(4)	−0.0429	−0.0156	−0.0427	0.0428	0.0155	0.0425
Ca(1)—O(4)	−0.0069	−0.0082	−0.0357	−0.0156	−0.0186	−0.0815
Ca(1)—O(5)	0.0130	0.0045	0.0486	0.0252	0.0088	0.0937
Ca(1)—O(5)	0.0603	0.0076	0.0431	−0.0509	−0.0064	−0.0364
Ca(2)—O(2)	0.0559	0.0070	0.0421	−0.0485	−0.0060	−0.0366
Ca(2)—O(2)	0.0116	0.0041	0.0454	0.0229	0.0081	0.0899
Ca(2)—O(3)	−0.0257	−0.0107	−0.0802	−0.0454	−0.0188	−0.1416
Ca(2)—O(3)	−0.0885	−0.0150	−0.0416	0.0607	0.0103	0.0285
Ca(2)—O(4)	∼0.00	−0.0064	−0.0007	−0.0001	−0.0572	−0.0066
Ca(2)—O(5)	−0.0418	−0.0512	−0.0019	−0.0088	−0.0108	−0.0004
Gd—O(1)	0.0116	0.0000	0.0470	0.0233	0.0000	0.0946
Gd—O(1)	0.0557	0.0000	0.0416	−0.0481	0.0000	−0.0359
Gd—O(2)	−0.0065	−0.0765	−0.0012	−0.0028	−0.0323	−0.0005
Gd—O(6)	−0.0473	0.0000	−0.0239	0.0336	0.0000	0.0170
Gd—O(6)	−0.0166	0.0000	−0.0490	−0.0286	0.0000	−0.0842
B(1)—O(5)	−0.1601	−0.5308	0.0099	−0.0398	−0.1319	−0.0025
B(1)—O(6)	−10.2533	0.0000	−0.6482	−2.5780	0.0000	−0.1630
B(2)—O(2)	−0.8173	−0.4290	∼0.00	0.0055	0.0029	∼0.00
B(2)—O(3)	∼0.00	−0.0038	−0.0013	∼0.00	−0.5480	−0.1792
B(2)—O(4)	0.8375	0.0931	0.3050	0.5054	0.0562	0.1840
总　　和	−10.465	−1.028	−0.365	−2.151	−0.733	−0.218

　　从计算结果我们可以发现，d_{11}^{μ} 的值很大，主要是来自 B(1)—O(6) 化学键的贡献，表明化学键的几何位置和物理状态对非线性行为有重要影响。我们同时也计算了其他稀土三硼酸盐晶体的倍频系数，由于它们的结果和 Ca₄GdO(BO₃)₃ 晶体相似，书中不再重复，具体结果列于表 4.9 中。

表 4.9　Ca₄LnO(BO₃)₃ 晶体的倍频系数

晶　　体	结　　构	折射率	倍频系数/(10^{-9} esu)
Ca₄LaO(BO₃)₃	$Cm, Z=2$ $a=8.172$Å, $b=16.080$Å, $c=3.629$Å, $\beta=101.43°$	1.723	$d_{11}=-11.03, d_{12}=-1.08$ $d_{13}=-0.32, d_{31}=-2.32$ $d_{32}=-0.79, d_{33}=-0.19$
Ca₄NdO(BO₃)₃	$Cm, Z=2$ $a=8.131$Å, $b=16.056$Å, $c=3.593$Å, $\beta=101.38°$	1.718	$d_{11}=-10.71, d_{12}=-1.05$ $d_{13}=-0.35, d_{31}=-2.23$ $d_{32}=-0.76, d_{33}=-0.21$
Ca₄SmO(BO₃)₃	$Cm, Z=2$ $a=8.114$Å, $b=16.061$Å, $c=3.579$Å, $\beta=101.38°$	1.716	$d_{11}=-10.58, d_{12}=-1.04$ $d_{13}=-0.37, d_{31}=-2.19$ $d_{32}=-0.75, d_{33}=-0.22$

晶　　体	结　　构	折射率	倍频系数/$(10^{-9}\,\mathrm{esu})$
$\mathrm{Ca_4GdO(BO_3)_3}$	$Cm, Z=2$ $a=8.106\text{Å}, b=16.028\text{Å},$ $c=3.557\text{Å}, \beta=101.25°$	1.713	$d_{11}=-10.47, d_{12}=-1.03$ $d_{13}=-0.37, d_{31}=-2.15$ $d_{32}=-0.73, d_{33}=-0.22$
$\mathrm{Ca_4ErO(BO_3)_3}$	$Cm, Z=2$ $a=8.075\text{Å}, b=16.008\text{Å},$ $c=3.530\text{Å}, \beta=101.18°$	1.709	$d_{11}=-10.24, d_{12}=-1.01$ $d_{13}=-0.39, d_{31}=-2.09$ $d_{32}=-0.71, d_{33}=-0.24$
$\mathrm{Ca_4YO(BO_3)_3}$	$Cm, Z=2$ $a=8.080\text{Å}, b=16.016\text{Å},$ $c=3.532\text{Å}, \beta=101.24°$	1.704	$d_{11}=-10.22, d_{12}=-1.00$ $d_{13}=-0.35, d_{31}=-2.10$ $d_{32}=-0.71, d_{33}=-0.20$

4.7　稀土硝酸盐 $\mathrm{K_2Ce(NO_3)_5 \cdot 2H_2O}$ 和 $\mathrm{K_2La(NO_3)_5 \cdot 2H_2O}$ 晶体的化学键和倍频系数

稀土硝酸盐晶体 $\mathrm{K_2Ce(NO_3)_5 \cdot 2H_2O(KCN)}$ 和 $\mathrm{K_2La(NO_3)_5 \cdot 2H_2O(KLN)}$ 是典型复杂结构的非线性晶体的代表。围绕着稀土离子的配位结构是由 5 个对称的双齿硝酸根原子团和 2 个水分子构成，形成了畸变的二十面体，每个 $[\mathrm{Ln(NO_3)_5 \cdot 2H_2O}]^{2-}$ 复合原子团和近邻的稀土复合原子团不直接相连，是通过 $\mathrm{K^+}$ 和氢键连接形成三维空间结构。晶体 $\mathrm{K_2Ce(NO_3)_5 \cdot 2H_2O(KCN)}$ 和 $\mathrm{K_2La(NO_3)_5 \cdot 2H_2O(KLN)}$ 都属于正交对称性，空间群为 $Fdd2$，晶体的原胞中含有 2 个分子（$Z=2$），晶胞参数分别是 $a=11.244\text{Å}$、$b=21.420\text{Å}$、$c=12.299\text{Å(KCN)}$ 和 $a=11.336\text{Å}$、$b=21.621\text{Å}$、$c=12.355\text{Å(KLN)}$。根据结构可以写出晶体的键子式方程

$\mathrm{K_2Ln(NO_3)_5 \cdot 2H_2O} = \mathrm{K_{2/9}O(1)_{1/2}} + \mathrm{K_{2/9}O(12)_{2/3}} + \mathrm{K_{2/9}O(13)_{2/3}}$
$+ \mathrm{K_{2/9}O(13')_{2/3}} + \mathrm{K_{2/9}O(21)_{1/2}} + \mathrm{K_{2/9}O(23)_{2/3}} + \mathrm{K_{2/9}O(23')_{2/3}} + \mathrm{K_{2/9}O(31)_{2/3}}$
$+ \mathrm{K_{2/9}O(32)_{2/3}} + \mathrm{Ln_{1/6}O(1)_{1/2}} + \mathrm{Ln_{1/6}O(11)} + \mathrm{Ln_{1/6}O(12)_{2/3}} + \mathrm{Ln_{1/6}O(21)_{1/2}}$
$+ \mathrm{Ln_{1/6}O(22)} + \mathrm{Ln_{1/6}O(31)} + \mathrm{N(1)_{2/3}O(11)} + \mathrm{N(1)_{2/3}O(12)_{2/3}}$
$+ \mathrm{N(1)_{2/3}O(13)_{2/3}} + \mathrm{N(2)_{2/3}O(21)_{1/2}} + \mathrm{N(2)_{2/3}O(22)}$
$+ \mathrm{N(2)_{2/3}O(23)_{2/3}} + \mathrm{N(3)_{2/3}O(31)_{2/3}} + \mathrm{N(3)_{1/3}O(32)_{1/3}}$
$+ \mathrm{H(1)_2O(1)_{1/2}} + \mathrm{H(2)O(1)_{1/2}} + \mathrm{H(2)O(21)_{1/2}}$

式中：O 的标号为 1 位数的表示是结晶水的 O，2 位数的 O 表示是硝酸根上的 O。带撇的化学键表示和相应的化学键除了化学键长不同外其他都一样。按照晶体对称性和 Kleinman 规则，这类晶体只有 3 个独立的非线性光学张量系数：d_{31}、d_{32} 和 d_{33}。在波长 $\lambda=1.064\mu\mathrm{m}$ 时，晶体的折射率分别是 $n_0=1.5516\text{(KCN)}$ 和 $n_0=1.5472\text{(KLN)}$。这样，我们就可以利用上面的方法计算出晶体中各个化学键子式的倍频系数，详细化学键参数、结构因子和倍频系数列于表 4.10 中。

表 4.10　稀土硝酸盐晶体 $K_2Ce(NO_3)_5 \cdot 2H_2O$ 和 $K_2La(NO_3)_5 \cdot 2H_2O$ 的
化学键参数和倍频系数

键　型	$d^\mu/\text{Å}$	f_c^μ	χ^μ	q^μ/e	G_{31}^μ	$d_{31}^\mu/(\text{pm/V})$	G_{32}^μ	$d_{32}^\mu/(\text{pm/V})$	G_{33}^μ	$d_{33}^\mu/(\text{pm/V})$
KO(1)	3.229	0.2350	1.36	0.191	−0.293	0.191	−0.017	0.011	−0.457	0.295
KO(12)	2.868	0.1136	0.42	0.314	0.113	0.001	0.036	0.001	0.004	∼0
KO(13)	3.082	0.1089	0.47	0.303	0.185	0.003	0.141	0.002	0.056	0.001
KO(13′)	2.972	0.1112	0.45	0.309	0.031	0.001	0.303	0.004	0.066	0.001
KO(21)	3.064	0.2407	1.25	0.200	0.190	−0.110	0.186	−0.108	0.126	−0.073
KO(22)	2.784	0.1158	0.41	0.317	0.006	∼0	∼0	∼0	0.990	0.010
KO(23)	2.771	0.1162	0.40	0.318	−0.095	−0.001	−0.012	∼0	−0.001	∼0
KO(31)	2.749	0.1168	0.40	0.319	−0.026	∼0	−0.041	∼0	∼0	∼0
KO(32)	2.769	0.1162	0.40	0.318	−0.030	∼0	−0.352	−0.004	−0.158	−0.002
CeO(1)	2.667	0.1838	0.526	0.220	0.001	∼0	0.135	−0.004	0.003	∼0
CeO(11)	2.616	0.0484	0.721	0.906	0.288	0.014	0.070	0.003	0.090	0.004
CeO(12)	2.645	0.0190	0.139	0.976	0.074	∼0	0.009	∼0	0.001	∼0
CeO(21)	2.676	0.1833	0.528	0.220	−0.229	0.006	−0.144	0.004	−0.283	∼0
CeO(22)	2.584	0.0486	0.705	0.915	−0.035	−0.002	−0.217	−0.010	−0.585	−0.027
CeO(31)	2.880	0.0184	0.162	0.956	0.022	∼0	0.107	∼0	0.799	0.002
N(1)O(11)	1.256	0.1362	2.058	2.131	0.143	0.067	0.144	0.067	0.063	0.015
N(1)O(12)	1.255	0.2712	4.243	1.277	−0.055	−0.170	−0.300	−0.932	−0.085	−0.263
N(1)O(13)	1.220	0.2514	4.113	1.440	0.148	0.397	0.003	0.008	0.004	0.010
N(1)O(21)	1.265	0.1088	1.642	2.459	0.337	0.067	0.046	0.009	0.225	0.045
N(1)O(22)	1.254	0.1363	2.052	2.136	0.251	0.117	0.015	0.007	0.025	0.011
N(1)O(23)	1.238	0.2497	4.206	1.415	−0.032	−0.090	−0.188	−0.532	−0.643	−1.817
N(1)O(31)	1.186	0.2787	3.897	1.365	−0.060	−0.154	−0.289	−0.746	−0.077	−0.199
N(1)O(32)	1.257	0.2480	4.304	1.389	0.000	0.000	0.000	0.000	1.000	1.485
H(1)O(1)	0.765	0.5243	1.884	1.444	0.140	0.516	0.213	0.789	0.355	1.311
H(2)O(1)	1.031	0.1210	0.556	2.082	−0.301	−0.013	−0.051	−0.002	−0.082	−0.004
H(2)O(21)	1.327	0.4301	0.742	0.456	0.060	0.036	0.265	0.161	0.054	0.033

　　从表中结果我们可以看到 NO_3^- 原子团和 HO 键对晶体的线性和非线性光学响应起了突出贡献，几何因子的值较大，体现了这两个组成单元的优异的几何特征，即 N 和 H(1) 原子具有较好的配位微环境。因此，我们可以说 KCN 晶体的非线性光学性质是起源于其结构中的 NO_3^- 原子团和结晶水。

　　对于 $K_2La(NO_3)_5 \cdot 2H_2O(KLN)$ 晶体，我们也可作类似的计算，详细结果不再列出。晶体总的倍频系数可由各个化学键子式的倍频系数按照比例加和得到，总的结果列于 4.11 中。

表 4.11　稀土硝酸盐晶体 $K_2Ce(NO_3)_5 \cdot 2H_2O$
和 $K_2La(NO_3)_5 \cdot 2H_2O$ 的倍频系数　　　　（单位：pm/V）

	计算结果		实验结果
	KCN	KLN	KLN
d_{31}	0.87	0.81	1.13±0.15
d_{32}	−1.27	−1.59	−1.10±0.10
d_{33}	0.85	0.07	±0.13±0.10

我们可以发现计算结果和实验结果符合得很好，表明我们的计算方法在微观机制上抓住了晶体产生非线性性质的主要方面。

4.8　KTP族晶体的化学键和非线性光学性质

近年来，由于 $KTiOPO_4$（KTP）晶体具有突出的非线性光学性质，人们对这类晶体和它的一大族系列同构化合物的晶体产生了浓厚的兴趣。科学家们利用同构取代方法得到 100 余种化合物晶体来研究它们的非线性光学性质，企图找到更好的非线性光学材料。这种晶体的分子式通式是 $MM'OXO_4$（M＝K，Rb，Na，Cs，Tl，NH_4；M'＝Ti，Sn，Sb，Zr，Ge，Al，Cr，Fe，V，Nb，Ta；X＝P，As，Si）。该族晶体的所有成员都是正交对称性的双轴晶体，空间群为 $Pna2_1$，每个原胞中含有两个不同类型的分子，一个分子中的 K 是 8 配位，另一个分子中的 K 是 9 配位，为了区别起见，我们用标号（1）和（2）来区分不同类型分子中的阳离子。这样的晶体共有 37 个化学键子式，其中 TiO_6 六面体是高度形变的，因此，人们把注意力集中在 TiO_6 六面体对非线性光学性质贡献的研究上。$KTiOAsO_4$（KTA）晶体出现后，发现某些性质比 $KTiOPO_4$（KTP）晶体更加优越，于是又转到 XO_4 四面体对非线性光学性质贡献的研究，认为 AsO_4 四面体比 PO_4 四面体畸变得更严重，可是最近结构研究表明两者的畸变行为相差不大，说明四面体基团也不是非线性光学性质的主要来源。后来的实验结果还发现用一价阳离子取代 K 时对非线性倍频系数也有明显的影响。总之，一系列的研究表明，确定对非线性光学性质贡献的结构单元是非常关键的。我们对晶体的各个结构单元的非线性光学性质进行了全面的计算，确定了主要结构单元，并且得到和实验结果相一致的结论。

KTP 晶体的晶胞参数为 $a＝12.819Å$、$b＝6.399Å$、$c＝10.584Å$，KTA 晶体的晶胞参数为 $a＝13.130Å$、$b＝6.581Å$、$c＝10.781Å$，由于对称性的限制，晶体只存在 3 个独立的二阶非线性张量系数，d_{31}、d_{32}、d_{33}。晶体中两类分子既有区别又有联系，不能按照每个分子写出晶体的键子式方程，晶体的键子式方程可以将两类分子的化学键子式写在一起，第一类分子中的阳离子用标号（1）表示，第二类分子的阳离子用标号（2）表示，与 Ti 离子配位的 O 用 O(T) 表示，与 P(1)离子配位的 O 用 O(1)、O(2)、O(3)和 O(4)表示，与 P(2)离子配位的 O 用 O(5)、O(6)、O(7)和 O(8)表示，这样晶体的键子式方程可以写成如下形式

$$K(1)Ti(1)O(T1)P(1)O_4 K(2)Ti(2)O(T2)P(2)O_4$$
$$= K(1)_{1/8}O(1)_{1/4} + K(1)_{1/8}O(2)_{1/4} + K(1)_{1/8}O(3)_{1/4} + K(1)_{1/8}O(T1)_{1/4}$$
$$+ K(1)_{1/8}O(T2)_{1/4} + K(1)_{1/8}O(5)_{1/4} + K(1)_{1/8}O(7)_{1/4} + K(1)_{1/8}O(8)_{1/4}$$

$+ K(2)_{1/9}O(1)_{1/4} + K(2)_{1/9}O(2)_{1/4} + K(2)_{1/9}O(3)_{1/4} + K(2)_{1/9}O(4)_{1/4}$
$+ K(2)_{1/9}O(T1)_{1/4} + K(2)_{1/9}O(T2)_{1/4} + K(2)_{1/9}O(5)_{1/4} + K(2)_{1/9}O(7)_{1/4}$
$+ K(2)_{1/9}O(8)_{1/4} + Ti(1)_{1/6}O(1)_{1/4} + Ti(1)_{1/6}O(2)_{1/4} + Ti(1)_{1/6}O(T1)_{1/4}$
$+ Ti(1)_{1/6}O(T2)_{1/4} + Ti(1)_{1/6}O(5)_{1/4} + Ti(1)_{1/6}O(6)_{1/2} + Ti(2)_{1/6}O(3)_{1/4}$
$+ Ti(2)_{1/6}O(4)_{1/3} + Ti(2)_{1/6}O(T1)_{1/4} + Ti(2)_{1/6}O(T2)_{1/4} + Ti(2)_{1/6}O(7)_{1/4}$
$+ Ti(2)_{1/6}O(8)_{1/4} + P(1)_{1/4}O(1)_{1/4} + P(1)_{1/4}O(2)_{1/4} + P(1)_{1/4}O(3)_{1/4}$
$+ P(1)_{1/4}O(4)_{1/3} + P(2)_{1/4}O(5)_{1/4} + P(2)_{1/4}O(6)_{1/2} + P(2)_{1/4}O(7)_{1/4} + P(2)_{1/4}O(8)_{1/4}$

对于 KTA 晶体，键子式方程有相同的形式，这里不再列出。两个晶体的折射率分别是 $n=1.86(\text{KTP})$ 和 $n=1.90(\text{KTA})$。我们可以利用复杂晶体的化学键理论计算出晶体中各个化学键子式的化学键参数和对于倍频系数的贡献，两个晶体的结果分别列于表 4.12 和 4.13 中。

表 4.12　$KTiOPO_4$（KTP）晶体各个化学键子式的化学键参数和倍频系数

键型	$d^{\mu}/\text{Å}$	f_c^{μ}	χ^{μ}	q^{μ}/e	G_{31}^{μ}	d_{31}^{μ} /(10^{-9}esu)	G_{32}^{μ}	d_{32}^{μ} /(10^{-9}esu)	G_{33}^{μ}	d_{33}^{μ} /(10^{-9}esu)
K(1)O(1)	2.894	0.4010	3.078	0.158	0.135	−2.182	0.250	−4.040	0.207	−3.345
K(1)O(2)	2.738	0.4088	2.804	0.168	−0.105	1.450	−0.149	2.049	−0.021	0.285
K(1)O(3)	2.712	0.4103	2.760	0.169	0.001	−0.019	0.123	−1.656	0.002	−0.028
K(1)O(T1)	2.996	0.397	3.266	0.152	0.115	−2.066	0.269	−4.835	0.210	−3.760
K(1)O(T2)	2.722	0.4097	2.777	0.153	−0.162	2.196	−0.114	1.550	−0.028	0.383
K(1)O(5)	2.872	0.4020	3.038	0.159	0.002	−0.027	0.005	−0.070	0.991	−15.666
K(1)O(7)	3.057	0.3941	3.382	0.149	0.191	−3.646	0.188	−3.590	0.258	−4.924
K(1)O(8)	2.755	0.4079	2.832	0.166	−0.114	1.596	−0.184	2.575	−0.038	0.527
K(2)O(1)	2.677	0.3645	2.045	0.175	−0.108	0.648	−0.186	1.120	−0.036	0.216
K(2)O(2)	2.982	0.3489	2.438	0.161	−1.282	0.214	−1.701	0.278	−2.210
K(2)O(3)	3.045	0.3462	2.526	0.153	0.001	−0.005	0.000	0.000	0.999	−8.433
K(2)O(4)	3.117	0.1683	1.144	0.221	−0.001	~0	−0.383	0.062	−0.207	0.034
K(2)O(T1)	2.766	0.3594	2.155	0.169	−0.183	1.194	−0.086	0.562	−0.026	0.168
K(2)O(T2)	3.057	0.3458	2.542	0.153	0.316	−2.699	0.067	−0.569	0.228	−1.948
K(2)O(5)	2.806	0.3572	2.206	0.167	0.095	−0.640	~0	~0	0.001	−0.006
K(2)O(7)	2.918	0.3517	2.352	0.160	−0.087	0.653	−0.125	0.935	−0.011	0.083
K(2)O(8)	3.048	0.3461	2.529	0.153	0.208	−1.756	0.177	−1.501	0.197	−1.669
Ti(1)O(1)	2.150	0.1086	1.129	0.625	−0.335	−0.056	−0.001	~0	−0.402	−0.067
Ti(1)O(2)	1.958	0.1141	0.982	0.671	0.371	0.045	0.008	0.001	0.256	0.031
Ti(1)O(T1)	1.981	0.0346	0.895	2.062	−0.306	−0.021	−0.010	−0.001	−0.451	−0.030
Ti(1)O(T2)	1.716	0.0359	0.691	2.308	0.350	0.014	0.016	0.001	0.313	0.013
Ti(1)O(5)	2.042	0.0808	1.024	0.876	−0.002	~0	−0.202	−0.028	−0.010	−0.001
Ti(1)O(6)	1.987	0.1846	6.196	0.686	0.001	~0	0.064	0.013	~0	~0
Ti(2)O(3)	2.044	0.1114	1.046	0.650	−0.133	−0.019	−0.007	−0.001	−0.003	~0
Ti(2)O(4)	1.981	0.1004	2.043	0.924	0.055	0.025	0.001	~0	~0	~0

续表

键型	$d^{\mu}/\text{Å}$	f_c^{μ}	χ^{μ}	q^{μ}/e	G_{31}^{μ}	d_{31}^{μ} /(10^{-9} esu)	G_{32}^{μ}	d_{32}^{μ} /(10^{-9} esu)	G_{33}^{μ}	d_{33}^{μ} /(10^{-9} esu)
Ti(2)O(T1)	1.733	0.0441	0.730	1.872	0.030	0.002	0.344	0.018	0.285	0.015
Ti(2)O(T2)	2.092	0.0417	1.016	1.609	−0.014	−0.001	−0.342	−0.034	−0.345	−0.034
Ti(2)O(7)	1.965	0.0762	1.338	1.085	~0	~0	0.371	0.099	0.294	0.079
Ti(2)O(8)	1.990	0.0758	1.367	1.072	−0.001	~0	−0.300	−0.084	−0.483	−0.135
P(1)O(1)	1.519	0.1032	2.586	1.717	0.008	0.005	0.308	0.209	0.451	0.305
P(1)O(2)	1.548	0.1026	2.671	1.678	−0.009	−0.006	−0.240	−0.175	−0.590	−0.430
P(1)O(3)	1.544	0.1027	2.660	1.684	−0.085	−0.062	−0.042	−0.030	−0.002	−0.002
P(1)O(4)	1.541	0.3449	4.150	0.680	0.083	−0.132	0.047	−0.074	0.002	−0.004
P(2)O(5)	1.535	0.1115	2.631	1.574	−0.064	−0.046	−0.126	−0.091	−0.008	−0.006
P(2)O(6)	1.528	0.4723	8.673	0.746	0.058	−1.080	0.107	−2.008	0.005	−0.091
P(2)O(7)	1.548	0.1112	2.668	1.559	−0.278	−0.207	−0.020	−0.015	−0.491	−0.366
P(2)O(8)	1.537	0.1115	2.637	1.571	0.282	0.205	0.022	0.016	0.478	0.347

表 4.13 KTiOAsO₄(KTA)晶体各个化学键子式的化学键参数和倍频系数

键型	$d^{\mu}/\text{Å}$	f_c^{μ}	χ^{μ}	q^{μ}/e	G_{31}^{μ}	d_{31}^{μ} /(10^{-9} esu)	G_{32}^{μ}	d_{32}^{μ} /(10^{-9} esu)	G_{33}^{μ}	d_{33}^{μ} /(10^{-9} esu)
K(1)O(1)	2.999	0.3882	3.161	0.153	0.142	−2.459	0.241	−4.171	0.231	−3.999
K(1)O(2)	2.807	0.3969	2.825	0.165	−0.110	1.573	−0.164	2.333	−0.027	0.390
K(1)O(3)	2.683	0.4037	2.621	0.173	0.001	−0.012	0.140	−1.759	0.003	−0.037
K(1)O(T1)	3.117	0.3836	3.382	0.147	0.103	−2.004	0.281	−5.496	0.220	−4.296
K(1)O(T2)	2.887	0.3930	2.963	0.160	−0.149	2.297	−0.111	1.718	−0.022	0.347
K(1)O(5)	2.880	0.3933	2.951	0.004	−0.068	0.003	−0.052	0.988	−15.187	
K(1)O(7)	3.178	0.3815	3.498	0.144	0.203	−4.221	0.180	−3.731	0.231	−4.797
K(1)O(8)	2.717	0.4018	2.676	0.170	−0.099	1.283	−0.178	2.316	−0.028	0.369
K(2)O(1)	2.684	0.3562	1.982	0.176	−0.101	0.583	−0.166	0.956	−0.025	0.143
K(2)O(2)	3.010	0.3399	2.388	0.157	0.158	−1.227	0.220	−1.704	0.261	−2.023
K(2)O(3)	3.156	0.3342	2.588	0.149	~0	~0	0.001	−0.009	0.998	−8.862
K(2)O(4)	3.051	0.1651	1.055	0.229	−0.001	~0	−0.383	0.050	−0.213	0.027
K(2)O(T1)	2.856	0.3469	2.190	0.166	−0.162	1.091	−0.080	0.538	−0.018	0.118
K(2)O(T2)	3.157	0.3342	2.589	0.149	0.327	−2.907	0.054	−0.483	0.237	−2.108
K(2)O(5)	2.841	0.3476	2.172	0.167	0.086	−0.573	~0	~0	0.001	−0.004
K(2)O(7)	2.916	0.3440	2.266	0.162	−0.080	0.567	−0.139	0.987	−0.012	0.087
K(2)O(8)	3.147	0.3346	2.575	0.150	0.190	−1.669	0.192	−1.693	0.235	−2.064
Ti(1)O(1)	2.126	0.1059	1.060	0.644	−0.347	−0.056	−0.001	~0	−0.369	−0.059
Ti(1)O(2)	1.967	0.1104	0.944	0.681	0.379	0.047	0.005	0.001	0.216	0.026
Ti(1)O(T1)	1.965	0.0335	0.838	2.122	−0.305	−0.019	−0.020	−0.001	−0.430	−0.027
Ti(1)O(T2)	1.744	0.0345	0.676	2.237	0.335	0.014	0.024	0.001	0.336	0.014
Ti(1)O(5)	2.048	0.0781	0.981	0.892	−0.003	~0	−0.225	−0.031	−0.014	−0.002
Ti(1)O(6)	1.997	0.1792	6.005	0.693	0.002	0.001	0.096	0.052	0.001	0.001
Ti(2)O(3)	2.027	0.1086	0.987	0.667	−0.127	−0.017	−0.011	−0.002	−0.003	~0
Ti(2)O(4)	1.990	0.0972	1.968	0.943	0.063	0.028	0.003	0.001	~0	~0

续表

键 型	d^μ/Å	f_c^μ	χ^μ	q^μ/e	G_{31}^μ	d_{31}^μ /(10^{-9}esu)	G_{32}^μ	d_{32}^μ /(10^{-9}esu)	G_{33}^μ	d_{33}^μ /(10^{-9}esu)
Ti(2)O(T1)	1.787	0.0421	0.731	1.868	0.038	0.002	0.328	0.018	0.311	0.017
Ti(2)O(T2)	2.075	0.0404	0.952	1.659	−0.025	−0.002	−0.325	−0.030	−0.366	−0.034
Ti(2)O(7)	1.968	0.0737	1.280	1.109	0.002	0.001	0.372	0.097	0.275	0.072
Ti(2)O(8)	1.988	0.0734	1.302	1.099	−0.005	−0.001	−0.321	−0.087	−0.428	−0.116
As(1)O(1)	1.661	0.0977	2.277	1.860	0.006	0.003	0.320	0.144	0.428	0.192
As(1)O(2)	1.691	0.0974	2.352	1.820	−0.004	−0.002	−0.236	−0.114	−0.608	−0.293
As(1)O(3)	1.692	0.0974	2.353	1.819	−0.078	−0.038	−0.040	−0.019	−0.002	−0.001
As(1)O(4)	1.690	0.3251	5.079	0.587	0.078	−0.311	0.047	−0.189	0.002	−0.008
As(2)O(5)	1.681	0.1054	2.463	1.636	−0.076	−0.043	−0.144	−0.080	−0.013	−0.007
As(2)O(6)	1.677	0.4516	11.004	0.641	0.063	−2.767	0.111	−4.855	0.006	−0.255
As(2)O(7)	1.701	0.1052	2.516	1.613	−0.299	−0.175	−0.014	−0.008	−0.458	−0.268
As(2)O(8)	1.681	0.1054	2.463	1.636	0.289	0.162	0.021	0.012	0.465	0.260

　　我们以 KTiOPO$_4$(KTP)晶体为例把各个离子集团对倍频系数的贡献作个分析,结果列于表 4.14 中,从表中结果我们很容易找出晶体中哪些离子集团对倍频系数的贡献大。显然,K(1)O$_8$、K(2)O$_9$ 和 P(2)O$_4$ 这 3 个离子集团对晶体的倍频系数贡献较大,其他的离子集团贡献较小,这些结果不仅说明了大量的实验现象,同时也导致了我们的计算结果和实验结果非常一致的符合(实验值只给出了数量,没有给出符号),详见表 4.15。对这个晶体的分析和计算表明,KTP 族晶体的非线性性质的来源已经被找到,这种方法有能力对复杂晶体的非线性来源进行分析并且能够预测复杂晶体的光学非线性倍系数。

表 4.14　KTiOPO$_4$(KTP)晶体中各个离子集团

对倍频系数的贡献　　　　　　　(单位:10^{-9}esu)

	K(1)O$_8$	K(2)O$_9$	Ti(1)O$_6$	Ti(2)O$_6$	P(1)O$_4$	P(2)O$_4$
d_{31}	−2.669	−3.887	−0.018	0.007	−0.194	−1.128
d_{32}	−8.017	−1.092	−0.014	−0.002	−0.070	−2.098
d_{33}	−26.528	−13.764	−0.054	−0.075	−0.131	−0.116

表 4.15　KTiOPO$_4$(KTP)和 KTiOAsO$_4$(KTA)晶体倍频系数的

计算和实验结果比较　　　　　　(单位:10^{-9}esu)

	d_{31}		d_{32}		d_{33}	
	KTP	KTA	KTP	KTA	KTP	KTA
实验值	6.06	6.68	10.38	10.03	40.35	38.67
计算值	−7.92	−10.92	−11.29	−15.29	−40.67	−42.39

4.9 β-BaB_2O_4(BBO)晶体的化学键和非线性光学性质

β-BaB_2O_4(BBO)晶体是一种非常重要的非线性光学材料，人们对于它在可见和近紫外区的高平均功率的二次谐波输出产生了极大兴趣。但是，对于这个晶体的结构尚未统一认识，目前报道了两种结构，一种结构是 $R3$ 空间群，晶胞参数为 $a=12.532$、$c=12.717$，另一种是 $R3C$ 空间群，但晶胞参数和前者相近。大家知道，我们的计算方法是以晶体结构为基础的，通过两种晶体结构的非线性倍频系数的计算应该对晶体结构的合理性提供新的证明。β-BaB_2O_4(BBO)晶体的原胞包含 6 个 $[Ba_3(B_3O_6)_2]$ 分子，晶体的折射率 $n=1.656$，利用复杂晶体化学键的理论，我们可以对两种结构的倍频系数进行计算。首先对 $R3$ 空间群计算，根据晶体结构，Ba 有 2 个对称格位，B 有 4 个对称格位，O 有 8 个对称格位，写出晶体的键子式方程

$$
\begin{aligned}
BaB_2O_4 =& Ba(1)_{1/16}O(1)_{1/6} + Ba(1)_{1/16}O(3)_{1/8} + Ba(1)_{1/16}O(3')_{1/8} \\
& + Ba(1)_{1/16}O(4)_{1/8} + Ba(1)_{1/16}O(5)_{1/8} + Ba(1)_{1/16}O(6)_{1/8} + Ba(1)_{1/16}O(6')_{1/8} \\
& + Ba(1)_{1/16}O(8)_{1/6} + Ba(2)_{1/16}O(2)_{1/6} + Ba(2)_{1/16}O(3)_{1/8} + Ba(1)_{1/16}O(4)_{1/8} \\
& + Ba(2)_{1/16}O(4')_{1/8} + Ba(5)_{1/16}O(5)_{1/8} + Ba(2)_{1/16}O(5')_{1/8} + Ba(1)_{1/16}O(6)_{1/8} \\
& + Ba(1)_{1/16}O(7)_{1/6} + B(1)_{1/6}O(1)_{1/6} + B(1)_{1/6}O(1')_{1/6} + B(1)_{1/6}O(5)_{1/8} \\
& + B(2)_{1/6}O(2)_{1/6} + B(2)_{1/6}O(2')_{1/6} + B(2)_{1/6}O(6)_{1/8} \\
& + B(3)_{1/6}O(3)_{1/8} + B(3)_{1/6}O(7)_{1/6} + B(3)_{1/6}O(7')_{1/6} \\
& + B(4)_{1/6}O(4)_{1/8} + B(4)_{1/6}O(8)_{1/6} + B(4)_{1/6}O(8')_{1/6}
\end{aligned}
$$

该晶体的对称性实际上存在着 d_{11}、d_{22}、d_{31} 和 d_{33} 等 4 个二阶非线性张量系数，$R3$ 空间群结构晶体中各个化学键的参数和对倍频系数的贡献列于表 4.16 中（其中 d_{11} 的计算结果很小，表中不再详细列出）。

表 4.16 β-BaB_2O_4(BBO)晶体（$R3$ 空间群）中各个化学键对倍频系数的贡献

键型	$d^\mu/\text{Å}$	f_c^μ	χ^μ	q^μ/e	G_{22}^μ	d_{22}^μ /$(10^{-10}\,\text{esu})$	G_{31}^μ	d_{31}^μ /$(10^{-10}\,\text{esu})$	G_{33}^μ	d_{33}^μ /$(10^{-10}\,\text{esu})$
Ba(1)O(1)	2.799	0.0428	0.434	0.698	-0.136	-0.059	0.071	0.031	0.003	0.001
Ba(1)O(3)	2.738	0.1043	1.217	0.452	0.125	0.247	0.192	0.380	0.219	0.434
Ba(1)O(3')	3.053	0.1000	1.474	0.406	0.035	0.111	-0.119	-0.380	-0.610	-1.948
Ba(1)O(4)	2.803	0.1026	1.267	0.443	0.152	0.334	-0.078	-0.172	-0.004	-0.009
Ba(1)O(5)	2.894	0.1015	1.339	0.429	0.224	0.566	0.053	0.134	0.001	0.003
Ba(1)O(6)	2.627	0.1052	1.136	0.470	0.067	0.111	-0.179	-0.295	-0.340	-0.561
Ba(1)O(6')	2.826	0.1023	1.284	0.439	0.036	0.082	0.117	0.266	0.617	1.405

续表

键型	$d^\mu/\text{Å}$	f_c^μ	χ^μ	q^μ/e	G_{22}^μ	d_{22}^μ $/(10^{-10}\text{esu})$	G_{31}^μ	d_{31}^μ $/(10^{-10}\text{esu})$	G_{33}^μ	d_{33}^μ $/(10^{-10}\text{esu})$
Ba(1)O(8)	2.745	0.0432	0.419	0.705	−0.048	−0.019	−0.098	−0.040	−0.008	−0.003
Ba(2)O(2)	2.805	0.0428	0.436	0.697	−0.132	−0.057	0.069	0.030	0.003	0.001
Ba(2)O(3)	2.800	0.1026	1.264	0.443	0.156	0.341	−0.082	−0.178	−0.005	−0.010
Ba(2)O(4)	2.732	0.1035	1.213	0.453	0.122	0.240	0.192	0.376	0.228	0.045
Ba(2)O(4′)	3.036	0.1001	1.459	0.408	0.036	0.111	−0.120	−0.375	−0.606	−1.888
Ba(2)O(5)	2.612	0.1054	1.126	0.472	0.071	0.115	−0.180	−0.290	−0.333	−0.536
Ba(2)O(5′)	2.856	0.1019	1.308	0.435	0.036	0.087	0.118	0.281	0.615	1.467
Ba(2)O(6)	2.931	0.1011	1.369	0.423	0.224	0.597	0.048	0.129	0.001	0.003
Ba(2)O(7)	2.783	0.0429	0.430	0.700	−0.047	−0.020	−0.101	−0.043	−0.009	−0.004
B(1)O(1)	1.399	0.3185	3.400	0.810	0.147	4.578	−0.007	−0.205	∼0	∼0
B(1)O(1′)	1.363	0.3227	3.268	0.835	0.097	2.743	−0.007	−0.190	∼0	∼0
B(1)O(5)	1.332	0.0929	1.213	2.265	0.142	0.279	−0.043	−0.084	−0.001	−0.001
B(2)O(2)	1.369	0.3219	3.293	0.830	0.142	4.088	0.012	0.334	∼0	∼0
B(2)O(2′)	1.361	0.3229	3.263	0.836	0.107	3.008	0.012	0.329	∼0	∼0
B(2)O(6)	1.356	0.0919	1.244	2.234	0.124	0.255	−0.029	−0.059	∼0	∼0
B(3)O(3)	1.280	0.0951	1.149	2.333	0.224	0.395	0.037	0.065	∼0	−0.001
B(3)O(7)	1.391	0.3194	3.369	0.816	0.183	5.585	−0.007	−0.218	∼0	∼0
B(3)O(7′)	1.405	0.3178	3.420	0.807	0.230	7.288	−0.007	−0.224	∼0	∼0
B(4)O(4)	1.307	0.0939	1.182	2.298	0.224	0.417	0.027	0.050	∼0	∼0
B(4)O(8)	1.393	0.3192	3.376	0.815	0.197	6.027	−0.014	−0.423	∼0	−0.001
B(4)O(8′)	1.408	0.3174	3.433	0.804	0.221	7.059	−0.014	−0.435	∼0	−0.001

对于 $R3C$ 空间群，这种结构只有 d_{22}、d_{31} 和 d_{33} 等 3 个二阶非线性张量系数，我们也按照其结构计算了各个化学键子式的化学键参数和相应的倍频系数（晶体的键子式方程略），其结果列于表 4.17 中。

表 4.17　$\beta\text{-BaB}_2\text{O}_4$（BBO）晶体（$R3C$ 空间群）中各个化学键对倍频系数的贡献

键型	$d^\mu/\text{Å}$	f_c^μ	χ^μ	q^μ/e	G_{22}^μ	d_{22}^μ $/(10^{-10}\text{esu})$	G_{31}^μ	d_{31}^μ $/(10^{-10}\text{esu})$	G_{33}^μ	d_{33}^μ $/(10^{-10}\text{esu})$
BaO(1)	2.728	0.0435	0.413	0.708	−0.089	−0.070	−0.030	−0.023	−0.092	−0.072
BaO(11)	2.723	0.1042	1.199	0.456	0.199	0.745	0.102	0.380	0.225	0.843
BaO(11′)	3.025	0.1007	1.441	0.411	−0.267	−1.590	−0.034	−0.202	−0.316	−1.879
BaO(11″)	2.800	0.1031	1.257	0.444	−0.170	−0.720	0.030	0.126	−0.155	−0.657
BaO(2)	2.775	0.0432	0.425	0.702	0.152	0.125	−0.027	−0.022	0.138	0.114
BaO(21)	2.905	0.1019	1.340	0.429	−0.059	−0.292	−0.071	0.354	−0.040	−0.201
BaO(21′)	2.613	0.1060	1.120	0.473	−0.306	−0.954	−0.063	−0.198	−0.325	−1.014
BaO(21″)	2.841	0.1026	1.289	0.438	0.230	1.036	0.131	0.589	0.285	1.285

续表

键型	d^{μ}/Å	f_c^{μ}	χ^{μ}	q^{μ}/e	G_{22}^{μ}	d_{22}^{μ} /(10^{-10} esu)	G_{31}^{μ}	d_{31}^{μ} /(10^{-10} esu)	G_{33}^{μ}	d_{33}^{μ} /(10^{-10} esu)
B(1)O(1)	1.396	0.3204	3.370	0.816	−0.116	−2.552	0.054	1.199	−0.098	−2.164
B(1)O(11′)	1.415	0.3183	3.437	0.804	−0.124	−2.950	0.059	1.402	−0.105	−2.498
B(1)O(11)	1.329	0.0935	1.205	2.274	−0.085	−0.279	0.069	0.226	−0.066	−0.217
B(2)O(2)	1.379	0.3224	3.308	0.828	−0.075	−1.543	0.040	0.828	−0.063	−1.286
B(2)O(2′)	1.398	0.3202	3.376	0.815	−0.056	−1.241	0.030	0.667	−0.047	−1.034
B(2)O(21)	1.336	0.0932	1.214	2.265	−0.109	−0.365	0.031	0.105	−0.097	−0.324

为了说明结构和非线性系数的关系，我们把两种晶体结构的计算结果和实验结果进行了比较，详细结果列于表 4.18，从表中结果我们可以发现，晶体中非线性系数 d_{22} 的值最大，它主要是 BO 集团产生的，是晶体非线性的主要来源，$R3$ 空间群计算结果和实验结果符合得更好，表明计算结果也可对难以确认的结构提供一定的有用信息。

表 4.18　β-BaB$_2$O$_4$(BBO)晶体倍频系数计算结果和实验结果比较　　　（单位：10^{-9} esu)

	实验结果	计算结果（$R3$ 空间群）	计算结果（$R3C$ 空间群）
d_{22}	±4.60, 5.30	4.45	−1.07
d_{11}	$< -0.05\, d_{22}$	−0.07	
d_{31}	$\leqslant -(0.07 \pm 0.03)\, d_{22}$	−0.12	0.54
d_{33}	—	−0.12	−0.91

4.10　LiB$_3$O$_5$(LBO)晶体的化学键和倍频系数

LiB$_3$O$_5$(LBO)晶体是著名的非线性晶体，它在 160～2600nm 波长区域内完全透明，并且具有在可见和近紫外区高功率的二次谐波输出，因此，引起了人们的极大重视。该晶体属于正交对称性，空间群为 $Pna2_1$，晶胞参数为 $a=8.4473$Å，$b=7.3788$Å，$c=5.1395$Å，晶体的原胞中含有 4 个分子，按照晶体的对称性，只存在 3 个独立的倍频系数，d_{31}、d_{32}、d_{33}，晶体的键子式方程可以写成如下形式

$$LiB_3O_5 = Li_{1/4}O(1)_{1/3} + Li_{1/4}O(3)_{1/3} + Li_{1/4}O(4)_{1/3} + Li_{1/4}O(5)_{1/3}$$
$$+ B(1)_{1/3}O(3)_{1/3} + B(1)_{1/3}O(4)_{1/3} + B(1)_{1/3}O(5)_{1/3} + B(2)_{1/4}O(1)_{1/3}$$
$$+ B(2)_{1/4}O(2)_{1/2} + B(2)_{1/4}O(4)_{1/3} + B(2)_{1/4}O(5)_{1/3} + B(3)_{1/3}O(1)_{1/3}$$
$$+ B(3)_{1/3}O(2)_{1/2} + B(3)_{1/3}O(3)_{1/3}$$

晶体在 $1.079\mu m$ 波长时的折射率 $n=1.6053$，这样，我们可以利用复杂晶体化学键的介电理论，进行晶体中各个化学键子式的化学键参数和倍频系数计算，详

细结果列于表 4.19 中。

表 4.19　LiB$_3$O$_5$(LBO)晶体中各个化学键及离子集团对倍频系数的贡献

键型	$d^\mu/\text{Å}$	f_c^μ	χ^μ	q^μ/e	G_{31}^μ	d_{31}^μ/(10^{-10}esu)	G_{32}^μ	d_{32}^μ/(10^{-10}esu)	G_{33}^μ	d_{33}^μ/(10^{-10}esu)
LiO(1)	1.997	0.6325	1.239	0.636	-0.007	0.211	-0.372	11.66	-0.136	4.278
LiO(3)	2.016	0.630	1.259	0.631	-0.001	0.045	-0.087	2.798	-0.001	0.023
LiO(4)	2.008	0.6312	1.250	0.633	0.364	-11.557	0.005	-0.166	0.302	-9.590
LiO(5)	2.181	0.610	1.432	0.594	0.158	-6.162	0.007	-0.273	0.005	-0.191
小计			5.180			-17.463		14.019		-5.480
B(1)O(3)	1.387	0.5359	2.390	1.820	0.275	-2.588	0.049	-0.464	0.432	-4.067
B(1)O(4)	1.348	0.5433	2.287	1.866	0.001	-0.009	0.003	-0.026	~0	~0
B(1)O(5)	1.335	0.5458	2.254	1.881	-0.001	0.004	-0.342	3.071	-0.385	3.461
小计			6.931			-2.593		2.581		-0.606
B(2)O(1)	1.453	0.3493	1.188	1.684	-0.102	-0.061	-0.268	-0.161	-0.111	-0.067
B(2)O(2)	1.497	0.1666	0.543	2.094	0.269	0.155	0.067	0.039	0.402	0.232
B(2)O(4)	1.452	0.3494	1.187	1.685	-0.039	-0.023	-0.344	-0.206	-0.234	-0.140
B(2)O(5)	1.504	0.3410	1.244	1.643	0.308	0.245	0.056	0.045	0.100	0.080
小计			4.162			0.316		-0.283		0.231
B(3)O(1)	1.359	0.5411	2.317	1.853	0.354	-3.248	0.030	-0.275	0.222	-2.035
B(3)O(2)	1.338	0.2731	1.369	2.519	0.011	0.019	0.032	0.056	~0	~0
B(3)O(3)	1.407	0.6275	2.121	1.524	-0.058	0.812	-0.320	4.517	-0.261	3.682
小计			5.807			-2.417		4.298		1.647

从表 4.19 中的结果我们可以发现 LiB$_3$O$_5$(LBO)晶体中，LiO 集团和 BO 集团都对非线性倍频系数有贡献，但是，LiO 集团的贡献比 BO 集团的大，与一般认为这类晶体的非线性效应主要来源于 BO 集团的看法不同。从线性极化率的角度来看，LiO 集团的贡献比 BO 集团的小，这表明线性效应和非线性效应之间并不存在着必然的联系。另外，在 BO 集团中又存在着两种不同的结构形式，即三面体和四面体，B(1)O 和 B(3)O 集团是三面体，B(2)O 集团是四面体。无论是对线性效应还是非线性效应都是三面体集团的贡献较大。我们将计算结果和实验结果比较可以看出两者符合得相当一致，详细情况见表 4.20。

表 4.20　LiB$_3$O$_5$ 晶体倍频系数计算结果和实验结果比较　（单位：10^{-9} esu）

	计算结果	实验结果	
		(1)	(2)
d_{31}	-2.22	-2.51±0.30	-1.98±0.14
d_{32}	2.06	2.34±0.21	1.7±0.12
d_{33}	-0.43	-0.14±0.01	—

注：表中实验结果的（1）和（2）表示两个不同的实验结果。

4.11　其他晶体的倍频系数

用同样的方法还可以计算出其他各种晶体的倍频系数，这里不一一列举，现将它们的结果列于表 4.21 中。

表 4.21　各种晶体倍频系数 d_{ij} 的计算结果

晶　　　体	结　　　构	折 射 率	倍频系数/(10^{-9}esu)
HIO_3	$P2_12_12_1, Z=4$	1.95	$d_{14}=11.81$
	$a=5.5379\text{Å}$		(15)
	$b=5.8878\text{Å}$		
	$c=7.7333\text{Å}$		
$LiIO_3$	$P6_3, Z=2$	1.86	$d_{31}=-18.72$
	$a=5.4815\text{Å}$		(18.0)
	$c=5.1709\text{Å}$		$d_{33}=-12.68$
			(12.4±1.0)
$NaClO_3$	$P2_13, Z=4$	1.512	$d_{14}=-1.16$
	$a=6.575\,84\text{Å}$		(−1.06)
$NaBrO_3$	$P2_13, Z=4$	1.611	$d_{14}=0.45$
	$a=6.707\,17\text{Å}$		(0.43)
$KNbO_3$	$Bmm2, Z=1$	2.2195	$d_{31}=-12.09$
（斜方）	$a=5.697\text{Å}$	2.2576	(−37.72,27.0,28)
	$b=3.971\text{Å}$	2.1194	$d_{32}=-30.04$
	$c=5.722\text{Å}$		(−43.69,30.6,32)
			$d_{33}=-54.09$
			(−65.41,46.6,48.8)
$KNbO_3$	$P4mm, Z=1$	2.2619	$d_{31}=-29.948$
（正方）	$a=b=3.997\text{Å}$	2.1232	$d_{33}=-81.857$
	$c=4.063\text{Å}$		
$KNbO_3$	$R3m, Z=1$		$d_{22}=34.295$
（菱形）	$a=b=c=4.016\text{Å}$	2.2536	$d_{31}=12.185$
	$\alpha=\beta=\gamma=89.92°$		$d_{33}=34.209$
$K[B_5O_6(OH)_4]$	$Aba, Z=4$		$d_{31}=-0.12$
$\cdot 2H_2O(KB_5)$	$a=11.062\text{Å}$	1.40	(0.109,0.1116)
	$b=11.175\text{Å}$		$d_{32}=0.02$
	$c=9.041\text{Å}$		(0.008)
			$d_{33}=-1.03$
$Pr_2(MoO_4)_3$	$Pba2, Z=4$	1.830	$d_{31}=-9.08$
	$a=10.5255\text{Å}$		$d_{32}=9.01$
	$b=10.5782\text{Å}$		$d_{33}=0.05$
	$c=10.9013\text{Å}$		

晶　　体	结　　构	折射率	倍频系数/$(10^{-9}$ esu$)$
$Nd_2(MoO_4)_3$	$Pba2, Z=4$	1.827	$d_{31}=-8.84$
	$a=10.4996$Å		$d_{32}=8.79$
	$b=10.5426$Å		$d_{33}=0.05$
	$c=10.8544$Å		
$Sm_2(MoO_4)_3$	$Pba2, Z=4$	1.820	$d_{31}=-8.38$
	$a=10.4352$Å		$d_{32}=8.34$
	$b=10.4718$Å		$d_{33}=0.05$
	$c=10.7687$Å		
$Eu_2(MoO_4)_3$	$Pba2, Z=4$	1.817	$d_{31}=-9.46$
	$a=10.4109$Å		$d_{32}=9.42$
	$b=10.4436$Å		$d_{33}=0.04$
	$c=10.7269$Å		
$Gd_2(MoO_4)_3$	$Pba2, Z=4$		$d_{31}=-8.08$
	$a=10.3881$Å	1.814	$(6.76\pm1.00, -9.60)$
	$b=10.4194$Å		$d_{32}=8.04$
	$c=10.7007$Å		$(6.57\pm0.98, 9.50)$
			$d_{33}=0.04$
			(0.12 ± 0.02)
$Tb_2(MoO_4)_3$	$Pba2, Z=4$		$d_{31}=-7.79$
	$a=10.3518$Å	1.811	$(6.21\pm0.95, -7.40)$
	$b=10.3807$Å		$d_{32}=7.75$
	$c=10.6531$Å		$(6.02\pm0.91, 7.16)$
			$d_{33}=0.040$
			(0.29 ± 0.07)
$Dy_2(MoO_4)_3$	$Pba2, Z=4$	1.808	$d_{31}=-7.66$
	$a=10.3271$Å		$d_{32}=7.63$
	$b=10.3513$Å		$d_{33}=0.04$
	$c=10.6145$Å		
$KNdP_4O_{12}$ (KNP)	$P2_1, Z=2$	1.592	$d_{14}=-0.78$
	$a=7.266$Å	1.600	$d_{16}=-1.46$
	$b=8.436$Å	1.608	$d_{23}=0.59$
	$c=8.007$Å		
	$\beta=91.97°$		
$K_4Gd_2(CO_3)_3F_4$	$R32, Z=3$	1.70	$d_{11}=-1.76$
	$a=b=9.0268$Å		
	$c=13.684$Å		
脲	$I42_1m, Z=2$	1.4766	$d_{36}=3.13$
	$a=b=5.661$Å		$(3.4, 3.34)$
	$c=4.712$Å		

注：括号中的值是文献给出的实验值。

　　以上结果表明，这种计算方法不仅可以得到晶体总的倍频系数，还可以知道晶体中各个结构单元对倍频系数的贡献。我们还可看到计算结果和实验结果符合较好，有理由用这个理论方法，根据晶体结构对新晶体的倍频参数进行估算和预测。

4.12　晶体的线性电光系数理论方法

　　电光效应是晶体的折射系数在外电场作用下发生变化的现象，折射系数和电场的一次项成正比的变化现象称为线性电光效应，或者称为帕克尔（Pockeles）效应。在电场作用下，非对称晶体产生极化，二阶非线性极化强度可以写成如下形式

$$\mathbf{P}_i^{(\Omega+\omega)} = \sum_{jk} \chi_{ijk} E_j^{(\omega)} E_k^{(\Omega)} \tag{4.33}$$

式中：$E_j^{(\omega)}$ 和 $E_k^{(\Omega)}$ 代表不同频率的电场，当 ω、Ω 高于晶格振动频率但小于光吸收的频率时，化学键的电荷在化学键上只产生位置相对改变 $\Delta r_\alpha(=-\Delta r_\beta)$，化学键的长度不发生变化，这时，极化系数仅仅是 Δr_α 或者 Δr_β 的函数，这类效应引起的极化系数的改变在倍频系数中已经讨论过。如果 Ω 比晶格振动频率低，则会产生两个效应，一个是化学键的键长发生改变，另一个是化学键可以转动发生方向变化。以上这些物理现象都可以引起极化系数的改变，本节重点研究后两种情况。假设电场在 ξ 方向，强度为 E_ξ，已经知道，任一个 μ 类化学键的电光系数和极化系数的改变量之间有如下关系

$$\gamma_{\xi\xi\xi}^\mu E_\xi = \Delta\left(\frac{1}{\varepsilon_{\xi\xi}^\mu}\right) = -\frac{4\pi\Delta(\chi_b^\mu)_{\xi\xi}}{(\varepsilon_{\xi\xi}^\mu)^2} \tag{4.34}$$

$$\chi_b^\mu = \frac{(\hbar\Omega_p^\mu)^2}{4\pi(E_g^\mu)^2} \tag{4.35}$$

Ω_p^μ 与 $(N_e^\mu)^{1/2}$ 有关，N_e^μ 正比于 d_μ^{-3}，所以

$$\Delta\chi_b^\mu = \frac{\Delta(\hbar\Omega_p^\mu)^2}{(E_g^\mu)^2} + (\hbar\Omega_p^\mu)^2\Delta\left(\frac{1}{(E_g^\mu)^2}\right) \tag{4.36}$$

$$= -3\chi_b^\mu\frac{\Delta d^\mu}{d^\mu} - \frac{\chi_b^\mu}{(E_g^\mu)^2}[\Delta(E_h^\mu)^2 + \Delta(C^\mu)^2]$$

式（4.36）中的第一项是离子间的相互移动引起的极化率改变，第二项应该包括两部分含义，一部分是 Δr_α 的函数，另一部分是 d^μ 和方向的函数，前者已经讨论过（见倍频部分），它是电子部分的改变对极化系数的贡献。后者是离子部分的贡献，我们现在对离子间的移动和化学键方向改变对极化率的贡献进行讨论（称为离子部分的贡献）。首先求化学键长改变引起的结果

$$\Delta(E_h^\mu)^2 = -2s(E_h^\mu)^2 \frac{\Delta d^\mu}{d^\mu}$$

$$\Delta(C^\mu)^2 = -2(C^\mu)^2\left(\frac{k_s^\mu d^\mu}{4}+1\right)\frac{\Delta d^\mu}{d^\mu}$$

$$(4.37)$$

则

$$\frac{\chi_b^\mu}{(E_g^\mu)^2}\left[\Delta(E_h^\mu)^2 + \Delta(C^\mu)^2\right] = -2\chi_b^\mu\left[sf_c^\mu + f_i^\mu\left(\frac{k_s^\mu d^\mu}{4}+1\right)\right]\frac{\Delta d^\mu}{d^\mu} \quad (4.38)$$

$$\Delta\chi_b^\mu = \chi_b^\mu\left\{2sf_c^\mu + 2f_i^\mu\left(\frac{k_s^\mu d^\mu}{4}+1\right)-3\right\}\frac{\Delta d^\mu}{d^\mu} \quad (4.39)$$

关于方向改变部分，一个化学键极化率的方向改变可以引起宏观线性极化率的变化，它的任一方向的分量可以写为下面形式

$$(\chi_b^\mu)_{ij} = \alpha_i^\mu \alpha_j^\mu \chi_b^\mu \quad (4.40)$$

α_i^μ 和 α_j^μ 是方向余弦，化学键极化率的改变应该包括两个方面，即化学键长的改变和方向的改变，所以化学键极化率的改变量应为

$$\Delta(\chi_b^\mu)_{ij} = \Delta\alpha_i^\mu \alpha_j^\mu \chi_b^\mu + \alpha_i^\mu \Delta\alpha_j^\mu \chi_b^\mu + \alpha_i^\mu \alpha_j^\mu \Delta\chi_b^\mu \quad (4.41)$$

其中

$$\Delta\alpha_i^\mu = (\delta_{ik} - \alpha_i^\mu\alpha_k^\mu)\Delta x_k^\mu/d^\mu$$

$$\Delta\alpha_j^\mu = (\delta_{jk} - \alpha_j^\mu\alpha_k^\mu)\Delta x_k^\mu/d^\mu$$

$$(4.42)$$

将式（4.39）、式（4.42）代入式（4.41）并利用 $\Delta d^\mu = \alpha_k\Delta x_k$，则得

$$\Delta(\chi_b^\mu)_{ij} = \chi_b^\mu\left[f\alpha_i^\mu\alpha_j^\mu\alpha_k^\mu + (\alpha_j^\mu\delta_{ik} + \alpha_i^\mu\delta_{jk})\right]\frac{\Delta x_k^\mu}{d^\mu} \quad (4.43)$$

这里 f 的表达式是

$$f = 2sf_c^\mu + 2f_i^\mu\left(\frac{k_s^\mu d^\mu}{4}+1\right)-5 \quad (4.44)$$

任一方向的一个化学键的线性电光系数和极化率的改变有如下关系

$$(\gamma_b^\mu)_{ijk}E_k = -4\pi\frac{\Delta(\chi_b^\mu)_{ij}}{\varepsilon_i^\mu\varepsilon_j^\mu} \quad (4.45)$$

化学键的键电荷位移和晶体的介电常数有关，假设外加电场的方向为 k 方向，键电荷产生的位移是 Δx_k，则它们之间的关系式为

$$e_c^* \Delta x_k^\mu = \varepsilon_0(\varepsilon_{dck}^{\mu'} - \varepsilon_{\infty k}^{\mu'})E_k \quad (4.46)$$

式中：e_c^* 是化学键的键电荷；$\varepsilon_{dck}^{\mu'}$ 是一个 μ 类化学键的相对介电常数（低频率）；$\varepsilon_{\infty k}^{\mu'}$ 是一个 μ 类化学键在光学频率时的相对介电常数；E_k 是 k 方向的电场强度。晶体中离子部分的宏观线性电光系数和每类化学键电光系数的关系为

$$\gamma_{ijk}^{ion} = \sum_\mu F^\mu(\gamma^\mu)_{ijk} = \sum_\mu N_b^\mu(\gamma_b^\mu)_{ijk} \quad (4.47)$$

式中：γ^{μ} 是 μ 类化学键的电光系数；γ_{b}^{μ} 是一个 μ 类化学键的电光系数；N_{b}^{μ} 是 μ 类化学键的密度。将式（4.43）、式（4.45）和式（4.46）的结果代入式（4.47），并将一个化学键的几何因子变为这类化学键的一个化学键的平均几何因子，则得出由于化学键的键长和方向改变而形成的线性电光系数，它是离子部分对线性电光系数的贡献。

$$\gamma_{ijk}^{\text{ion}} = -\sum_{\mu} \frac{4\pi\varepsilon_0\,(\varepsilon'_{dck} - \varepsilon'_{\infty k})\chi_b^{\mu}N_b^{\mu}}{e_c^{*}\,\varepsilon_i^{\mu}\varepsilon_j^{\mu}d^{\mu}}\left\{ fG_{ijk}^{\mu}(\lambda) + \frac{1}{n_b^{\mu}}\sum_{\lambda}\left[\alpha_i^{\mu}(\lambda)\delta_{ik} + \alpha_j^{\mu}(\lambda)\delta_{jk}\right]\right\}$$

$$(4.48)$$

式中：n_b^{μ} 是一个晶胞中 μ 类化学键的数目，对 λ 求和是对一个晶胞中 μ 类化学键求和，对 μ 求和是对单位体积（cm^3）内的各类化学键求和。除了离子部分外，电子部分对电光系数也有贡献，它与晶体的倍频系数有关

$$\gamma_{ijk}^{\text{electron}} = -4d_{ijk}/(\varepsilon'_i\varepsilon'_j) = -\frac{4}{\varepsilon'_i\varepsilon'_j}\sum_{\mu}F^{\mu}d_{ijk}^{\mu}$$

$$= -\frac{4}{\varepsilon'_i\varepsilon'_j}\sum_{\mu}F^{\mu}\left[d_{ijk}^{\mu}(E_h) + d_{ijk}^{\mu}(C)\right] \tag{4.49}$$

$$\gamma_{ijk}^{\text{electron}} = \gamma_{ijk}^{\text{electron}}(E_h) + \gamma_{ijk}^{\text{electron}}(C) \tag{4.50}$$

其中倍频系数的表达式已经在前面给出，这样晶体总的线性电光系数

$$\gamma_{ijk} = \gamma_{ijk}^{\text{ion}} + \gamma_{ijk}^{\text{electron}} \tag{4.51}$$

4.13　二元晶体线性电光系数计算

利用上面的理论方法对一些二元的闪锌矿型和纤锌矿晶体的电光系数进行了计算，结果列于表 4.22 和表 4.23 中。

表 4.22　闪锌矿型晶体的化学键参数和电光系数

	GaP	GaAs	ZnS	ZnSe	ZnTe	CdTe	CuCl
$a/\text{Å}$	5.4505	5.6537	5.4093	5.6676	6.089	6.480	5.4057
$d/\text{Å}$	2.3601	2.4481	2.3423	2.4511	2.6366	2.8059	2.3407
E_h/eV	4.72	4.31	4.81	4.30	3.59	3.08	4.82
C/eV	3.00	2.57	5.27	4.91	3.43	4.04	8.21
f_c	0.7130	0.7383	0.4546	0.4346	0.5223	0.3669	0.2564
ρ	0.0412	0.0244	0.0417	0.0364	-0.0385	0.0000	0.0417
q/e	0.6834	0.6632	0.6306	0.5724	0.5563	0.4926	0.7250
$\gamma_{41}(C)/(10^{-12}\,\mathrm{mV^{-1}})$	-2.4601	-2.5898	-2.1733	-2.8769	-3.1385	-5.0863	-1.2827
$\gamma_{41}(E_h)/(10^{-12}\,\mathrm{mV^{-1}})$	1.4639	1.0357	0.8771	0.9358	-1.5339	0.0000	0.3213
$\gamma_{41}(\text{ion})/(10^{-12}\,\mathrm{mV^{-1}})$	-0.1096	-0.0056	-0.2734	-0.2532	-0.0399	-0.1652	-0.8127
$\gamma_{41,\,\text{cal}}/(10^{-12}\,\mathrm{mV^{-1}})$	-1.11	-1.61	-1.57	-2.19	-4.71	-5.25	-1.77
$\gamma_{41,\,\text{exp}}/(10^{-12}\,\mathrm{mV^{-1}})$	-1.07	-1.6	1.6	2.0	4.45	5.0	2.20

表 4.23　纤锌矿型晶体的化学键参数和电光系数

	ZnO	ZnS	CdS	CdSe
$a/\text{Å}$	3.2495	3.811	4.1384	4.30
$d/\text{Å}$	1.9809	2.3300	2.5320	3.633
E_h/eV	7.29	4.88	3.97	3.60
C/eV	8.27	5.73	5.74	5.29
f_c	0.4378	0.4201	0.3234	0.3165
ρ	0.2874	0.0417	0.1098	0.0684
q/e	0.7356	0.6368	0.5904	0.5436
$\gamma_{41}(C)/(10^{-12}\,\text{mV}^{-1})$	−1.6207	−2.5898	−3.7282	−4.5769
$\gamma_{41}(E_h)/(10^{-12}\,\text{mV}^{-1})$	4.2172	0.8906	2.2736	1.6857
$\gamma_{41}(\text{ion})/(10^{-12}\,\text{mV}^{-1})$	−0.6549	−0.6549	−1.0158	−0.8960
$\gamma_{41,\text{cal}}/(10^{-12}\,\text{mV}^{-1})$	1.94	−2.35	−2.47	−3.79
$\gamma_{41,\text{exp}}/(10^{-12}\,\text{mV}^{-1})$	1.9	−1.8	2.4	4.3

从表中结果我们可以看到，计算结果和实验结果符合很好，并且电子部分产生的线性电光系数的贡献比离子部分的贡献要大。同时，可以发现一个晶体各个部分贡献的符号是不一致的，往往相互抵消，因此，某一部分贡献大不等于晶体的性能好，特别是对于较复杂的晶体，各个化学键的贡献之间也会出现符号相反的情况，所以，在材料设计时要全面地考虑到各种因素的影响。

4.14　复杂晶体的线性电光系数

对于复杂晶体线性电光系数的计算方法和倍频系数的计算方法类似，首先根据晶体结构写出晶体的键子式方程，计算每个键子式的线性电光系数，然后，按照晶体中各类化学键的比例关系求出整个晶体的线性电光系数，我们以 $BaTiO_3$ 晶体为例说明计算方法。$BaTiO_3$ 晶体在室温下是四方对称性，空间群为 $P4mm(C_{4v}^1)$，晶胞参数 $a=3.9947\text{Å}$、$c=4.0336\text{Å}$，晶体的原胞中只含有 1 个分子，Ba 和 Ti 离子有 1 种对称性格位，配位数分别为 12 和 6。O 离子有 2 种对称性格位，O(1) 对称格位占据 1 个氧离子，O(2) 对称格位占据 2 个氧离子，配位数都是 6。它的键子式方程可以写成如下形式

$$BaTiO_3 = BaTiO(1)O(2)_2$$
$$= Ba_{1/3}O(1)_{2/3} + Ba_{1/3}O(2)_{2/3}$$
$$+ Ba_{1/3}O(2')_{2/3} + Ti_{1/3}O(1)_{1/3} + Ti_{2/3}O(2)_{2/3}$$

式中带撇的符号表示化学键较长的键子式，各个键子式的化学键参数和线性电光

系数的计算结果列于表 4.24 中。

表 4.24　BaTiO₃ 晶体的化学键参数和电光系数

	Ba—O(1)	Ba—O(2)	BaO(2′)	Ti—O(1)	Ti—O(2)
$d^\mu/\text{Å}$	2.8262	2.7986	2.8789	2.0168	2.0001
E_h^μ/eV	3.02	3.10	2.89	6.98	7.12
C^μ/eV	7.89	8.08	7.54	12.06	12.31
f_c^μ	0.1279	0.1281	0.1276	0.2508	0.2507
q^μ/e	0.1683	0.1707	0.1639	0.2378	0.2414
χ^μ	2.9595	2.9045	3.0667	10.2119	10.0428
G_{ijk}^μ	0.0656	0.7135	−0.6933	0.0000	−0.1046
$\gamma_{13}^\mu(\text{ion})/(10^{-12}\,\text{mV}^{-1})$	−2.9307	−33.2134	28.2671	0.0000	0.1265
$\gamma_{13}^\mu(C)/(10^{-12}\,\text{mV}^{-1})$	−0.1741	−1.8674	1.8889	0.0000	0.1265
$\gamma_{13}^\mu(E_h)/(10^{-12}\,\text{mV}^{-1})$	0.0464	0.4991	−0.5026	0.0000	−0.1321
$\gamma_{13}^\mu/(10^{-12}\,\text{mV}^{-1})$	−3.0584	−34.5818	29.6534	0.0000	0.2940
$\gamma_{13,\text{cal}}/(10^{-12}\,\text{mV}^{-1})$	−7.6927				
$\gamma_{13,\text{exp}}/(10^{-12}\,\text{mV}^{-1})$	8.0				
$\gamma_{33}^\mu(\text{ion})/(10^{-12}\,\text{mV}^{-1})$	18.7449	372.216	−413.2761	0.0000	−4.4909
$\gamma_{33}^\mu(C)/(10^{-12}\,\text{mV}^{-1})$	−0.0004	−3.5976	4.0706	0.0000	0.0016
$\gamma_{33}^\mu(E_h)/(10^{-12}\,\text{mV}^{-1})$	0.0001	0.9614	−1.0832	0.0000	−4.4900
$\gamma_{33}^\mu/(10^{-12}\,\text{mV}^{-1})$	18.7446	369.5798	−410.2887	0.0000	−0.0007
$\gamma_{33,\text{cal}}/(10^{-12}\,\text{mV}^{-1})$	−21.96				
$\gamma_{33,\text{exp}}/(10^{-12}\,\text{mV}^{-1})$	28				

　　从上面的计算结果我们可以发现，在这个晶体中产生线性电光系数的来源主要是 Ba—O 化学键，因为它们具有合适的几何因子。Ti—O 化学键虽然具有很好的极化性质，但几何因子很小，或等于零，仍然不能对线性电光系数有较大的贡献，充分显示了非线性晶体是结构材料的特征。

参 考 文 献

吴平伟. 晶体的化学键和线性电光效应. [硕士论文]. 长春：中国科学院长春应用化学研究所，1996

薛冬峰. 晶体的化学键和非线性光学效应. [博士论文]. 长春：中国科学院长春应用化学研究所，1998

张思远，薛冬峰. 中国科学院研究生院学报，2000，17：36

Kleinman D A. Phys. Rev. ，1962，126：1977

Levine B F. Phys. Rev. ，1973，B7：2600

Miller R C. Appl. Phys. Lett. ，1964，5：17

Shih C C，Yariv A. J. Phys C：Solid State Phys. ，1982，15：825

Shih C, Yariv A. Phys. Rev. Lett. , 1980, 44: 281

Wyckoff R W G. 'Crystal Structures', Vol. 2, New York: Interscience, 1964

Xue D, Betzer K, Hesse H, Lammers D, Zhang S Y. J. Appl. Phys. , 2000, 87: 2849

Xue Dongfeng, Zhang Siyuan. Appl. Phys A. , 1999, 68: 57

Xue Dongfeng, Zhang Siyuan. Acta. Cryst. , 1998, B54: 652

Xue Dongfeng, Zhang Siyuan. Appl Phys Lett. , 1997, 70: 943

Xue Dongfeng, Zhang Siyuan. Appl. Phys A. , 1997, 65: 451

Xue Dongfeng, Zhang Siyuan. Chem. Phys. Lett. , 1998, 287: 503

Xue Dongfeng, Zhang Siyuan. Chem. Phys. Lett. , 1998, 291: 401

Xue Dongfeng, Zhang Siyuan. Chem. Phys. , 1998, 226: 307

Xue Dongfeng, Zhang Siyuan. J. Phys. Chem. Solids. , 1997, 58: 1399

Xue Dongfeng, Zhang Siyuan. J. Phys. Chem. Solids. , 1998, 59: 1337

Xue Dongfeng, Zhang Siyuan. J. Phys: Condens. Matter, 1997, 9: 7515

Xue Dongfeng, Zhang Siyuan. J. Solid. State. Chem. , 1998, 135: 121

Xue Dongfeng, Zhang Siyuan. J. Solid. State. Chem, 1997, 128: 17

Xue Dongfeng, Zhang Siyuan. J. Solid. state. Chem. , 1997, 130: 54

Xue Dongfeng, Zhang Siyuan. J. Phys. Chem. Solids. , 1996, 57: 1321

Xue Dongfeng, Zhang Siyuan. J. Phys: Condens. Matter. , 1996, 8: 1949

Xue Dongfeng, Zhang Siyuan. Mol. Phys. , 1998, 93: 411

Xue Dongfeng, Zhang Siyuan. Philosophical Magazine, 1998, B78: 29

Xue Dongfeng, Zhang Siyuan. Phys Stat Sol (b). , 1997, 200: 351

Xue Dongfeng, Zhang Siyuan. Phys. Stat. Sol. , (a) 1998, 165: 509

Xue Dongfeng, Zhang Siyuan. J. Phys. Chem A. , 1997, 101: 5547

Xue Dongfeng, Zhang Siyuan. Physica B. , 1999, 262: 78

第5章 高温超导体的化学键性质

高温超导体材料是迄今被研究过的最复杂的材料之一，由于它具有很多奇异的性质，因此，引起了许许多多物理学家、化学家和材料学家的兴趣，近 20 年来，人们在确认、充实和理解那些奇异的现象方面花费了大量的人力和物力，发展了许多新方法、新思想和新概念，但是，还远未达到共识和统一。本章只是从复杂晶体化学键的介电理论的角度对高温超导体的有关性质作些探讨。

高温超导体的晶体结构和晶体中离子间的相互作用是产生超导行为的重要原因之一。在晶体结构已确定的晶体中，离子间的化学键行为则是一个反映离子间相互作用的重要标量，因此，研究清楚高温超导体的化学键性质对搞清高温超导体的导电机理是件十分有意义的工作。然而，由于这类体系复杂，目前的理论方法尚有一定的困难。复杂晶体的介电化学键理论方法具有研究这样的复杂体系的能力，这将为高温超导体的深入研究提供新的途径和信息，有利于对超导机理的揭示。下面我们给出几类高温超导体的化学键性质的研究情况和结果。

5.1 $LnBa_2Cu_3O_7$（$Ln=Pr$，Sm，Eu，Gd，Dy，Y，Ho，Er，Tm）晶体的化学键性质

稀土钡铜氧高温超导体是一类重要的高温超导材料，其中除 Ce 和 Tb 不能生成正交相，不具有超导性外，其他的稀土高温超导体都可以形成超导相，T_c 一般在 90K 左右，只是随着稀土离子半径的减小 T_c 稍微降低。这类晶体的结构属于正交对称性，空间群为 $D_{2h}^1(Pmmm)$，晶体的原胞含有一个分子（$Z=1$），稀土离子位于原胞中心，近邻有 8 个氧离子配位，形成六面体。2 个钡占据中轴分别位于稀土离子的上下方，每个钡的近邻有 10 个氧离子配位，形成截角立方八面体。3 个铜分为两种对称性格位，$Cu(1)$ 离子占据第一种对称性格位，近邻有 4 个氧离子配位，形成平面四边形。2 个 $Cu(2)$ 离子占据第二种对称性格位，近邻有 5 个氧离子配位，形成四方锥体。氧离子有 4 个对称性格位，$O(1)$、$O(2)$、$O(3)$ 对称性格位中各占有 2 个氧离子，$O(4)$ 对称性格位有 1 个氧离子（见图 5.1）。

我们利用复杂晶体化学键的介电理论研究了这类晶体的化学键性质，根据晶体结构和分子式，首先要写出这类晶体的键子式方程

$$LnBa_2Cu_3O_7 = LnBa_2Cu(1)Cu(2)_2O(1)_2O(2)_2O(3)_2O(4)$$

$$= Ln_{1/2}O(2)_{2/3} + Ln_{1/2}O(3)_{2/3} + Ba_{4/5}O(1)_{4/3} + Ba_{2/5}O(2)_{2/3}$$

$$+ Ba_{2/5}O(3)_{2/3} + Ba_{2/5}O(4)_{2/3} + Cu(1)_{1/2}O(1)_{1/3} + Cu(1)_{1/2}O(4)_{1/3}$$

$$+ Cu(2)_{2/5}O(1)_{1/3} + Cu(2)_{4/5}O(2)_{2/3} + Cu(2)_{4/5}O(3)_{2/3} \qquad (5.1)$$

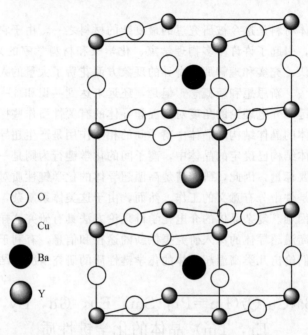

图 5.1　YBa₂Cu₃O₇ 晶体的结构

　　然后，根据晶体的键子式方程，利用化学键理论计算各类化学键的化学键参数，求出化学键的性质，各种稀土离子的各类化学键的化学键长的结果列于表 5.1 中。化学键的离子性结果列于表 5.2 中。

表 5.1　**LnBa₂Cu₃O₇ 晶体中各类化学键长**　　　　　（单位：Å）

键　　型	Pr	Sm	Eu	Gd	Dy	Ho	Y	Er	Tm
Ba—O(1)	2.779	2.771	2.756	2.770	2.749	2.750	2.747	2.728	2.748
Ba—O(2)	2.927	2.938	2.943	2.969	2.968	2.962	2.965	2.969	2.953
Ba—O(3)	2.927	2.937	2.940	2.955	2.950	2.950	2.949	2.957	2.943
Ba—O(4)	2.901	2.907	2.899	2.902	2.904	2.894	2.911	2.888	2.929
Re—O(2)	2.465	2.439	2.436	2.422	2.411	2.405	2.401	2.371	2.388
Re—O(3)	2.465	2.438	2.432	2.405	2.389	2.391	2.381	2.355	2.375
Cu(1)—O(1)	1.831	1.842	1.859	1.767	1.838	1.851	1.838	1.849	1.816
Cu(1)—O(4)	1.953	1.947	1.940	1.948	1.943	1.941	1.939	1.926	1.930
Cu(2)—O(1)	2.259	2.302	2.268	2.382	2.335	2.313	2.336	2.312	2.393
Cu(2)—O(2)	1.967	1.958	1.950	1.945	1.932	1.938	1.932	1.925	1.930
Cu(2)—O(3)	1.967	1.959	1.955	1.966	1.959	1.955	1.956	1.944	1.945

表 5.2　LnBa₂Cu₃O₇ 晶体中各类化学键的离子性　　　　　　（单位：%）

键　型	Pr	Sm	Eu	Gd	Dy	Ho	Y	Er	Tm
Ba—O(1)	94.62	94.60	94.60	94.56	94.57	94.56	94.56	94.54	94.48
Ba—O(2)	94.67	94.65	94.65	94.62	94.63	94.63	94.63	94.61	94.54
Ba—O(3)	94.67	94.65	94.65	94.62	94.63	94.63	94.62	94.61	94.54
Ba—O(4)	94.66	94.64	94.64	94.60	94.63	94.62	94.61	94.59	94.54
Re—O(2)	93.78	93.75	93.75	93.70	93.71	93.71	93.70	93.68	94.36
Re—O(3)	93.78	93.75	93.75	93.70	93.71	93.71	93.70	93.67	94.36
Cu(1)—O(1)	79.43	79.55	79.59	79.22	79.45	79.49	79.44	79.42	79.13
Cu(1)—O(4)	79.84	79.77	79.76	79.65	79.67	79.68	79.66	79.58	79.39
Cu(2)—O(1)	86.53	86.48	86.48	86.35	86.40	86.41	86.39	86.36	86.16
Cu(2)—O(2)	81.24	81.17	81.15	81.02	81.02	81.04	81.01	81.04	80.77
Cu(2)—O(3)	81.24	81.17	81.16	81.08	81.08	81.09	81.08	81.00	80.82

从表中可以发现，该晶体的 11 种化学键大致可以分为两类，第一类是 Ba—O 和 Ln—O 键，它们具有很高的离子性，共价性只有 5%～6%。第二类化学键是 Cu—O 键，它们的共价性较大，大约 20%，其中 Cu(1)—O 键的共价性比 Cu(2)—O 键的共价性大。

一般在共价性大的化学键中的阳离子具有较强的吸引电子的能力，这种状态有利于 Cu(2)O₄ 平面内的电子通过 Cu—O 链流入电子库和空穴流入 Cu(2)O₄ 平面，使得 Cu(2)O₄ 平面内维持一定的空穴载流子浓度，形成了超导的基本条件，这种结果表明晶体结构和化学键性的合理分布和晶体是否具有超导性有重要关系。

5.2　YBa₂Cu₃O₆₊δ 晶体中含氧量、铜的化合价和超导性

YBa₂Cu₃O₆₊δ 晶体是高温超导体的模型化合物，人们一直把它作为一个典型来研究，该晶体显示了高温超导体的诸多特征，因此，它成为基础研究的重要对象。晶体中的含氧量直接影响到晶体的导电性质，当 $\delta = 0$ 时，晶体结构是四方对称性，空间群为 $P4/mmm$，没有超导性，但是，随着含氧量 δ 值的增加，结构发生相变，当 $\delta > 0.4$ 时，晶体结构由四方对称性变为正交对称性，空间群变成 $Pmmm$，这时晶体具有了超导性，当 $\delta = 0.42～0.82$ 时，其 T_c 约为 60K，当 $\delta \geqslant 0.9$ 时，T_c 为 90K。就是说晶体中随着含氧量 δ 的连续增加，晶体结构由四方相变为正交相，由没有超导性到有超导性，并出现 60K 和 90K 两个超导平台。为了研究这种现象的产生原因，科学家们合成了不同含氧量的晶体并研究了它们的晶体结构，其中，$\delta = 0.0$、0.35、0.45、0.58、0.64、0.73、0.78、0.81、0.95 的晶体已经合成，结构已被测定。各晶体的化学键长列于表 5.3 中，晶体中各离子间的配位情况见图 5.2。

表 5.3　不同 δ 的晶体中各类化学键的键长　　　　　（单位：Å）

	$\delta=0.00$	0.35	0.45	0.58	0.64	0.73	0.78	0.81	0.84	0.95
Ba—O(1)	2.773	2.772	2.752	2.750	2.748	2.746	2.745	2.744	2.742	2.740
Ba—O(2)	2.911	2.918	2.952	2.963	2.960	2.966	2.971	2.972	2.973	2.980
Ba—O(3)	2.911	2.918	2.926	2.931	2.942	2.937	2.942	2.945	2.944	2.953
Ba—O(4)		2.985	2.916	2.912	2.907	2.900	2.893	2.890	2.886	2.873
Y—O(2)	2.399	2.401	2.407	2.400	2.404	2.404	2.403	2.405	2.405	2.407
Y—O(3)	2.399	2.401	2.397	2.389	2.380	2.384	2.382	2.381	2.382	2.381
Cu(1)—O(4)		1.929	1.937	1.939	1.941	1.942	1.942	1.942	1.942	1.942
Cu(1)—O(1)	1.786	1.786	1.805	1.817	1.829	1.832	1.828	1.833	1.843	1.833
Cu(2)—O(1)	2.471	2.463	2.380	2.364	2.347	2.328	2.328	2.324	2.302	2.301
Cu(2)—O(2)	1.940	1.941	1.930	1.930	1.928	1.928	1.927	1.926	1.927	1.927
Cu(2)—O(3)	1.940	1.941	1.951	1.954	1.957	1.958	1.959	1.959	1.960	1.961

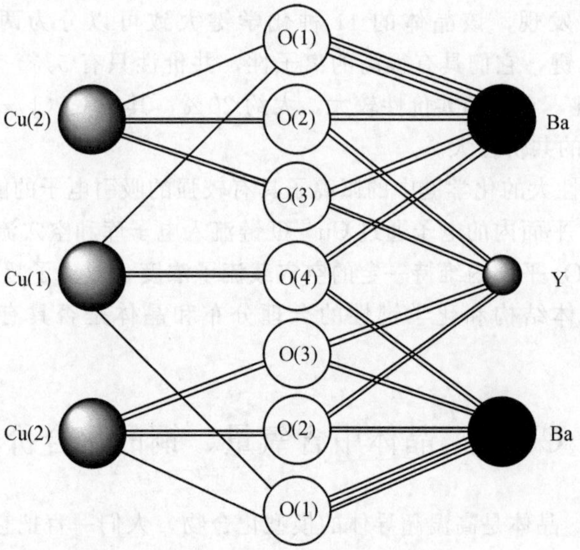

图 5.2　$YBa_2Cu_3O_{6+\delta}$ 晶体离子间的配位

　　利用这些结构参数和复杂晶体化学键理论可以计算各种晶体中各类化学键的键参数，研究其规律性。

　　首先根据晶体的配位结构，写出 $YBa_2Cu_3O_{6+\delta}$ 晶体的键子式方程

$$YBa_2Cu_3O_{6+\delta} = YBa_2Cu(1)Cu(2)_2O(1)_2O(2)_2O(3)_2O(4)_\delta$$

$$= Ba_{8/8+2\delta}O(1)_{4/3} + Ba_{4/8+2\delta}O(2)_{2/3} + Ba_{4/8+2\delta}O(3)_{4/3} + Ba_{4\delta/8+2\delta}O(4)_{2\delta/3}$$

$$+ Y_{1/2}O(2)_{2/3} + Y_{1/2}O(3)_{2/3} + Cu(1)_{\delta/1+\delta}O(4)_{\delta/3} + Cu(1)_{1/1+\delta}O(1)_{1/3}$$

$$+ Cu(2)_{2/5}O(1)_{1/3} + Cu(2)_{4/5}O(2)_{2/3} + Cu(2)_{4/5}O(3)_{2/3} \qquad (5.2)$$

　　各种不同含氧量晶体中的各类化学键的离子性和能级间隙分别列于表 5.4 和表 5.5 中。

表 5.4　不同 δ 的晶体中各类化学键的离子性

	$\delta=0.00$	0.35	0.45	0.58	0.64	0.73	0.78	0.81	0.84	0.95
Ba—O(1)	0.922	0.932	0.934	0.937	0.939	0.941	0.942	0.942	0.943	0.945
Ba—O(2)	0.923	0.934	0.935	0.938	0.939	0.941	0.942	0.943	0.943	0.945
Ba—O(3)	0.923	0.934	0.935	0.938	0.939	0.941	0.942	0.943	0.943	0.945
Ba—O(4)		0.934	0.935	0.938	0.939	0.941	0.942	0.943	0.943	0.945
Y—O(2)	0.947	0.943	0.942	0.941	0.940	0.940	0.939	0.939	0.939	0.937
Y—O(3)	0.947	0.943	0.942	0.941	0.940	0.940	0.939	0.939	0.938	0.937
Cu(1)—O(4)		0.442	0.546	0.634	0.671	0.717	0.736	0.749	0.763	0.796
Cu(1)—O(1)	0.163	0.459	0.580	0.668	0.708	0.752	0.767	0.779	0.798	0.822
Cu(2)—O(1)	0.811	0.839	0.826	0.828	0.824	0.824	0.828	0.828	0.820	0.829
Cu(2)—O(2)	0.780	0.796	0.793	0.796	0.796	0.798	0.799	0.799	0.798	0.801
Cu(2)—O(3)	0.780	0.796	0.794	0.797	0.797	0.798	0.800	0.800	0.799	0.802

表 5.5　不同 δ 的晶体中各类化学键的平均能级间隔　　　　（单位：eV）

	$\delta=0.00$	0.35	0.45	0.58	0.64	0.73	0.78	0.81	0.84	0.95
Ba—O(1)	11.34	12.16	12.60	12.92	13.08	13.31	13.43	13.51	13.61	13.87
Ba—O(2)	10.08	10.75	10.64	10.80	10.94	11.06	11.11	11.15	11.21	11.34
Ba—O(3)	10.08	10.75	10.87	11.09	11.10	11.33	11.37	11.04	11.48	11.59
Ba—O(4)		10.17	10.96	11.26	11.43	11.68	11.84	11.93	12.04	12.39
Y—O(2)	19.66	19.00	18.71	18.64	18.48	18.36	18.30	18.22	18.19	18.00
Y—O(3)	19.66	19.00	18.90	18.85	18.93	18.73	18.62	18.67	18.62	18.48
Cu(1)—O(4)		10.43	11.43	12.71	13.39	14.40	14.92	15.28	15.74	16.95
Cu(1)—O(1)	10.31	12.82	14.18	15.69	16.47	17.77	18.45	18.83	19.40	20.97
Cu(2)—O(1)	9.69	10.60	11.08	11.34	11.42	11.66	11.80	11.82	11.85	12.18
Cu(2)—O(2)	16.35	16.96	17.12	17.23	17.28	17.34	17.42	17.45	17.38	17.52
Cu(2)—O(3)	16.35	16.96	16.69	16.74	16.69	16.73	16.77	16.77	16.71	16.82

　　从表结果可以发现，随着 δ 的改变，Cu(1)—O(1) 和 Cu(1)—O(4) 键的离子性和平均能量间隙都有非常明显的变化，其余的化学键则随着 δ 的改变变化不大。Cu(1)—O(1) 和 Cu(1)—O(4) 键的参数改变和晶体的超导行为是密切相关的，当 Cu(1)—O(1) 键的能量间隙变到和 $Cu(2)O_4$ 平面的 Cu(2)—O(2) 和 Cu(2)—O(3) 键的能量间隙相一致时，导致 60K 的超导平台出现，这时 δ 的值大约为 0.62。当 Cu(1)—O(4) 键的能量间隙也变到和 Cu(2)—O(2) 和 Cu(2)—O(3) 键的能量间隙相一致时，出现了 90K 的超导平台，这时 δ 的值大于 0.9，这个计算结果很好地解释了 2 个超导平台的实验现象。也就是说，在能量间隔相一致时，能够有效地实现载流子在 CuO_4 平面和 Cu—O 链之间的转移，出现了良好的超导行为。

　　在这种晶体中，一般 Y、Ba 和 O 的离子的化合价不变，分别是 +3、+2、−2 价，而 Cu 的化合价数则随着 δ 的改变而改变。利用结构关系和电荷守恒原理，我们可以求出 Cu 化合价数随着 δ 变化的关系式。设 Cu(1) 和 Cu(2) 的平

均化合价分别为 v_1 和 v_2，则 Cu 的平均化合价数的表达式为

$$v_1 = \frac{8 + 12\delta + 4\delta^2}{8 + 2\delta}$$

$$v_2 = \frac{16 + 7\delta}{8 + 2\delta} \tag{5.3}$$

当 $\delta = 0$ 时，$v_1 = 1$，$v_2 = 2$；当 $\delta = 1$ 时，$v_1 = 2.4$，$v_2 = 2.3$。我们可以将 Cu(1) 和 Cu(2) 的平均化合价随含氧量 δ 的变化情况绘成图（见图 5.3），可以发现 Cu(2) 的化合价数随着 δ 的增加缓慢变化，而 Cu(1) 的化合价数则变化较快。说明 Cu(1) 化合价的状况对晶体的超导性有重要作用。

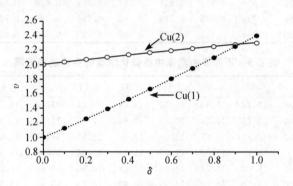

图 5.3　铜的平均化合价和含氧量 δ 的关系

5.3　$Y_{1-x}Pr_xBa_2Cu_3O_7$ 晶体中的 Pr 化合价和超导性

$Y_{1-x}Pr_xBa_2Cu_3O_7$ 晶体也是正交相，但是，大量的实验结果表明，当 Pr 的含量 $x > 0.55$ 时，晶体失去了超导性，这一现象引起了人们的极大注意，为了解释这一现象科学家们做了大量的实验和理论工作。首先测量了 Pr 离子的化合价数，得出三种结论，即 4 价、3 价和 3 与 4 价之间，并合成了不同 Pr 浓度的晶体和测定了它们的结构，提出了磁性对破裂机制、电荷补偿、变价等模型，然而对实验的解释都不十分成功。我们利用复杂晶体介电化学键的理论研究了 Pr 含量不同时，CuO_4 面和 Cu—O 链化学键的性质变化，可以合理地解释这一现象。首先讨论一下 Pr 离子的化合价态，在晶体中，一个离子只能呈现一种固定的化合价，非整数的平均化合价的结果是不同化合价离子的平均结果。假设 Pr 的含量为 x，在 x 中 4 价的比例为 y，则 4 价 Pr 的浓度应为 xy，Pr 的平均化合价应为 $[3(x-xy)+4xy]/x = 3+y$。我们知道 Pr 离子的化合价的变化可以影响 Cu 离子的化合价，因为 Cu 的化合价是可变的，从结构上知道只影响 Cu(2)，而不影响 Cu(1)，从上一节的结果，我们知道 Cu(1) 的平均价为 2.4，Cu(2)

的平均价将变为 $2.3-0.5xy$，若按照平均价态写出晶体的键子式方程为

$$Y_{1-x}Pr_xBa_2Cu_3O_7 = Y_{1-x}Pr_xBa_2Cu(1)Cu(2)O(1)_2O(2)_2O(3)_2O(4)Ba_{4/5}O(1)_{4/3}$$
$$+ Ba_{2/5}O(2)_{2/3} + Ba_{2/5}O(3)_{2/3} + Ba_{2/5}O(4)_{2/3}$$
$$+ Y_{(1-x)/2}O(2)_{2(1-x)/3} + Y_{(1-x)/2}O(3)_{2(1-x)/3} + Pr_{x/2}O(2)_{2x/3}$$
$$+ Pr_{x/2}O(3)_{2x/3} + Cu(1)_{1/2}O(1)_{1/3} + Cu(1)_{1/2}O(4)_{1/3}$$
$$+ Cu(2)_{2/5}O(1)_{1/3} + Cu(2)_{4/5}O(2)_{2/3} + Cu(2)_{4/5}O(3)_{2/3} \quad (5.4)$$

不同 Pr 浓度的晶体结构产生稍微的改变，但对称性不改变，它们的晶体结构和化学键长结果已被测定列于表 5.6 中。根据结构数据，利用复杂晶体介电化学键的理论可以计算出各类化学键的化学键参数。按照键子式方程的结果，我们可以发现有些化学键是和 x 无关的，如 Ba、Y、Cu(1) 的键，只有 Pr 和 Cu(2) 的键和 x 有关，化学键参数的计算结果分别列于表 5.7 和表 5.8 中。

表 5.6　不同 Pr 浓度($x=0.0$，0.2，0.4，0.6，1.0)晶体中各化学键键长　　（单位：Å）

	0.0	0.2	0.4	0.6	1.0
Ba—O(1)	2.7437	2.7498	2.7559	2.7579	2.7722
Ba—O(2)	2.9792	2.9869	2.9759	2.9953	3.0346
Ba—O(3)	2.9594	2.9633	2.9553	2.9649	2.9402
Ba—O(4)	2.8817	2.8765	2.8797	2.8648	2.8661
Y—O(2)	2.4106	2.4202	2.4354	2.4429	2.4327
Y—O(3)	2.3843	2.3970	2.4120	2.4273	2.4754
Pr—O(2)		2.4202	2.4354	2.4429	2.4327
Pr—O(3)		2.3970	2.4120	2.4273	2.4754
Cu(1)—O(1)	1.8434	1.8498	1.8506	1.8618	1.8515
Cu(1)—O(4)	1.9433	1.9489	1.9526	1.9566	1.9641
Cu(2)—O(1)	2.3469	2.2950	2.2679	2.2515	2.2465
Cu(2)—O(2)	1.9246	1.9354	1.9415	1.9459	1.9663
Cu(2)—O(3)	1.9563	1.9661	1.9712	1.9739	1.9766

表 5.7　$Y_{1-x}Pr_xBa_2Cu_3O_7$ 晶体中 Ba、Y 和 Cu(1)键的共价性　　（单位：%）

	0.0	0.2	0.4	0.6	1.0
Ba—O(1)	5.45	5.43	5.42	5.42	5.41
Ba—O(2)	5.38	5.37	5.35	5.35	5.34
Ba—O(3)	5.38	5.37	5.36	5.36	5.36
Ba—O(4)	5.40	5.39	5.37	5.38	5.38
Y—O(2)	6.30	6.29	6.26	6.26	5.45
Y—O(3)	6.31	6.29	6.27	6.27	5.53
Cu(1)—O(1)	20.56	20.52	20.47	20.45	20.47
Cu(1)—O(4)	20.35	20.31	20.26	20.26	20.24

表 5.8　$Y_{1-x}Pr_xBa_2Cu_3O_7$ 晶体中 Pr 和 Cu(2)键的共价性　（单位：%）

		$x=0.0$	0.2	0.4	0.6	1.0
$y=0.0$	Pr—O(2)		6.29	6.26	6.26	6.26
	Pr—O(3)		6.29	6.27	6.27	6.26
	Cu(2)—O(1)	13.63	13.35	13.55	13.55	13.55
	Cu(2)—O(2)	19.03	18.97	18.91	18.90	18.84
	Cu(2)—O(3)	18.94	18.69	18.83	18.83	18.82
$y=0.15$	Pr—O(2)		5.67	5.65	5.65	5.65
	Pr—O(3)		5.68	5.66	5.65	5.65
	Cu(2)—O(1)	13.63	13.67	13.71	13.80	13.96
	Cu(2)—O(2)	19.03	19.23	19.43	19.69	20.18
	Cu(2)—O(3)	18.94	19.14	19.35	19.61	20.15
$y=0.20$	Pr—O(2)		5.49	5.47	5.47	5.47
	Pr—O(3)		5.49	5.47	5.47	5.47
	Cu(2)—O(1)	13.63	13.70	13.77	13.88	14.11
	Cu(2)—O(2)	19.03	19.32	19.61	19.97	20.66
	Cu(2)—O(3)	18.94	19.23	19.53	19.88	20.63
$y=0.30$	Pr—O(2)		5.16	5.14	5.14	5.14
	Pr—O(3)		5.16	5.14	5.14	5.13
	Cu(2)—O(1)	13.63	13.75	13.88	14.06	14.43
	Cu(2)—O(2)	19.03	19.49	19.98	20.54	21.68
	Cu(2)—O(3)	18.94	19.41	19.89	20.45	21.65
$y=1.00$	Pr—O(2)		3.57	3.56	3.56	3.56
	Pr—O(3)		3.57	3.56	3.56	3.56
	Cu(2)—O(1)	13.63	14.16	14.77	15.53	17.47
	Cu(2)—O(2)	19.03	20.81	22.88	25.36	31.69
	Cu(2)—O(3)	18.94	20.71	22.77	25.25	31.64

　　从表 5.7 和表 5.8 的结果我们可以看到 Ba—O、Y—O、Pr—O 和 Cu(1)—O 键的共价性的值随着 x 的变化基本不变，但 Cu(2)—O 键共价性的值变化非常显著，为了直观起见我们做 Cu(1)—O 键和 Cu(2)—O 键共价性与 Pr 浓度以及化合价数的关系图（见图 5.4）。从图中可以看出，不同平均化合价的 Pr，在某个浓度下，Cu(2)O_4 面和 Cu(1)O 链的共价性相等，大于这个浓度后，Cu(2)O_4 面的共价性则大于 Cu(1)O 链的共价性，根据上一节的讨论，在这种情况下超导的基本条件被破坏了，因此，晶体失去了超导性。

　　从图中我们可以看到，$x=0.55$ 时，Pr 的平均价为 3.3，这时 Cu(2)O_4 面和 Cu(1)O 链上的共价性变成相同，实验结果表明，这时晶体失去了超导性。从化学键的角度，共价性大的比共价性小的具有较强的束缚电子的能力，链上的共价性大时可以将平面上的电子吸引过来，在平面上形成较高的空穴载流子密度，构

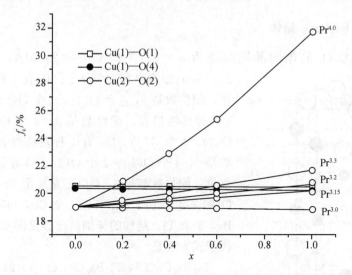

图 5.4　Pr 的化合价和浓度 x 与 Cu(2)O_4 面和 Cu(1)—O 链的共价性的关系

成超导的基本条件；反之，超导条件被破坏，就失去了超导性。这样，解释了晶体在 $x > 0.55$ 时失去超导性的原因。若 Pr 是 3 价的，则浓度不论多大都具有超导性。同时，从图中我们还可预测，当 Pr 全是 4 价时，$x > 0.19$ 左右，就会失去超导性。该结果不仅解释了实验结果，同时也反映出晶体中离子的状态和离子间的化学键行为对超导性有重大影响。

5.4　Tl 系高温超导体的性质和化学键

Tl 系高温超导体是一种很重要的高温超导体类型，是空穴载流子导电，T_c 最高达 125K，它可分成两大类，即 $Tl_2Ba_2Ca_{n-1}Cu_nO_{2n+4}$ 和 $TlBa_2Ca_{n-1}Cu_nO_{2n+3}$，本节中只重点介绍 $Tl_2Ba_2Ca_{n-1}Cu_nO_{2n+4}$ 型高温超导体。$Tl_2Ba_2Ca_{n-1}Cu_nO_{2n+4}$ 型高温超导体是四方对称性，空间群为 $I4/mmm$，1 个原胞内含 2 个分子当量的化学元素（$Z = 2$），这类晶体被研究最多的是 $n = 1$、2、3 三种，即 $Tl_2Ba_2CuO_6$、$Tl_2Ba_2CaCu_2O_8$ 和 $Tl_2Ba_2Ca_2Cu_3O_{10}$，它们的超导温度分别是 90K、110K 和 125K 左右。人们为了获得更高的超导温度，也曾研究过 $n > 3$ 的晶体，结果发现其超导温度反而下降，所以，没有更多地深入研究。从这类晶体的分子式可以发现，在 Ba 和 Ca 为 +2 价，O 为 −2 价时，要想维持分子式的电中性，Tl 和 Cu 的化合价不能完全确定，它们都可能取 +2 或者 +3 价，但是，由于超导体中形成了多相结构的化合物，因此，造成在实验测量中的非整数化合价。这样的现象为化学键参数计算带来了复杂性，下面我们将分别讨论这 3 种晶体的结构和化学键情况。

5.4.1　$Tl_2Ba_2CuO_6$ 晶体

$Tl_2Ba_2CuO_6$ 晶体的晶胞参数为 $a = b = 3.87$Å，$c = 23.24$Å，空间群为 $I4/mmm$，原胞中有 2 个分子。Tl 有 1 种对称性格位，配位数是 6，5 个 O(3)，1 个 O(2)，Ba 也有 1 种对称性格位，配位数是 9，4 个 O(1)，4 个 O(2)，1 个 O(3)，Cu 有 1 种对称性格位，配位数是 6，4 个 O(1)，2 个 O(2)。O 有 3 种对称性格位，配位数都是 6，O(1) 是 4 个 Ba，2 个 Cu，O(2) 是 4 个 Ba，1 个 Tl，1 个 Cu，O(3) 是 1 个 Ba，5 个 Tl。结构的详细情况参见图 5.5。晶体的键子式方程是

$$\begin{aligned}
Tl_2Ba_2CuO_6 &= Tl_2Ba_2CuO(1)_2O(2)_2O(3)_2 \\
&= Ba_{8/9}O(1)_{8/6} + Ba_{8/9}O(2)_{8/6} \\
&\quad + Ba_{2/9}O(3)_{2/6} + Tl_{2/6}O(2)_{2/6} \\
&\quad + Tl_{10/6}O(3)_{10/6} + Cu_{4/6}O(1)_{4/6} \\
&\quad + Cu_{2/6}O(2)_{2/6}
\end{aligned} \tag{5.5}$$

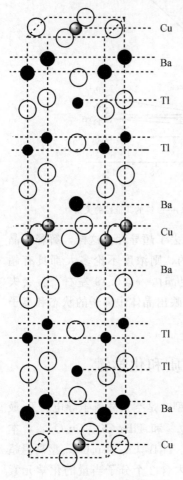

图 5.5　$Tl_2Ba_2CuO_6$ 晶体的结构

在真实的晶体中，任何离子只能以整数化合价存在，然而，实验测出的是非整数化合价，说明这种离子在晶体中不是以一种化合价的形式存在，是多种相结构的化合物的混合。晶体的化学键参数计算可分两种情况讨论，一种是把晶体的分子式拆分为不同的相结构状态，另一种是按平均化合价计算，我们将分别讨论两种计算情况。首先研究第一种情况的分析和计算，若我们假设晶体中 Tl^{2+} 占有的比例为 x，则 $Tl_2Ba_2CuO_6$ 晶体可以写成下面形式

$$\begin{aligned}
Tl_2Ba_2CuO_6 &= Tl^{3+}Tl^{3+}_{1-x}Tl^{2+}_xBa_2Cu^{3+}_xCu^{2+}_{1-x}O_6 \\
&= (1-x)Tl^{3+}_2Ba_2Cu^{2+}O_6 + xTl^{3+}Tl^{2+}Ba_2Cu^{3+}O_6
\end{aligned} \tag{5.6}$$

然后，分别计算这两种形式晶体的化学键参数，结果列于表 5.9 和表 5.10 中。

表 5.9　$Tl_2^{3+}Ba_2Cu^{2+}O_6$ 晶体的化学键参数

键　型	E_h/eV	C/eV	E_g/eV	f_c	χ
Tl^{3+}—O(2)	7.04	17.48	18.84	0.1395	3.677
Tl^{3+}—O(3)	3.70	9.22	9.94	0.1390	6.177
Ba—O(1)	3.26	11.62	12.07	0.0728	1.676

续表

键　　型	E_h/eV	C/eV	E_g/eV	f_c	χ
Ba—O(2)	2.97	10.62	11.03	0.0725	1.804
Ba—O(3)	2.63	9.41	9.77	0.0723	1.994
Cu^{2+}—O(1)	7.71	15.18	17.03	0.2053	3.438
Cu^{2+}—O(2)	3.33	6.79	7.56	0.1943	6.432

表 5.10　$Tl^{3+} Tl^{2+} Ba_2 Cu^{3+} O_6$ 晶体的化学键参数

键　　型	E_h/eV	C/eV	E_g/eV	f_c	χ
Tl^{3+}—O(2)	7.04	17.48	18.84	0.1395	3.677
Tl^{3+}—O(3)	3.70	9.22	9.94	0.1390	6.177
Tl^{2+}—O(2)	7.04	13.95	15.63	0.2028	4.031
Tl^{2+}—O(3)	3.70	7.55	8.406	0.1943	6.501
Ba—O(1)	3.26	11.62	12.07	0.0728	1.676
Ba—O(2)	2.97	10.62	11.03	0.0725	1.804
Ba—O(3)	2.63	9.41	9.77	0.0723	1.994
Cu^{3+}—O(1)	7.71	19.08	20.58	0.1405	3.405
Cu^{3+}—O(2)	3.33	8.26	8.91	0.1401	6.721

　　如果 CuO_4 平面作为导电层，TlO_4 面作为电荷储存库，则要求 Tl—O 化学键的共价性比 Cu—O 化学键的共价性要大，这样，电子才能从 CuO_4 平面流向 TlO_4 面，在 CuO_4 平面形成空穴载流子，构成超导的基本条件。从表中结果可以发现，$Tl_2^{2+} Ba_2 Cu^{2+} O_6$ 相结构晶体不满足这个条件，$Tl^{3+} Tl^{2+} Ba_2 Cu^{3+} O_6$ 相结构晶体符合条件，应该是晶体中的超导组分。

　　用平均化合价计算时，首先要分析清楚化合物中离子的化合价，我们假设 Ba 为 +2 价，O 为 -2 价的化合价不变，为了清楚起见我们给出下面的示意图（见图 5.6），图中细线表示 1 个配位，粗线表示 4 个配位，线上的数字代表电荷的量。比如，Ba 是 9 配位，每个配位体分配的电荷量是 2/9。O(2) 有 4 个 Ba 配位，被 Ba 占有电荷量是 8/9，O(2) 为 -2 价，则剩余电荷量 10/9，它被分配到 Tl 和 Cu 上，假设分配到 Cu 上电荷量为 $z/9$，则分配到 Tl 上的电荷量为 $(10-z)/9$。这样，我们就可以计算出 Cu 和 Tl 的平均化合价数，即 $v_{Cu} = 20/9 + 2z/9$，$v_{Tl} = 16/9 + (10-z)/9$。原则上，z 的值可有很多种选择方法，但是，有一个约束条件，就是 Cu 和

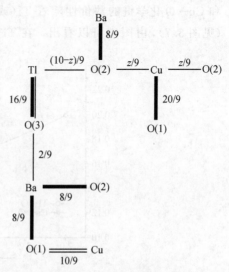

图 5.6　$Tl_2 Ba_2 CuO_6$ 晶体的结构和化合价示意图

Tl 离子的平均化合价数不能大于 +3 和小于 +2。我们选择了 $z=4$、3、2 三种情况进行计算，结果列于表 5.11 中。

表 5.11　$Tl_2Ba_2CuO_6$ 晶体平均化合价的化学键参数

x	键型	E_h/eV	C/eV	E_g/eV	f_c	χ
	Tl—O(2)	7.04	15.62	17.13	0.1687	3.917
	Tl—O(3)	3.70	8.35	9.13	0.1646	6.437
	Ba—O(1)	3.26	11.62	12.07	0.0728	1.676
4	Ba—O(2)	2.97	10.62	11.03	0.0725	1.804
	Ba—O(3)	2.63	9.41	9.77	0.0723	1.994
	Cu—O(1)	7.71	19.46	20.93	0.1358	3.393
	Cu—O(2)	3.33	8.40	9.04	0.11361	6.732
	Tl—O(2)	7.04	16.01	17.49	0.1619	3.878
	Tl—O(3)	3.70	8.53	9.30	0.1587	6.401
	Ba—O(1)	3.26	11.62	12.07	0.0728	1.676
3	Ba—O(2)	2.97	10.62	11.03	0.0725	1.804
	Ba—O(3)	2.63	9.41	9.77	0.0723	1.994
	Cu—O(1)	7.71	18.69	20.22	0.1456	3.416
	Cu—O(2)	3.33	8.11	8.77	0.1444	6.705
	Tl—O(2)	7.04	16.39	17.84	0.1557	3.833
	Tl—O(3)	3.70	8.71	9.47	0.1532	6.357
	Ba—O(1)	3.26	11.62	12.07	0.0728	1.676
2	Ba—O(2)	2.97	10.62	11.03	0.0725	1.804
	Ba—O(3)	2.63	9.41	9.77	0.0723	1.994
	Cu—O(1)	7.71	17.87	19.47	0.1570	3.433
	Cu—O(2)	3.33	7.81	8.49	0.1540	6.663

从计算结果我们可以发现，Tl 的平均化合价的变化是从 +2.5 到 +3，Cu 的化合价变化是从 +2 到 +3。利用表 5.10 和表 5.11 的结果可以将 Tl—O 化学键和 Cu—O 化学键的共价性随着 Tl（或 Cu）的化合价变化的关系用图表示出来（见图 5.7），由图中可以看出，在 Tl—O 化学键的共价性大于 Cu—O 化学键的

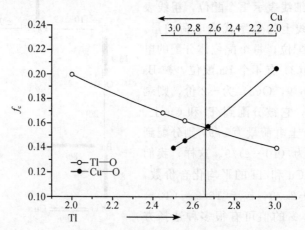

图 5.7　$Tl_2Ba_2CuO_6$ 晶体中 Tl 和 Cu 离子的共价性和平均化合价的关系

共价性才能产生超导的必要条件下，Tl 的平均化合价只能为 2.5～2.655，Cu 的平均化合价则为 2.69～3。根据式（5.6），我们可以求出在 $x \geqslant 0.69$ 时，晶体才应该具有超导性，就是说，Tl^{2+} 的含量 x 占晶体中 Tl 离子的比例 y 为 50%$\geqslant$ $y \geqslant 34.5\%$，晶体才具有超导性，并且这种晶体的超导组分应该是 $Tl^{3+} Tl^{2+} Ba_2 Cu^{3+} O_6$ 相。

5.4.2　$Tl_2 Ba_2 CaCu_2 O_8$ 晶体

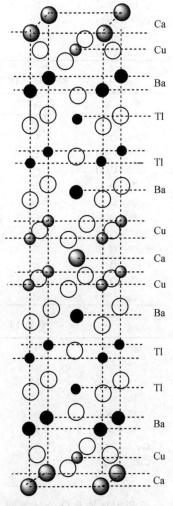

$Tl_2 Ba_2 CaCu_2 O_8$ 晶体的晶胞参数 $a = b =$ 3.855Å、$c = 29.318$Å，空间群为 $I4/mmm$，原胞中有 2 个分子。Tl 有 1 种对称性格位，配位数为 6，5 个 O(3)，1 个 O(2)，Ba 也有 1 种对称性格位，配位数是 9，4 个 O(1)，4 个 O(2)，1 个 O(3)，Ca 是 1 种对称性格位，配位数是 8，全部是 O(1)，Cu 有 1 种对称性格位，配位数是 5，4 个 O(1)，1 个 O(2)。O 有 3 种对称性格位，配位数都是 6，O(1) 是 2 个 Ba，2 个 Cu，2 个 Ca，O(2) 是 4 个 Ba，1 个 Tl，1 个 Cu，O(3) 是 1 个 Ba，5 个 Tl。晶体结构的详细情况参见图 5.8。晶体的键子式方程是

$$Tl_2 Ba_2 CaCu_2 O_8 = Tl_2 Ba_2 CaCu_2 O(1)_4 O(2)_2 O(3)_2$$
$$= Ba_{8/9} O(1)_{8/6} + Ba_{8/9} O(2)_{8/6} + Ba_{2/9} O(3)_{2/6}$$
$$+ Tl_{2/6} O(2)_{2/6} + Tl_{10/6} O(3)_{10/6} + Cu_{8/5} O(1)_{8/6}$$
$$+ Cu_{2/5} O(2)_{2/6} + CaO(1)_{8/6} \qquad (5.7)$$

与 $Tl_2 Ba_2 CuO_6$ 晶体相似，这个晶体也是 Cu 和 Tl 的化合价是可变化的，晶体中有 3 种可能存在的状态，它们是

$$Tl_2 Ba_2 CaCu_2 O_8 \longrightarrow Tl_2^{3+} Ba_2 CaCu_2^{2+} O_8$$
$$+ Tl^{3+} Tl^{2+} Ba_2 CaCu^{2+} Cu^{3+} O_8$$
$$+ Tl_2^{2+} Ba_2 CaCu_2^{3+} O_8 \qquad (5.8)$$

图 5.8　$Tl_2 Ba_2 CaCu_2 O_8$ 晶体的结构

我们用化学键理论分别计算这 3 种状态的化学键参数，详细结果分别列于表 5.12、表 5.13 和表 5.14 中。

　　从表中结果可以发现晶体中必须存在 Cu 为 +3 价，Tl 为 +2 价的状态才符合超导的基本要求，在 $Tl_2 Ba_2 CaCu_2 O_8$ 晶体含有的 3 个可能的组分中，$Tl_2^{3+} Ba_2 CaCu_2^{2+} O_8$ 组分不具有超导性，$Tl^{3+} Tl^{2+} Ba_2 CaCu^{2+} Cu^{3+} O_8$ 和 $Tl_2^{2+} Ba_2 CaCu_2^{3+} O_8$ 才具有超导性。

表 5.12 $Tl_2^{3+} Ba_2 CaCu_2^{2+} O_8$ 晶体的化学键参数

键　型	E_h/eV	C/eV	E_g/eV	f_c	χ
Tl^{3+}—$O(2)$	7.31	19.06	20.41	0.1284	2.891
Tl^{3+}—$O(3)$	6.86	17.92	19.19	0.1277	3.029
Ba—$O(1)$	3.13	11.76	12.17	0.0660	1.359
Ba—$O(2)$	3.04	11.46	11.86	0.0659	1.388
Ba—$O(3)$	2.93	11.03	11.41	0.0657	1.432
Cu^{2+}—$O(1)$	7.80	14.75	16.69	0.2186	3.843
Cu^{2+}—$O(2)$	3.38	6.59	7.41	0.2086	7.221
Ca—$O(1)$	4.19	13.36	14.00	0.0894	1.492

表 5.13 $Tl^{3+} Tl^{2+} Ba_2 CaCu_2^{2+} Cu^{3+} O_8$ 晶体的化学键参数

键　型	E_h/eV	C/eV	E_g/eV	f_c	χ
Tl^{3+}—$O(2)$	7.31	19.06	20.41	0.1284	2.891
Tl^{3+}—$O(3)$	6.86	17.92	19.19	0.1277	3.029
Tl^{2+}—$O(2)$	7.31	15.14	16.82	0.1892	3.211
Tl^{2+}—$O(3)$	6.86	14.28	15.84	0.1875	3.353
Ba—$O(1)$	3.13	11.76	12.17	0.0660	1.359
Ba—$O(2)$	3.04	11.46	11.86	0.0659	1.388
Ba—$O(3)$	2.93	11.03	11.41	0.0657	1.432
Cu^{2+}—$O(1)$	7.80	14.75	16.69	0.2186	3.843
Cu^{2+}—$O(2)$	3.38	6.59	7.41	0.2086	7.221
Cu^{3+}—$O(1)$	7.80	18.51	20.09	0.1509	3.700
Cu^{3+}—$O(2)$	3.38	8.00	8.69	0.1517	7.332
Ca—$O(1)$	4.19	13.36	14.00	0.0894	1.492

表 5.14 $Tl_2^{2+} Ba_2 CaCu_2^{3+} O_8$ 晶体的化学键参数

键　型	E_h/eV	C/eV	E_g/eV	f_c	χ
Tl^{2+}—$O(2)$	7.31	15.14	16.82	0.1892	3.211
Tl^{2+}—$O(3)$	6.86	14.28	15.84	0.1875	3.353
Ba—$O(1)$	3.13	11.76	12.17	0.0660	1.359
Ba—$O(2)$	3.04	11.46	11.86	0.0659	1.388
Ba—$O(3)$	2.93	11.03	11.41	0.0657	1.432
Cu^{3+}—$O(1)$	7.80	18.51	20.09	0.1509	3.700
Cu^{3+}—$O(2)$	3.38	8.00	8.69	0.1517	7.332
Ca—$O(1)$	4.19	13.36	14.00	0.0894	1.492

　　利用平均化合价计算时，我们采用与 $Tl_2 Ba_2 CuO_6$ 晶体同样的方法，首先画出 $Tl_2 Ba_2 CaCu_2 O_8$ 晶体的结构示意图（见图 5.9）。

　　从图上我们可以看出，在 Tl 和 Cu 分别不大于 3 和小于 2 的约束条件下，z 的取值范围是 $z \leqslant 8$，我们取 $z = 6、5、4、3、2$ 进行了计算，详细结果列在表 5.15 中。由于主要是 Cu 和 Tl 的化合价变化，Ba 和 Ca 的化合价不变，化学键性质也不改变，所以，表中只列出 Cu 和 Tl 的化学键情况。

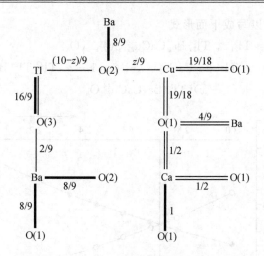

图 5.9　$Tl_2Ba_2CaCu_2O_8$ 晶体的结构和化合价示意图

表 5.15　$Tl_2Ba_2CaCu_2O_8$ 晶体平均化合价的化学键参数

z	键　型	E_h/eV	C/eV	E_g/eV	f_c	χ
6	Tl—O(2)	7.31	16.09	17.68	0.1712	3.162
	Tl—O(3)	6.86	15.16	16.64	0.1698	3.305
	Cu—O(1)	7.80	17.75	19.39	0.1620	3.753
	Cu—O(2)	3.38	7.72	8.43	0.1611	7.356
5	Tl—O(2)	7.31	16.55	18.09	0.1634	3.133
	Tl—O(3)	6.86	15.59	17.03	0.1621	3.275
	Cu—O(1)	7.80	17.35	19.02	0.1683	3.776
	Cu—O(2)	3.38	7.57	8.29	0.1664	7.358
4	Tl—O(2)	7.31	16.99	18.50	0.1563	3.100
	Tl—O(3)	6.86	16.00	17.41	0.1551	3.242
	Cu—O(1)	7.80	16.95	18.66	0.1750	3.795
	Cu—O(2)	3.38	7.42	8.16	0.1720	7.354
3	Tl—O(2)	7.31	17.43	18.90	0.1498	3.064
	Tl—O(3)	6.86	16.40	17.78	0.1487	3.206
	Cu—O(1)	7.80	16.53	18.28	0.1822	3.812
	Cu—O(2)	3.38	7.27	8.02	0.1781	7.342
2	Tl—O(2)	7.31	17.85	19.29	0.1438	3.025
	Tl—O(3)	6.86	16.80	18.14	0.1428	3.166
	Cu—O(1)	7.80	16.11	17.90	0.1902	3.825
	Cu—O(2)	3.38	7.11	7.87	0.1848	7.324

　　我们可以利用上面的结果研究 Tl—O 化学键和 Cu—O 化学键的共价性的大小随着 Tl 和 Cu 化合价的变化而变化的情况，为了直观起见，我们用图表示出来（见图 5.10）。从图中结果我们可以看出，Tl 的平均化合价小于 2.296，Cu 的平均化合价大于 2.704 时，晶体才应该具有超导性。若假设晶体中 Tl^{2+} 的含

量为 x，则晶体可以写成下面形式

$$Tl_2 Ba_2 CaCu_2 O_8 = Tl_{2(1-x)}^{3+} Tl_{2x}^{2+} Ba_2 CaCu_{2x}^{3+} Cu_{2(1-x)}^{2+} O_8$$

$$= x^2 Tl_2^{2+} Ba_2 CaCu_2^{3+} O_8 + 2x(1-x) Tl^{3+} Tl^{2+} Ba_2 CaCu^{3+} Cu^{2+} O_8$$

$$+ (1-x)^2 Tl_2^{3+} Ba_2 CaCu_2^{2+} O_8 \tag{5.9}$$

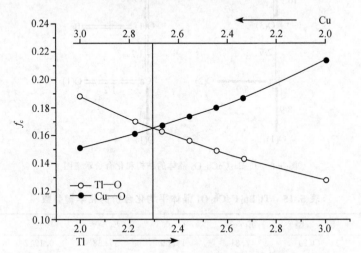

图 5.10　$Tl_2 Ba_2 CaCu_2 O_8$ 晶体中 Tl 和 Cu 离子的共价性和平均化合价的关系

根据平均化合价的临界值求出 $x \geqslant 0.704$，就是说晶体中含有 70.4% 以上的 Tl^{2+} 晶体才具有超导性。

5.4.3　$Tl_2 Ba_2 Ca_2 Cu_3 O_{10}$ 晶体

$Tl_2 Ba_2 Ca_2 Cu_3 O_{10}$ 晶体的晶胞参数 $a = b = 3.8503$Å、$c = 35.88$Å，空间群为 $I4/mmm$，原胞中有 2 个分子。Tl 有 1 种对称性格位，配位数是 6，5 个 O(4)，1 个 O(3)，Ba 也有 1 种对称性格位，配位数是 9，4 个 O(2)，4 个 O(3)，1 个 O(4)，Ca 是 1 种对称性格位，配位数是 8，4 个 O(1)，4 个 O(2)，Cu 有 2 种对称性格位，Cu(2) 配位数是 5，4 个 O(2)，1 个 O(3)，Cu(1) 的配位数是 4，都是 O(1)。O 有 4 种对称性格位，配位数都是 6，O(1) 是 2 个 Cu(1)，4 个 Ca，O(2) 是 2 个 Ba，2 个 Ca，2 个 Cu(2)，O(3) 是 1 个 Tl，1 个 Cu(2)，4 个 Ba，O(4) 是 1 个 Ba，5 个 Tl。晶体结构的详细情况见图 5.11。晶体的键子式方程是

$$Tl_2 Ba_2 Ca_2 Cu_3 O_{10} = Tl_2 Ba_2 Ca_2 Cu(1)Cu(2)_2 O(1)_2 O(2)_4 O(3)_2 O(4)_2$$

$$= Ba_{8/9} O(2)_{8/6} + Ba_{8/9} O(3)_{8/6} + Ba_{2/9} O(4)_{2/6} + Tl_{2/6} O(3)_{2/6}$$

$$+ Tl_{10/6} O(4)_{10/6} + Cu(2)_{8/5} O(2)_{8/6} + Cu(2)_{2/5} O(3)_{2/6}$$

$$+ CaO(1)_{8/6} + CaO(2)_{8/6} + Cu(1)O(1)_{4/6} \tag{5.10}$$

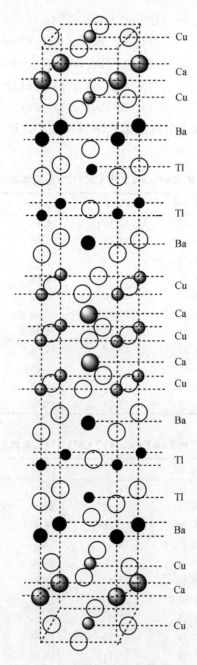

图 5.11　$Tl_2Ba_2Ca_2Cu_3O_{10}$ 晶体的结构

与前面两种晶体相似，Cu 和 Tl 离子化合价分别可以取 +2 或 +3，这样晶体中可能的组成状态是

$$Tl_2 Ba_2 Ca_2 Cu_3 O_{10} \longrightarrow Tl_2^{3+} Ba_2 Ca_2 Cu(1)^{2+} Cu(2)_2^{2+} O_{10}$$
$$+ Tl^{3+} Tl^{2+} Ba_2 Ca_2 Cu(1)^{3+} Cu(2)_2^{2+} O_{10}$$
$$+ Tl^{3+} Tl^{2+} Ba_2 Ca_2 Cu(1)^{2+} Cu(2)^{2+} Cu(2)^{3+} O_{10}$$
$$+ Tl_2^{2+} Ba_2 Ca_2 Cu(1)^{3+} Cu(2)^{2+} Cu(2)^{3+} O_{10}$$
$$+ Tl_2^{2+} Ba_2 Ca_2 Cu(1)^{2+} Cu(2)_2^{3+} O_{10} \qquad (5.11)$$

下面我们分别计算这几种状态的化学键参数，详细结果分别列于表 5.16～表 5.20 中。

表 5.16　$Tl_2^{3+} Ba_2 Ca_2 Cu(1)^{2+} Cu(2)_2^{2+} O_{10}$ 晶体的化学键参数

键　　型	E_h/eV	C/eV	E_g/eV	f_c	χ
Tl^{3+}—O(3)	5.63	15.10	16.11	0.1220	3.246
Tl^{3+}—O(4)	8.54	22.42	24.00	0.1268	2.402
Tl^{3+}—O(4)	3.27	8.76	9.35	0.1223	5.074
Ba—O(2)	3.05	11.69	12.08	0.0636	1.269
Ba—O(3)	3.18	12.18	12.59	0.0638	1.228
Ba—O(4)	2.63	10.13	10.46	0.0632	1.426
$Cu(1)^{2+}$—O(1)	7.83	13.23	15.38	0.2593	5.305
$Cu(2)^{2+}$—O(2)	7.82	15.02	16.94	0.2130	3.573
$Cu(2)^{2+}$—O(3)	4.17	8.27	9.26	0.2023	5.653
Ca—O(1)	3.93	12.80	13.39	0.0860	1.438
Ca—O(2)	4.41	14.27	14.93	0.0871	1.324

表 5.17　$Tl^{3+} Tl^{2+} Ba_2 Ca_2 Cu(1)^{3+} Cu(2)_2^{2+} O_{10}$ 晶体的化学键参数

键　　型	E_h/eV	C/eV	E_g/eV	f_c	χ
Tl^{3+}—O(3)	5.63	15.10	16.11	0.1220	3.246
Tl^{3+}—O(4)	8.54	22.42	24.00	0.1268	2.402
Tl^{3+}—O(4)	3.27	8.76	9.35	0.1223	5.074
Tl^{2+}—O(3)	5.63	12.10	13.34	0.1779	3.565
Tl^{2+}—O(4)	8.54	17.70	19.66	0.1889	2.699
Tl^{2+}—O(4)	3.27	7.17	7.88	0.1722	5.374
Ba—O(2)	3.05	11.69	12.08	0.0636	1.269
Ba—O(3)	3.18	12.18	12.59	0.0638	1.228
Ba—O(4)	2.63	10.13	10.46	0.0632	1.426
$Cu(1)^{3+}$—O(1)	7.83	16.51	18.28	0.1836	4.817
$Cu(2)^{2+}$—O(2)	7.82	15.02	16.94	0.2130	3.573
$Cu(2)^{2+}$—O(3)	4.17	8.27	9.26	0.2023	5.653
Ca—O(1)	3.93	12.80	13.39	0.0860	1.438
Ca—O(2)	4.41	14.27	14.93	0.0871	1.324

表 5.18　$Tl^{3+} Tl^{2+} Ba_2 Ca_2 Cu(1)^{2+} Cu(2)^{2+} Cu(2)^{3+} O_{10}$ 晶体的化学键参数

键　型	E_h/eV	C/eV	E_g/eV	f_c	χ
Tl^{3+}—O(3)	5.63	15.10	16.11	0.1220	3.246
Tl^{3+}—O(4)	8.54	22.42	24.00	0.1268	2.402
Tl^{3+}—O(4)	3.27	8.76	9.35	0.1223	5.074
Tl^{2+}—O(3)	5.63	12.10	13.34	0.1779	3.565
Tl^{2+}—O(4)	8.54	17.70	19.66	0.1889	2.699
Tl^{2+}—O(4)	3.27	7.17	7.88	0.1722	5.374
Ba—O(2)	3.05	11.69	12.08	0.0636	1.269
Ba—O(3)	3.18	12.18	12.59	0.0638	1.228
Ba—O(4)	2.63	10.13	10.46	0.0632	1.426
$Cu(1)^{2+}$—O(1)	7.83	13.23	15.38	0.2593	5.305
$Cu(2)^{2+}$—O(2)	7.82	15.02	16.94	0.2130	3.573
$Cu(2)^{2+}$—O(3)	4.17	8.27	9.26	0.2023	5.653
$Cu(2)^{3+}$—O(2)	7.82	18.87	20.43	0.1464	3.426
$Cu(2)^{3+}$—O(3)	4.17	10.14	10.97	0.1443	5.630
Ca—O(1)	3.93	12.80	13.39	0.0860	1.438
Ca—O(2)	4.41	14.27	14.93	0.0871	1.324

表 5.19　$Tl_2^{2+} Ba_2 Ca_2 Cu(1)^{3+} Cu(2)^{2+} Cu(2)^{3+} O_{10}$ 晶体的化学键参数

键　型	E_h/eV	C/eV	E_g/eV	f_c	χ
Tl^{2+}—O(3)	5.63	12.10	13.34	0.1779	3.565
Tl^{2+}—O(4)	8.54	17.70	19.66	0.1889	2.699
Tl^{2+}—O(4)	3.27	7.17	7.88	0.1722	5.374
Ba—O(2)	3.05	11.69	12.08	0.0636	1.269
Ba—O(3)	3.18	12.18	12.59	0.0638	1.228
Ba—O(4)	2.63	10.13	10.46	0.0632	1.426
$Cu(1)^{3+}$—O(1)	7.83	16.51	18.28	0.1836	4.817
$Cu(2)^{2+}$—O(2)	7.82	15.02	16.94	0.2130	3.573
$Cu(2)^{2+}$—O(3)	4.17	8.27	9.26	0.2023	5.653
$Cu(2)^{3+}$—O(2)	7.82	18.87	20.43	0.1464	3.426
$Cu(2)^{3+}$—O(3)	4.17	10.14	10.97	0.1443	5.630
Ca—O(1)	3.93	12.80	13.39	0.0860	1.438
Ca—O(2)	4.41	14.27	14.93	0.0871	1.324

表 5.20　$Tl_2^{2+} Ba_2 Ca_2 Cu(1)^{2+} Cu(2)^{3+} O_{10}$ 晶体的化学键参数

键　型	E_h/eV	C/eV	E_g/eV	f_c	χ
Tl^{2+}—O(3)	5.63	12.10	13.34	0.1779	3.565
Tl^{2+}—O(4)	8.54	17.70	19.66	0.1889	2.699
Tl^{2+}—O(4)	3.27	7.17	7.88	0.1722	5.374
Ba—O(2)	3.05	11.69	12.08	0.0636	1.269
Ba—O(3)	3.18	12.18	12.59	0.0638	1.228

续表

键　型	E_h/eV	C/eV	E_g/eV	f_c	χ
Ba—O(4)	2.63	10.13	10.46	0.0632	1.426
$Cu(1)^{2+}$—O(1)	7.83	13.23	15.38	0.2593	5.305
$Cu(2)^{3+}$—O(2)	7.82	18.87	20.43	0.1464	3.426
$Cu(2)^{3+}$—O(3)	4.17	10.14	10.97	0.1443	5.630
Ca—O(1)	3.93	12.80	13.39	0.0860	1.438
Ca—O(2)	4.41	14.27	14.93	0.0871	1.324

从以上结果可以发现，如果 $Cu(2)O_4$ 平面作为超导平面的话，要求 TlO_4 平面化学键的共价性必须大于 $Cu(2)O_4$ 平面的共价性，那么只有在晶体中存在 Tl^{2+} 和 $Cu(2)^{3+}$ 时才会形成这样的状态。这就是说，在这几种组成的状态中，$Tl^{3+}Tl^{2+}Ba_2Ca_2Cu(1)^{2+}Cu(2)^{2+}Cu(2)^{3+}O_{10}$、$Tl_2^{2+}Ba_2Ca_2Cu(1)^{3+}Cu(2)^{2+}Cu(2)^{3+}O_{10}$ 和 $Tl_2^{2+}Ba_2Ca_2Cu(1)^{2+}Cu(2)_3^{3+}O_{10}$ 组分才有可能是超导组分。通常在实际晶体中这几种组分是共存的，通过实验方法只能测出平均化合价，如果按照平均化合价计算将是怎样的结果呢？下面我们用平均化合价计算，为此，首先我们给出 $Tl_2Ba_2Ca_2Cu_3O_{10}$ 晶体的结构和化合价的示意图（见图 5.12），从图上我们可以看出按照电荷平衡关系，$Cu(1)$ 只能等于 $+2$ 价，（因此，在上面分析的超导组分中，

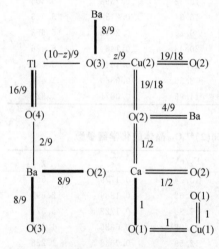

图 5.12　$Tl_2Ba_2Ca_2Cu_3O_{10}$ 晶体的结构和化合价的示意图

$Tl_2^{2+}Ba_2Ca_2Cu(1)^{3+}Cu(2)^{2+}Cu(2)^{3+}O_{10}$ 不是存在的真实组分） Tl 和 $Cu(2)$ 可以取 $+3$ 或 $+2$，z 的取值范围是 $z \leqslant 8$，我们取 $z=6$、5、4、3、2 进行了计算，详细结果列于表 5.21。由于主要是 $Cu(2)$ 和 Tl 的化合价变化，$Cu(1)$、Ba 和 Ca 的化合价不变，化学键性质也不变，所以，表中只列出 $Cu(2)$ 和 Tl 的化学键情况。

表 5.21　$Tl_2Ba_2Ca_2Cu_3O_{10}$ 晶体平均化合价的化学键参数

z	键　型	E_h/eV	C/eV	E_g/eV	f_c	χ
	Tl—O(3)	5.63	12.83	14.01	0.1613	3.520
	Tl—O(4)	8.54	18.84	20.69	0.1705	2.651
6	Tl—O(4)	3.27	7.56	8.24	0.1575	5.352
	Cu(2)—O(2)	7.81	18.09	19.71	0.1573	3.478
	Cu(2)—O(3)	4.17	9.77	10.62	0.1539	5.670

z	键　型	E_h/eV	C/eV	E_g/eV	f_c	χ
	Tl—O(3)	5.63	13.18	14.33	0.1542	3.492
	Tl—O(4)	8.54	19.39	21.19	0.1625	2.623
5	Tl—O(4)	3.27	7.75	8.41	0.1511	5.331
	Cu(2)—O(2)	7.81	17.69	19.34	0.1643	3.500
	Cu(2)—O(3)	4.17	9.57	10.44	0.1592	5.684
	Tl—O(3)	5.63	13.52	14.65	0.1477	3.459
	Tl—O(4)	8.54	19.93	21.68	0.1553	2.592
4	Tl—O(4)	3.27	7.93	8.58	0.1453	5.304
	Cu(2)—O(2)	7.81	17.27	18.96	0.1700	3.520
	Cu(2)—O(3)	4.17	9.37	10.26	0.1650	5.692
	Tl—O(3)	5.63	13.85	14.95	0.1417	3.423
	Tl—O(4)	8.54	20.45	22.16	0.1486	2.558
3	Tl—O(4)	3.27	8.11	8.74	0.1399	5.270
	Cu(2)—O(2)	7.81	16.85	18.57	0.1771	3.537
	Cu(2)—O(3)	4.17	9.17	10.07	0.1712	5.695
	Tl—O(3)	5.63	14.18	15.25	0.1361	3.384
	Tl—O(4)	8.54	20.96	22.63	0.1425	2.523
2	Tl—O(4)	3.27	8.28	8.90	0.1350	5.230
	Cu(2)—O(2)	7.81	16.41	18.17	0.1849	3.551
	Cu(2)—O(3)	4.17	8.95	9.88	0.1780	5.693

我们可以利用上面的结果，研究 Tl—O 和 Cu(2)—O 化学键的共价性的大小随着 Tl 和 Cu(2) 化合价的变化而变化的情况，为了直观起见我们用图表示出来（见图 5.13）。从图中结果我们可以看出，Tl 的平均化合价小于 2.289，Cu(2) 的平均化合价大于 2.711 时，晶体才具有超导性的基本条件。若假设晶体中 Tl^{2+} 的含量为 x，则晶体可以写成下面形式

$$Tl_2Ba_2Ca_2Cu_3O_{10} = Tl^{3+}_{2(1-x)}Tl^{2+}_{2x}Ba_2Ca_2Cu(1)Cu(2)^{3+}_{2x}Cu(2)^{2+}_{2(1-x)}O_{10}$$

$$= x^2Tl^{2+}_2Ba_2Ca_2Cu(1)Cu(2)^{3+}_2O_{10}$$

$$+ 2x(1-x)Tl^{2+}Tl^{3+}Ba_2Ca_2Cu(1)Cu(2)^{2+}Cu(2)^{3+}O_{10}$$

$$+ (1-x)^2Tl^{3+}_2Ba_2Ca_2Cu(1)Cu(2)^{2+}_2O_{10} \tag{5.12}$$

根据平均化合价的临界值求出 $x \geqslant 0.711$，就是说晶体中含有 71.1% 以上的 Tl^{2+}，晶体才具有超导性，其中 A 组分 $Tl^{2+}_2Ba_2Ca_2Cu(1)^{2+}Cu(2)^{3+}_2O_{10}$ 是超导相，约占 50%，C 组分 $Tl^{3+}_2Ba_2Ca_2Cu(1)^{2+}Cu(2)^{2+}_2O_{10}$ 不是超导相，约占 9%，B 组分 $Tl^{3+}Tl^{2+}Ba_2Ca_2Cu(1)^{2+}Cu(2)^{2+}Cu(2)^{3+}O_{10}$ 包含超导和非超导两种相，约占 41%，这种结构的面间关系又可以分成 4 种构成方式，即 Tl^{3+}—O 面/$Cu(2)^{2+}$—O 面，Tl^{3+}—O 面/$Cu(2)^{3+}$—O 面，Tl^{2+}—O 面/$Cu(2)^{2+}$—O 面和 Tl^{2+}—O 面/$Cu(2)^{3+}$—O 面，其中 Tl^{2+}—O 面/$Cu(2)^{3+}$—O 面是超导相，其他的是非超导相。我们可以得到，在临界点时，超导相大约是 60%。

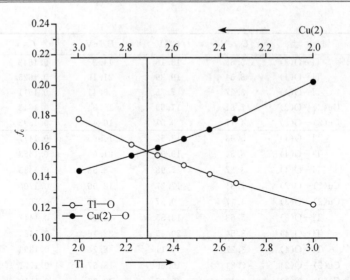

图 5.13 $Tl_2Ba_2Ca_2Cu_3O_{10}$ 晶体中 Tl 和 Cu(2) 离子的共价性和平均化合价的关系

对于 $Tl_2Ba_2Ca_{n-1}Cu_nO_{2n+4}$ 型高温超导体，通过 $n=1$、2、3 三种晶体的计算结果分析，我们可以发现，$n=1$ 和 $n=2$ 的晶体之间无论在结构上还是在性质上都有明显的变化。比如，Cu 的配位数，超导临界状态时 Tl 的平均化合价等都有显著差别。但是，在 $n=2$ 和 $n=3$ 的晶体之间，在结构和性质上的差别则不显著，只是稍有改变。比如，$n=3$ 时，在结构上只增加了一个 Cu(1)—O 和 Ca—O 层，然而，Cu(1) 和 Ca 都是保持 +2 价，不影响晶体中 Tl 和 Cu(2) 离子的化合价的调整，从性质上我们也发现没有根本性的变化（见表 5.22，对于 $n=3$ 时，表中 Cu 的平均化合价和配位数都是指 Cu(2) 格位的离子）。这意味着此类晶体 $n=1$ 到 $n=2$ 的变化是本质的，$n=2$ 到 $n=3$ 的变化是形式的，如果 n 层的数目再增加，只是在结构上多增加了 Cu(1)—O 和 Ca—O 层，不会发生本质变化，性质不可能明显提高。在层状高温超导体的研究中，曾经有人认为增加层数是提高超导温度的关键，将晶体作到 $n>3$，结果超导温度反而降低，这一实验事实证明了上面分析的合理性。

表 5.22 $Tl_2Ba_2Ca_{n-1}Cu_nO_{2n+4}$ 型高温超导体中离子的平均化合价和配位数

n	Tl 的平均化合价	Tl^{2+} 的含量/%	Cu 的平均化合价	Cu 的配位数
1	$2.5 \leqslant v_{Tl} \leqslant 2.655$	$100 \geqslant x \geqslant 69$	$3 \geqslant v_{Cu} \geqslant 2.690$	6
2	$2 \leqslant v_{Tl} \leqslant 2.296$	$100 \geqslant x \geqslant 70.4$	$3 \geqslant v_{Cu} \geqslant 2.704$	5
3	$2 \leqslant v_{Tl} \leqslant 2.289$	$100 \geqslant x \geqslant 71.1$	$3 \geqslant v_{Cu} \geqslant 2.711$	5

对于 $TlBa_2Ca_{n-1}Cu_nO_{2n+3}$ 型超导体，也可以进行类似研究得出相似的结果，因为篇幅问题本章中不再详细叙述。高温超导体还有很多种类型，比如，Bi 系、Hg 系高温超导体等，如果它们的晶体结构已被测定，利用复杂晶体的介电化学

键的理论方法可以计算晶体中的化学键参数，研究相应的性质和规律性，有兴趣者可以参考有关文献。

参 考 文 献

孟庆波. 无机晶体的电子结构和化学键性质. ［博士论文］. 长春：中国科学院长春应用化学研究所，1997

武志坚. 无机晶体的组成、结构、化学键和晶体性质关系. ［博士论文］. 长春：中国科学院长春应用化学研究所，2000

Burdett J K，Kulkarni G V. Phys. Rev.，1989，B40：8908

Cava R J，Hewat A W et al. Physica C，1990，165：419

Combescot R，Leyronas X. Phys. Rev，1996，B54：4320

Cox D E，Torardi C C et al. Phys. Rev.，1988，B38：6624

Dalichaouch Y，Torikachvili M S et al. Solid. State. Commun.，1988，65：1001

Le Page Y，Siegrist T et al. Phys. Rev，1987，B36：3617

Lin J G，Huang C Y et al. Phys. Rev，1995，B51：12900

Meng Qingbo，Wu Zhijian，Zhang Siyuan. J. Phys. Chem. Solids.，1998，59：633

Meng Qingbo，Wu Zhijian，Zhang Siyuan. Physica C.，1998，306：321

Meng Qingbo，Wu Zhijian，Zhang Siyuan. J. Phys. Condens. Matter.，1998，10：L85

Neumeier J J，Bjornholm T et al. Physica C，1990，166：191

O'keeffe M. J. Solid. State. Chem.，1990，85：108

Rdousky H B. J. Mater. Res，1992，7：1917

Reyes A P，Maclaughlin D E et al. Phys. Rev.，1991，B43：2989

Sodehom L，Zhang K et al. Nature，1987，328，604

Subramanian M A，Calabrese J C，Torardi C C et al. Nature.，1988，332：420

Tallon J L. Physica C.，1990，168：85

Torardi C C，Subramanian M A et al. Phys. Rev.，1988，B38：225

Wu Z J，Zhang S. Y，Zhang H J. J. Phys. Chem. Solids.，2002，63：193

Wu Zhijian，Meng Qingbo，Zhang Siyuan. Phys. Rev.，1998，B58：958

Wu Zhijian，Meng Qingbo，Zhang Siyuan. Chin. Phys. Lett.，1998，15：528

Wu Zhijian，Meng Qingbo，Zhang Siyuan. Physica C，1999，315：173

Wu Zhijian，Zhang Siyuan. Chinese Chem. Lett.，2000，11：1111

第 6 章　晶体的环境效应和电子云扩大效应

任何物理现象的产生虽然主要都是由物质本身的固有机制决定的，同时，它也要受到周围环境的影响，使原有的物理行为发生改变。在光谱学中体现得特别明显，比如，同一种稀土离子在不同的晶体中，一般它的光谱结构，环境位能引起的能级劈裂，能级间的跃迁概率等都不一样。通常解释是因为晶体的结构和组成的差别产生的。人们长时间以来企图通过大量的实验结果弄清楚环境对晶体性质的影响规律，但是，得到的只是一些定性规律，定量的规律始终没有得到。因此，人们还不能建立起宏观性质和微观参数间的定量联系。利用群论方法可以根据晶体的点对称性确定能级的劈裂数目，然而，点对称性相同的晶体中能级劈裂的大小又很不一样，为何造成这样的差别仍然得不到解释，所以，材料性质与哪些微观参数有关是人们亟待解决的问题，也是当前重要的研究内容之一。由于宏观性质和微观参数间的定量关系是材料设计基础，比如，人们在对过渡元素和稀土元素化合物的光谱性质的大量研究中发现，同一种离子的相同两个能级间跃迁得到的能量差，在固体中的结果比自由离子状态的结果要小，即是通常所说的固体中光谱线向长波移动的现象，简称"红移"。最初人们认为是由于自由离子的电子云在固体状态下发生膨胀，导致电子之间的相互作用减弱而引起的，因此，这种现象又叫做电子云扩大效应。后来，为了定量地描述这种现象，用电子和电子间的相互作用参数，Racah 或 Slater 参数来描述电子云扩大效应的定量关系，首先定义了电子云扩大效应因子 β，其表达式如下

$$\beta = B/B_0 \tag{6.1}$$

式中：B 是固体中电子间相互作用的 Racah 参数；B_0 是自由离子的 Racah 参数。Jøgensen 等通过对过渡元素化合物的大量光谱实验研究了电子云扩大效应的规律和机理，认为这种效应的产生和中心离子与配位体的共价性有关，并将电子云扩大效应因子表示为如下形式

$$\beta = 1 - kh \tag{6.2}$$

式中：k 是和中心离子有关的参数；h 是和配位环境有关的参数。同时，他们又根据同构化合物的实验结果，总结了配位阴离子对电子云扩大效应影响大小的次序，称为电子云扩大效应系列，即

$$自由离子 < F < O < Cl < Br < I < S < Se < Te$$

但是，产生电子云扩大效应的机制和参数具体和哪些微观量有关并不清楚，有人

认为是配体和中心离子的共价行为导致的, 也有人认为是配位体的极化效应导致的, 没有一致的看法, 所以, 不能给出定量的计算方法。因此, 这种现象的研究只能限于实验测量结果。近来, 我们利用复杂晶体化学键理论, 通过对晶体中大量的 3d 族和 4f 族离子光谱的研究, 发现了基质环境影响中心离子能级和光谱的主要因素, 初步给出了晶体一些物理性质的环境参数的表达式, 这个参数只需要通过晶体结构参数, 离子间化学键参数便可以计算, 在一些表征晶体宏观性质的研究中得到了和实验一致的很好结果。本章以几个例子来说明介电化学键理论在这方面的应用。

6.1 晶体中 3d 过渡元素的 Racah 参数

3d 过渡元素在晶体中, 通常离子的化合价是以 2 或 3 价的状态存在, 由于 d 电子裸露在外层, 和周围配体间的相互作用较强, 受环境影响很大, 电子云扩大效应显著。在利用复杂晶体化学键介电理论研究 3d 过渡元素的 Racah 参数受到晶体基质的影响时, 发现环境因子可以表示为如下形式

$$h = \Big[\sum_i \alpha(i) f_c(i) Q^2(i) \Big]^{1/2} \tag{6.3}$$

式中: $\alpha(i)$ 是第 i 个化学键键体积的极化率; $f_c(i)$ 是中心离子和第 i 个配位体间化学键的共价性; $Q(i)$ 是第 i 个配体的呈现电荷; 求和表示对阳离子周围的所有配体求和。某些 3d 离子在不同晶体中的 Racah 参数是通过实验的光谱能级和晶体场理论计算得到, 晶体的环境因子可以通过介电化学键理论计算求出, 已经确定的各个晶体中的 Racah 参数 B 值和环境因子的结果列于表 6.1, 研究它们

表 6.1 各晶体的化学键参数、环境因子和 B 的实验值

晶 体	配位数	$d/\text{Å}$	$\alpha/\text{Å}^3$	f_c	h	$B_{\exp}(\text{Co}^{2+})$ /cm^{-1}	$B_{\exp}(\text{Ni}^{2+})$ /cm^{-1}
KCoF$_3$	6	2.04	0.195	0.060	0.530	880	
KNiF$_3$	6	2.00	0.189	0.064	0.538		
KZnF$_3$	6	2.03	0.199	0.065	0.558		
MgO	6	2.10	0.297	0.161	1.072	845	890
Al$_2$O$_3$	6	1.92	0.697	0.204	1.848		
ZnO	4	1.98	0.673	0.347	1.934	775	770
CdS	4	2.53	1.730	0.321	2.980	610	570
ZnS	4	2.34	1.380	0.379	2.892	610	560
ZnSe	4	2.45	1.698	0.377	3.200	590	530
CdTe	4	2.81	2.736	0.316	3.720	485	
ZnTe	4	2.64	2.305	0.401	3.846	460	
GaP	4	2.36	1.736	0.672	4.320	395	
GaAs	4	2.45	2.051	0.685	4.742	380	
Y$_3$Al$_5$O$_{12}$	6	1.937	0.300	0.131	0.972		918
	4	1.761	0.385	0.312	2.079		793

之间的关系，我们发现 B 与 h 有很好的线性关系（见图 6.1 和图 6.2），这个结果说明晶体环境因子的表达式可以表征晶体的环境特征。

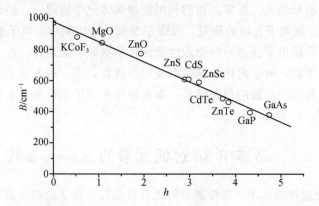

图 6.1 各个晶体中 Co^{2+} 离子的 Racah 参数 B 和环境因子 h 间的关系

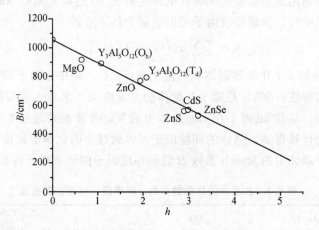

图 6.2 各个晶体中 Ni^{2+} 离子的 Racah 参数 B 和环境因子 h 间的关系

这种关系可以进行数学拟合，写成下面等式

$$B = B_0 - bh$$

$$\frac{B}{B_0} = \beta = 1 - \frac{b}{B_0}h$$

$$k = \frac{b}{B_0} \tag{6.4}$$

式中：B 为晶体中 Racah 参数的实验值；h 是环境因子；B_0 是自由离子的 Racah 参数。已经知道，b 是直线的斜率，则 k 值可以求出来。对于 Co^{2+} 和 Ni^{2+}，我们可以利用上面的图中的关系分别拟合出它们的 B_0 值为 965.4cm^{-1} 和 1058cm^{-1}，它们和文献的理论值非常一致（见表 6.2）。

表 6.2　3d 过渡族各离子的 S、k 和 B_0 值

电子组态	d^2，d^8	d^3，d^7	d^4，d^6	d^5
离子	Ti^{2+}，Ni^{2+}	V^{2+}，Co^{2+}	Cr^{2+}，Fe^{2+}	Mn^{2+}
S	1，0	3/2，1/2	2，1，0	5/2，3/2，1/2
k	0.18，0.32	0.125，0.245	0.08，0.18，0.32	0.045，0.125，0.245
B_0/cm^{-1}	700，1056	756，971	691，917	790

分析 k 值的结果发现，它与 3d 离子的化合价数 Z，离子基态的总自旋量子数 S 有关，并可写成

$$k = \frac{1}{2}[(Z+2-S)/5]^2 \tag{6.5}$$

由于每个离子的自旋量子数可以存在几个不同的值（因为基态和激发态的自旋量子数不同），原则上，对于每个 S 应该有一个 k 值与之相应，3d 过渡族中各元素所相应状态的 S 值和由式（6.5）求出 k 值的结果以及 B_0 值理论结果均列于表 6.2 中。

这种方法可以利用化学键参数和中心离子的状态，对某些晶体中未知的 B 值进行预测。比如，Co^{2+} 有 7 个 d 电子，存在两种自旋状态，$S_1 = 3/2$，$S_2 = 1/2$。相应的 k 值可以利用式（6.5）计算出来，它们分别是 $k_1 = 0.125$，$k_2 = 0.245$，则 $\beta_1 = 1 - 0.125h$，$\beta_2 = 1 - 0.245h$，可以利用这两个关系做出 β 和 h 的关系图（见图 6.3），若任何晶体的 h 值可以计算出来，则 β 值必然在 β_1 和 β_2 之间，因为能级有两类自旋状态，特别是利用吸收光谱确定能级的计算中，使用的能级大部分是高自旋能级，低自旋能级的谱线较少，利用光谱能级求出的 β 值则应该靠近 β_1 的直线。若将各晶体由实验取得的 β 值结果也绘入该图中，我们

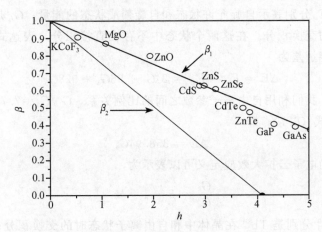

图 6.3　各个晶体中 Co^{2+} 的 β 和环境因子 h 间的关系

（图中圆点表示实验值）

可以发现它们确实是靠近基态的 β_1，这个结果表明 B 的实验值主要是利用高自旋的较低能级取得。用这种方法，同样可以估算其他离子在各晶体中的 β 和 B 值，成为从晶体结构出发能够定量确定电子云扩大效应因子和 Racah 参数的理论方法。

6.2　稀土 Tb^{3+} 离子的 $4f^7 5d$ 组态的自旋允许态和自旋禁戒态之间的能量差

稀土 Tb^{3+} 离子 $4f^7 ({}^8S_{7/2}) 5d$ 组态可以形成两类不同的自旋状态，即 ${}^9D_J$ 和 ${}^7D_J$，Tb^{3+} 离子的基态是 ${}^7F_6$，所以，${}^7F_6$ 向高自旋状态 ${}^9D_J$ 的跃迁属于自旋禁戒跃迁，${}^7F_6$ 向低自旋状态 ${}^7D_J$ 的跃迁是自旋允许跃迁。在晶体中，由于旋轨相互作用和环境的晶体场作用，使得不同量子数的状态相混合，所以，状态间跃迁的自旋禁戒规则应当部分被解除，这样，在光谱中仍然可以观察到由基态到这两个状态的跃迁，但是，光谱强度相差很大，自旋允许跃迁是非常明显的，自旋禁戒跃迁有时观测不到。大量的实验结果表明，这两个状态的能量差依赖于晶体基质的性质，如果我们找到两个状态的能量差和基质环境的关系，即使在自旋禁戒跃迁有时观测不到的时候，我们仍然能够利用自旋允许跃迁得到自旋允许能级来确定自旋禁戒能级的位置。为了搞清楚能量差对晶体基质的依赖关系，我们首先给出自由 Tb^{3+} 离子 $4f^7 ({}^8S_{7/2}) 5d$ 组态的 ${}^7D$ 和 ${}^9D$ 谱项的能量表达式，它们分别表示如下

$$E_{sa} = 3G_1 + 12G_3 + 66G_5$$
$$E_{sf} = -21G_1 - 84G_3 - 462G_5 \tag{6.6}$$

式中：E_{sa}、E_{sf} 分别表示自旋允许状态和自旋禁戒状态的能量；G_j 是离子的电子间库仑作用的交换积分。在这两个状态中不存在直接积分，表达式变得比较简单，它们的能量差为

$$\Delta E = E_{sa} - E_{sf} = 24G_1 + 96G_3 + 528G_5 \tag{6.7}$$

为简化表示，我们利用自由离子参数之间的比例关系，$G_1/G_3 = 7.788$，$G_5/G_3 = 0.144$，化简式（6.7），即

$$\Delta E = 358.94 G_3 \tag{6.8}$$

根据晶体中的电子云扩大效应定义可以表示为

$$\frac{G_3}{G_3^0} = \beta = 1 - kh \tag{6.9}$$

式中：G_3、G_3^0 分别是 Tb^{3+} 在晶体中和自由离子状态时的交换积分；k 是依赖于中心离子的参数；h 是依赖于晶体基质的参数，或称为环境因子。将式（6.9）代入式（6.8），得

$$\Delta E = 358.94\beta G_3^0 = \beta \Delta E_0 = \Delta E_0 - kh \Delta E_0 \tag{6.10}$$

式中：ΔE_0 是自由离子时，^7D 和 ^9D 光谱项能级之间的能量差，是一个常数，k 只与 Tb^{3+} 离子有关，这样，晶体中的两个能级的能量差将简单地依赖于环境因子。各晶体的化学键参数可用复杂晶体化学键介电理论计算，然后，求出环境因子。能量差 ΔE 的实验结果我们取自文献，计算和实验结果都列于表 6.3 中。

表 6.3 各晶体的参数、能级差的实验值 ΔE_{exp} 和计算值 ΔE_{cal}

晶 体	格 位	ε	h	$\Delta E_{exp}/(10^3\,cm^{-1})$	$\Delta E_{cal}/(10^3\,cm^{-1})$
$LiYF_4$	Y	2.11	0.20	8.18	8.21
CaF_2	Ca	2.06	0.39	7.93	7.65
YPO_4	Y	2.96	0.62	7.37	6.97
$K_3La(PO_4)_2$	La	2.72	0.64	7.11	6.91
YBO_3	Y	2.89	0.53	7.04	7.24
$Y_3Ga_5O_{12}$	Y	3.71	0.79	6.10	6.47
$Y_3Al_5O_{12}$	Y	3.31	0.74	6.17	6.62
$YAl_3B_4O_{12}$	Y	3.06	1.41	4.83	4.64
$YAlO_3$	Y	3.71	0.89	—	6.18
$LiLuF_4$	Lu	2.08	0.22	8.15	

利用表 6.3 中结果，我们可以做 h 和能量差 ΔE 实验值的关系图（见图 6.4），可以发现它们具有很好的线性关系，并且可以拟合为如下公式

$$\Delta E = 8.80 - 2.95h \tag{6.11}$$

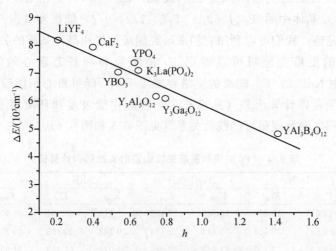

图 6.4 能量差 ΔE 和环境因子 h 的关系图

比较式（6.10）和式（6.11），我们可以得到 $\Delta E_0 = 8.80 \times 10^3\,cm^{-1}$，它是通过实验方法求出的 Tb^{3+} 自由离子的这两个状态的能量差。并且利用这种方法和公式，原则上，在晶体结构知道时可以对任何晶体中 Tb^{3+} 离子 $4f^75d$ 组态的

自旋允许状态和自旋禁戒状态之间的能级差进行估算。反过来，如果能量差 ΔE 已经知道，也可以确定电子云扩大效应因子。利用式（6.11）对上述晶体的能量差也进行了计算，计算值也列于表 6.3 中，可以看出计算结果和实验值也符合很好。这种自旋允许状态和自旋禁戒状态之间能量差 ΔE 依赖晶体基质的现象正是典型的电子云扩大效应。

6.3　稀土离子的能级位置对晶体基质的依赖性

从大量的光谱实验结果我们知道，任何一个稀土离子的 $^{2S+1}L_J$ 能级，在不同的晶体中它的位置是不同的。产生这种现象的原因是很复杂的，一般将它归结为晶体间结构和组成的差别，因此，到现在为止，人们还不能用理论方法来预测一个新晶体中稀土离子能级的确切位置，它们只能通过光谱的实验结果来确定。然而，在光谱中直接得到的是史塔克能级，它们是 $^{2S+1}L_J$ 能级被晶体场作用后产生的子能级。由于仪器的精度原因，用实验完整地测出每个 $^{2S+1}L_J$ 能级的史塔克能级是非常困难的。如果史塔克能级不完整，$^{2S+1}L_J$ 能级重心也不能定出，对光谱的研究和分析很不方便。因此，在理论上给出一种方法确定 $^{2S+1}L_J$ 能级位置是非常重要的。为了解决这个问题，首先要研究清楚能级和晶体基质的关系。稀土离子在晶体中的光谱已有很多研究，然而，史塔克能级完全被确定的 $^{2S+1}L_J$ 能级还非常有限，在大量的实验结果中我们发现，Er^{3+} 和 Nd^{3+} 在 LaF_3、$Y_3Al_5O_{12}$、$YAlO_3$、Y_2O_3 晶体中的 ^4F_J（$J=3/2$、$5/2$、$7/2$、$9/2$）能级和基态 ^4I_J 的史塔克能级还比较完整，我们可以利用它们来研究能级位置和晶体基质的关系和相应规律。由光谱的史塔克能级可以确定 ^4F_J 能级重心和基态重心的能级差（见表 6.4），其中 Nd^{3+} 的 $^4F_{7/2}$ 能级的史塔克能级不全，能级重心不能确定。这些晶体的环境因子可以计算出来（见表 6.5），我们作能级差和环境因子的关系图，可以发现它们之间呈现很好的线性关系（见图 6.5 和图 6.6）。

表 6.4　^4F_J 能级和基态的能级差的实验值和计算值　　　　（单位：cm^{-1}）

	J	LaF_3		$Y_3Al_5O_{12}$		$YAlO_3$		Y_2O_3	
		E_{exp}	E_{cal}	E_{exp}	E_{cal}	E_{exp}	E_{cal}	E_{exp}	E_{cal}
Er	9/2	15 234	15 211	15 128	15 152	15 116	15 131	15 072	15 055
	7/2	20 503	20 467	20 344	20 383	20 328	20 352	20 267	20 241
	5/2	22 167	22 127	21 984	22 029	21 971	21 993	21 895	21 866
	3/2	22 502	22 480	22 377	22 368	22 270	22 327	22 208	22 182
Nd	9/2	14 698	14 673	14 468	14 515	14 469	14 458	14 264	14 252
	5/2	12 413	12 451	12 142	12 291	12 156	12 233	12 021	12 026
	3/2	11 419	11 377	11 170	11 236	11 185	11 186	11 029	11 003

表 6.5 各晶体的环境因子和相关参数

	LaF$_3$	Y$_3$Al$_5$O$_{12}$	YAlO$_3$	Y$_2$O$_3$
f_c	0.044	0.066	0.077	0.156
N_c	9	8	9	6
α	0.497	0.370	0.392	0.694
h	0.444	0.884	1.042	1.612

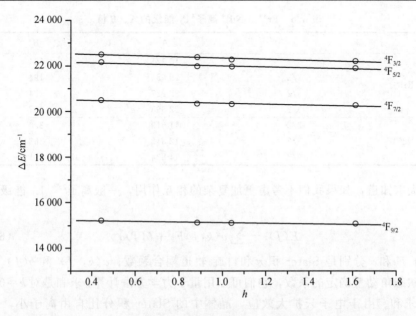

图 6.5　Er^{3+} 离子 ^4F_J 能级和 h 的关系

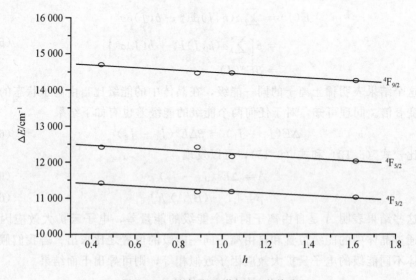

图 6.6　Nd^{3+} 离子 ^4F_J 能级和 h 的关系

我们可以将能级差和环境因子关系拟合为如下形式

$$\Delta E = A - Bh \tag{6.12}$$

式中：A、B 是常数，它们依赖于能级位置和稀土离子的种类，各个 ^4F_J 能级所相应的 A、B 值列于表 6.6 中，我们可以利用式（6.12）和 A、B 值计算 ^4F_J 能级和基态的能级差，结果也列于表 6.4 中。可以发现两者符合很好。

表 6.6 Er³⁺、Nd³⁺ 离子 ⁴F_J 能级的 A、B 值

	J	A	B
Er³⁺	9/2	15 271	134
	7/2	20 554	194
	5/2	22 227	224
	3/2	22 593	255
Nd³⁺	3/2	11 519	320
	5/2	12 612	363
	9/2	14 834	361

大家知道，如果我们不考虑更加复杂的相互作用，一般离子 $^{2S+1}L_J$ 能级可表示为

$$E(J) = \sum a(k,J)F_k + b(J)\sigma \tag{6.13}$$

式中：F_k 和 σ 分别是 Slater 积分和自旋-轨道耦合系数；$a(k, J)$ 和 $b(J)$ 分别是由状态角动量确定的系数，它们可以用量子力学方法计算，求和是对 $k=0$、2、4、6 求和。由于电子云扩大效应，晶体中的 Slater 积分比自由离子小，$F_k = \beta F_k^\circ$，F_k° 是自由离子的 Slater 积分，则式（6.13）可以进一步近似写成

$$\begin{aligned}
E(J) &= \sum a(k,J)\beta F_k^\circ + b(J)\beta\sigma^\circ \\
&= \beta\left[\sum a(k,J)F_k^\circ + b(J)\sigma^\circ\right] \\
&= \beta E^\circ(J)
\end{aligned} \tag{6.14}$$

这个结果表明稀土离子的同一能级，在晶体中的能级比自由离子状态的能级要改变 β 倍。同理可知，对于任何两个能级的能级差也有如下结果

$$\Delta E(J_1 - J_2) = \beta\Delta E^\circ(J_1 - J_2) \tag{6.15}$$

我们比较式（6.12）和式（6.15），可以发现

$$A = \Delta E^\circ(J_1 - J_2) \tag{6.16}$$

$$\beta = [1 - (B/A)h] \tag{6.17}$$

这些结果表明 A 是自由离子时两个能级的能量差，电子云扩大效应因子也可以通过晶体中的能级位置和自由离子同一能级的位置之比求出。若我们假定同一晶体不同能级的电子云扩大效应因子近似相等，则可导出下面结果

$$E(J_1) = \gamma E(J_2) \tag{6.18}$$

$$\gamma = E^{\circ}(J_1) / E^{\circ}(J_2) \tag{6.19}$$

同理，这两个能级和同一能级的能量差也满足同样的关系

$$\Delta E(J_1 - J_i) = \gamma \Delta E(J_2 - J_i) \tag{6.20}$$

式中：γ 是自由离子的 J_1 能级和 J_2 能级之比，它在任何晶体中都是不变的。如果我们取各种晶体中的 J_1 能级和 J_2 能级值作为直角坐标中的点位置，显然，这些点的连线将是一条直线。利用这样的关系可以估计某些晶体中未知能级的位置。

6.4　卤化物晶体中稀土离子 5d 能级劈裂

稀土离子的 5d 电子处于外层电子轨道，环境因素对它的影响比 f 电子强烈很多，物理效应也十分明显。因此，是一个理想的研究环境因素对物理效应影响的对象。特别是 Eu^{2+} 和 Ce^{3+}，它们的光谱行为主要在 f-d 跃迁上，在卤化物晶体中的光谱研究得相当广泛，因为它们的 5d 光谱基本上在大于 200nm 波长范围，适合通常的光谱仪器的测量范围。5d 能级在立方点对称性晶体场中分裂为 e_g 和 t_{2g} 两个能级，e_g 是二重简并能级，t_{2g} 是三重简并能级，这两个能级的能量差 $\Delta E = 10D_q$，其中 D_q 是晶体场参数。实验结果表明，在不同的晶体中 $10D_q$ 的大小不同。5d 能级在较低点对称性晶体场中分裂能级数目较多，最多可分裂为 5 个，在不同晶体中也存在着明显差别。过去有人用点电荷晶体场模型研究卤化物中 Eu^{2+} 的 $10D_q$ 的关系，按照晶体场理论的关系 $10D_q \propto d^{-n}$，$n = 5$，然而，由实验光谱测得的能级差和化学键长的关系的研究结果和晶体场理论所期望的结果有较大差别，对于不同的化合物，n 的值也不一样，在碱金属卤化物晶体中，相应氟、氯、溴、碘的晶体，n 的值分别是 1.8、2.2、3.1、4.2。显然，只是化学键长一个参数不能确定 $10D_q$。本节内容就是研究这种现象的产生原因和规律性，为了简化起见，所涉及的一些较低点对称性晶体场的晶体的能级也通过群论方法合理地间接求出 $10D_q$，这里我们只研究环境因素对 $10D_q$ 的影响。根据大量实验结果的研究发现，$10D_q$ 主要和 4 个参数有关，即，化学键的同极化能 E_h，化学键的离子性 f_i，配位体的数目 N 和它呈现电荷 Q。可以引入一个新的参数

$$K_e = \frac{E_h Q f_i^2}{N} \tag{6.21}$$

首先我们研究实验光谱确定 $10D_q$ 和 K_e 参数的关系。对于复杂晶体，我们需要利用介电化学键的理论，计算与激活离子相关的键子式的化学键参数，因为光谱行为只与相应的键子式有关。利用这些参数，求出相应的 K_e 值。所涉及晶体的化学键参数的详细结果与 Eu^{2+} 和 Ce^{3+} 的 $10D_q$ 的实验值及计算值都列于表

6.7 和表 6.8 中，下面我们分别讨论 Eu^{2+} 和 Ce^{3+} 的情况。

表 6.7 晶体的化学键参数和 Eu^{2+} 的 ΔE 值

晶体	格位	$d/Å$	E_h/eV	N	Q	f_i	K_e	ΔE_{exp} /$(10^3 cm^{-1})$	ΔE_{cal} /$(10^3 cm^{-1})$
NaF	Na^+	2.317	4.946	6	1	0.946	0.738	18.35	18.84
KF	K^+	2.674	3.466	6	1	0.954	0.526	16.61	14.86
NaCl	Na^+	2.810	3.065	6	1	0.936	0.448	12.85	13.40
KCl	K^+	3.147	2.314	6	1	0.951	0.349	12.00	11.54
RbCl	Rb^+	3.291	2.071	6	1	0.956	0.316	11.66	10.92
NaBr	Na^+	2.986	2.636	6	1	0.933	0.382	11.75	12.16
KBr	K^+	3.298	2.060	6	1	0.953	0.312	10.93	10.85
RbBr	Rb^+	3.445	1.849	6	1	0.955	0.281	10.27	10.26
NaI	Na^+	3.237	2.158	6	1	0.929	0.310	10.63	10.81
KI	K^+	3.533	1.737	6	1	0.948	0.260	9.52	9.87
RbI	Rb^+	3.671	1.580	6	1	0.954	0.240	9.06	9.49
CaF_2	Ca^{2+}	2.336	4.695	8	1	0.947	0.526	15.50	14.84
SrF_2	Sr^{2+}	2.511	4.051	8	1	0.952	0.459	13.50	13.61
BaF_2	Ba^{2+}	2.685	3.431	8	1	0.956	0.392	11.30	12.35
$SrCl_2$	Sr^{2+}	3.020	2.563	8	1	0.949	0.288	10.16	10.40
$KMgF_3$	K^+	2.809	3.068	12	0.5	0.978	0.122	7.50	7.28
$RbMgF_3$	Rb^+	2.920	2.787	12	0.5	0.980	0.111	7.30	7.07
$KZnF_3$	K^+	2.867	2.916	12	0.5	0.973	0.115	7.70	7.15
$KCaF_3$	K^+	2.991	2.625	12	0.5	0.980	0.105	6.30	6.96
$KCaF_3$	Ca^{2+}	2.115	6.201	12	1	0.942	0.916	22.00	22.18

表 6.8 晶体的化学键参数和 Ce^{3+} 的 ΔE 值

晶体	格位	$d/Å$	E_h/eV	N	Q	f_i	K_e	ΔE_{exp} /$(10^3 cm^{-1})$	ΔE_{cal} /$(10^3 cm^{-1})$
$LiYF_4$	Y^{3+}	2.270	5.068	8	1.125	0.977	0.681	13.41	13.04
CeF_3	Ce^{3+}	2.565	3.844	11	1	0.952	0.317	6.96	7.81
$LiLuF_4$	Lu^{3+}	2.237	5.396	8	1.125	0.978	0.726	13.73	13.68
LaF_3	La^{3+}	2.568	3.765	11	1	0.954	0.312	6.17	7.74
LuF_3	Lu^{3+}	2.297	5.051	9	1	0.941	0.497	8.35	10.39
$KMgF_3$	K^+	2.809	3.068	12	0.5	0.978	0.122	5.91	5.02
CaF_2	Ca^{2+}	2.366	4.695	8	1	0.947	0.526	12.20	10.81
SrF_2	Sr^{2+}	2.511	4.051	8	1	0.952	0.459	11.20	9.85
BaF_2	Ba^{2+}	2.685	3.431	8	1	0.956	0.392	10.80	8.89
YF_3	Y^{3+}	2.321	4.924	9	1	0.943	0.486	8.58	10.24
$BaCl_2$	Ba^{2+}	3.178	2.259	8	1	0.948	0.254	6.06	6.91
$SrCl_2$	Sr^{2+}	3.020	2.563	8	1	0.949	0.288	7.91	7.40

对于 Eu^{2+} 的情况可见表 6.7，我们做 $10D_q$ 的实验值和 K_e 值的关系图（见图 6.7），两者呈现很好的线性关系，可以拟合成下面关系

$$\Delta E = 10D_q = 4.99 + 18.77K_e \qquad (6.22)$$

同理，对于 Ce^{3+}，根据得到的 $10D_q$ 的实验值和 K_e 值的关系图（见图 6.8），我们得到下面关系

$$\Delta E = 10D_q = 3.27 + 14.34K_e \qquad (6.23)$$

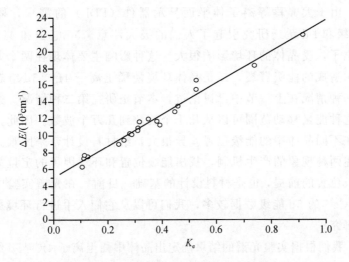

图 6.7 晶体中 Eu^{2+} 的 ΔE 和 K_e 关系图

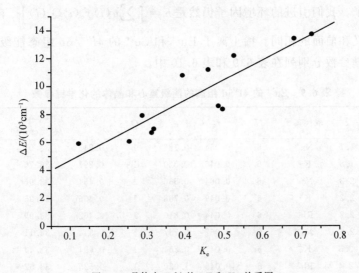

图 6.8 晶体中 Ce^{3+} 的 ΔE 和 K_e 关系图

从上面的结果我们可以看出，实验和计算结果基本是符合的，表明了引入参

数的实用性。同时我们还能发现，在同一晶体中 Eu^{2+} 和 Ce^{3+} 的劈裂程度是不同的，表明能级劈裂程度还与离子本身的特征有关，因为不同离子的 5d 轨道半径不同和环境的相互作用强弱不一样。

6.5　稀土离子 $4f^{N-1}5d$ 组态能级重心的位移

近来，由于大屏幕等离子体平面显示器件（PDP）的需求，稀土离子的 $4f^{N-1}5d$ 能级和 f-d 跃迁研究引起了人们的极大注意。5d 电子和 4f 电子不同，它是外层电子，受晶体的环境影响很大。这种影响主要体现在两个方面，一是晶体场作用造成的能级劈裂，二是晶体环境使稀土离子 $4f^{N-1}5d$ 组态能级重心下移。第一种情况在上一节中已讨论过，本节是研究第二种情况。光谱实验结果指出，这种能量移动范围可以从几千个波数到几万个波数。因此，造成同一稀土离子在不同晶体中的能级位置差异很大，给材料设计带来困难。所以，研究清楚上述两种现象的产生机制，找出能级位置和环境因子的定量关系是确定晶体中能级位置的前提，也是材料设计的基础。目前，在光谱实验中，稀土离子 Eu^{2+} 和 Ce^{3+} 的 5d 能级数据较多，我们可以从它们入手进行环境影响能级规律的有关研究。

首先，我们根据实验光谱的结果确定出晶体中稀土离子 $4f^{N-1}5d$ 组态能级重心，然后，用介电化学键理论计算出晶体的相应键子式的化学键参数，求得相应的环境因子。我们引进的环境因子仍然是 $h = \left[\sum_i \alpha(i) f_c(i) Q^2(i)\right]^{1/2}$，式中各量的物理意义和前面的相同。稀土离子 Eu^{2+} 和 Ce^{3+} 的 $4f^{N-1}5d$ 组态能级重心和晶体的化学键参数分别列在表 6.9 和表 6.10 中。

表 6.9　Eu^{2+} 的 $4f^6 5d$ 组态的能级重心和晶体的化学键参数

晶　体	ε	取代离子	N	f_c	α	Q	h_e	$E_{C,exp}$ /($10^3 cm^{-1}$)	$E_{C,cal}$ /($10^3 cm^{-1}$)
NaF	1.7	Na^+	6	0.054	0.186	1	0.245	38.01	37.67
KF	1.8	K^+	6	0.046	0.320	1	0.297	36.76	36.72
NaCl	2.3	Na^+	6	0.064	0.536	1	0.454	33.96	34.34
KCl	2.2	K^+	6	0.049	0.708	1	0.456	33.95	34.31
RbCl	2.2	Rb^+	6	0.044	0.810	1	0.462	33.99	34.23
NaBr	2.6	Na^+	6	0.067	0.737	1	0.544	33.11	33.25
KBr	2.3	K^+	6	0.047	0.864	1	0.494	33.44	33.83
RbBr	2.4	Rb^+	6	0.045	1.020	1	0.525	33.52	33.46
NaI	3.0	Na^+	6	0.071	1.079	1	0.678	31.95	31.93
KI	2.7	K^+	6	0.052	1.270	1	0.629	32.46	32.37

晶 体	ε	取代离子	N	f_c	α	Q	h_e	$E_{C,exp}$ /($10^3 cm^{-1}$)	$E_{C,cal}$ /($10^3 cm^{-1}$)
RbI	2.7	Rb^+	6	0.046	1.425	1	0.627	32.44	32.39
CaF_2	2.03	Ca^{2+}	8	0.032	0.317	1	0.285	37.79	36.93
SrF_2	2.05	Sr^{2+}	8	0.029	0.385	1	0.299	37.34	36.68
BaF_2	2.15	Ba^{2+}	8	0.026	0.500	1	0.322	36.45	36.29
$KMgF_3$	2.04	K^+	12	0.022	0.093	0.5	0.079	41.00	41.38
$RbMgF_3$	2.23	Rb^+	12	0.021	0.094	0.5	0.077	40.80	41.43
MgS	5.1	Mg^{2+}	6	0.211	0.809	2	2.02	28.30	27.55
CaS	4.5	Ca^{2+}	6	0.093	0.986	2	1.48	27.75	28.25
CaSe	5.1	Ca^{2+}	6	0.095	1.198	2	1.65	28.60	27.95
CaO	3.3	Ca^{2+}	6	0.084	0.490	2	0.994	29.20	29.83
EuF_2	2.10	Eu^{2+}	8	0.025	0.390	1	0.279	37.42	37.04
EuO	4.60	Eu^{2+}	6	0.077	0.738	2	1.17	28.55	29.09
CsI	3.20	Cs^+	6	0.040	1.201	1	0.620	32.68	32.46
$SrCl_2$	2.72	Sr^{2+}	8	0.031	0.924	1	0.480	34.25	34.00
EuSe	4.7	Eu^{2+}	6	0.051	1.304	2	1.263	28.47	28.79

表 6.10 Ce^{3+} 的 $4f^6 5d$ 组态的能级重心和晶体的化学键参数

晶 体	ε	取代离子	N	f_c	α	Q	h_e	$E_{C,exp}$ /($10^3 cm^{-1}$)	$E_{C,cal}$ /($10^3 cm^{-1}$)
$KMgF_3$	2.04	K^+	12	0.022	0.093	0.5	0.079	46.90	48.49
CeF_3	2.59	Ce^{3+}	11	0.020	0.377	1	0.286	45.75	43.88
LaF_3	2.56	La^{3+}	11	0.019	0.381	1	0.283	46.02	43.94
YF_3	2.43	Y^{3+}	9	0.029	0.404	1	0.323	45.60	43.12
LuF_3	2.43	Lu^{3+}	9	0.030	0.396	1	0.325	45.60	43.08
$LiYF_4$	2.11	Y^{3+}	8	0.011	0.176	1.125	0.139	45.89	47.08
$LiLuF_4$	2.12	Lu^{3+}	8	0.011	0.159	1.125	0.132	45.62	47.25
$CaSO_4$	2.52	Ca^{2+}	8	0.071	0.424	0.75	0.368	42.60	42.22
$SrSO_4$	2.64	Sr^{2+}	12	0.044	0.401	0.667	0.306	43.30	43.46
$BaSO_4$	2.64	Ba^{2+}	12	0.030	0.342	0.667	0.233	43.40	45.00
CaF_2	2.03	Ca^{2+}	8	0.032	0.317	1	0.285	45.35	43.90
SrF_2	2.05	Sr^{2+}	8	0.029	0.385	1	0.299	43.97	43.61
BaF_2	2.15	Ba^{2+}	8	0.026	0.500	1	0.322	44.77	43.14
$YAlO_3$	3.71	Y^{3+}	9	0.038	0.402	1.667	0.615	38.26	37.73
$Y_3Al_5O_{12}$	3.35	Y^{3+}	8	0.036	0.395	1.5	0.508	36.42	39.58
$LaCl_3$	3.24	La^{3+}	9	0.028	1.201	1	0.547	38.25	38.89
CaS	4.5	Ca^{2+}	6	0.093	0.986	2	1.48	27.80	26.72
$CaCl_2$	2.31	Ca^{2+}	6	0.039	1.019	1	0.490	37.79	39.91
$BaCl_2$	3.02	Ba^{2+}	8	0.031	1.187	1	0.540	38.32	39.02
$SrCl_2$	2.72	Sr^{2+}	8	0.028	0.924	1	0.457	39.68	40.51
YPO_4	2.99	Y^{3+}	8	0.049	0.419	1.125	0.454	41.36	40.57
CaO	3.3	Ca^{2+}	6	0.084	0.490	2	0.994	30.73	32.13

　　我们利用光谱实验求得的 $4f^{N-1}5d$ 组态的能级重心和晶体的环境因子作关系图（见图 6.9 和图 6.10），可以发现具有明显的规律性，如果将 Eu^{2+} 和 Ce^{3+} 的结果的这种关系拟合出公式，则得到相同的形式

$$E_c = A + Be^{-kh} \tag{6.24}$$

式中：E_c 是 5d 组态的能级重心；A、B 和 k 分别是和稀土离子种类有关的常数。对于 Eu^{2+}，$A = 27.13$，$B = 16.45$ 和 $k = 1.817$；对于 Ce^{3+}，$A = 12.49$，$B = 37.93$ 和 $k = 0.662$。

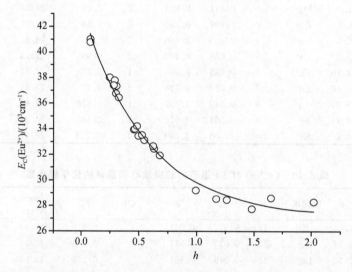

图 6.9　Eu^{2+} 的 5d 能级重心和环境因子 h 的关系图

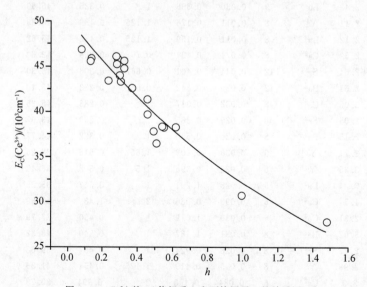

图 6.10　Ce^{3+} 的 5d 能级重心和环境因子 h 的关系图

利用式（6.24）计算的 Eu^{2+} 和 Ce^{3+} 的 5d 组态的能级重心 E_{Ccal} 也分别列在表 6.9 和表 6.10 中，我们可以发现计算值和实验值之间符合很好。从上面的结果中我们还可以看到，5d 组态的能级重心随着环境因子的增大而降低，在环境因子 $h=0$ 时，相当于自由离子的情况，这时式（6.24）可写成

$$E_C = A + B = E_c^0 \tag{6.25}$$

E_C^0 是由光谱得到的自由离子的 5d 组态的能级重心，将前面的 A 和 B 的值带入式（6.25），我们得到

$$E_C^0(Eu^{2+}) = 27.13 + 16.45 = 43.58(10^3 \text{cm}^{-1}) \tag{6.26}$$

$$E_C^0(Ce^{3+}) = 12.49 + 37.93 = 50.42(10^3 \text{cm}^{-1}) \tag{6.27}$$

由于光谱得到的数据和真正的 5d 组态的能级重心是有区别的（见图 6.11，$A_0(5d)$ 是 5d 组态的能级重心，E_C^0 是光谱得到的数据）。文献给出的结果 $A_0(5d)=46.34\times10^3\text{cm}^{-1}$，$B_0=1.263\times10^3\text{cm}^{-1}$，$B_0$ 是 f-d 电子相互作用参数，上面的能级 $^6\Gamma$ 表示低自旋能级，下面的能级 $^8\Gamma$ 表示高自旋能级。对于 Eu^{2+}，高自旋能级是自旋允许能级，所以，$E_C^0(Eu^{2+})=A_0(5d)-3B_0=42.55\times10^3\text{cm}^{-1}$，对于 Ce^{3+} 离子，没有 f-d 电子相互作用，实验给出 $A_0(5d)=E_C^0(Ce^{3+})=51.23\times10^3\text{cm}^{-1}$，我们可以发现利用拟合公式计算的结果和文献结果符合相当好，表明了这种方法的合理性。如果任何一个晶体的结构知道，那么就可以利用化学键理论计算有关化学键参数，求出环境因子，按照定量关系预测5d组态的

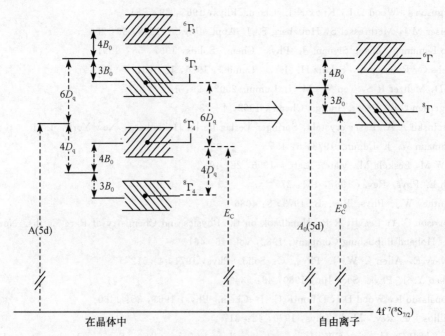

图 6.11　Eu^{2+} 的能级示意图

能级重心的位置，为进一步确定相关能级位置提供依据。

参 考 文 献

高发明. 复杂无机晶体的化学键和性质研究. ［硕士论文］. 长春：中国科学院长春应用化学研究所，1992

高发明，张思远. 化学物理学报，1993，6：321

师进生. 稀土离子 $4f^{N-1}n'l'$ 激发组态的能级和光谱性质研究. ［博士论文］. 长春：中国科学院长春应用化学研究所，2004

张思远. 化学物理学报，1991，4：109

Alcala A，Sardar D K，Sibley W A. J. Lumin. 1982，27：273

Andriessen J. O，Antonyak T et al. Opt. Commun. 2000，178：355

Antic-Fidancev E. J. Aolly. Compounds. 2000，300－301：2

Asano S，Nakao Y. J. Phys. C：Solid State Phys. 1979，12：4095

Baranowski J M，Allen J W，Pearson G L. Phys. Rev，1968，160：627

Brewer L J. Opt. Soc. Am. 1971，61：1666

Cole G M，Garrett B B. Inorg. Chem，1970，9，1898

Dieke G H. Spectra and Energy Levels of Rare Earth Ions in Crystals，Interscience Publishers，1968

Dorenbos P. Phys. Rev. B. 2000，62：15640

Dorenbos P. Phys. Rev. B.，2002，65：23511

Ferguson J，Wood D L，Knox K J. Chem. Phys，1963，39：881

Freiser M J，Methfessel S，Holtzberg F. J. Appl. Phys.，1968，39：900

Gao Famimng，Zhang Siyuan. J. Phys. Chem. Solids，1997，58：1991

Grebe G，Roussos G，Schulz H. J. L. Lumin.，1976，13：701

Jia D，Meltzer R S，Yen W. M. J. Lumin. 2002，99：1

Jorgensen C K. Progr. Inorg. Chem.，1962，4：73

Kaminskii A A. Laser crystals，Springer-Verlag Berlin Heidelberg，New York，1981

Lehmann W. J. Lumin. 1973，6：455

Li W M，Leskela M. Mater. Lett.，1996，28：491

Loh E. Phys. Rev.，1967，154：270

Manthey W J. Phys. Rev. B. 1973，8：4086

Morrison C A；Leavitt R P. Handbook on the Physics and Chemistry of Rare Earths. North-Holland Publishing Company，1982，vol. 46：461

Mwary E，Allen J. W. J. Phys. C：Solid. Phys，1971，4：512

Nakao Y. J. Phys. Soc. Jpn，1980，48：534

Pappalardo R，Wood D I，Dillon R C. J. Chem. Phys，1961，35：1460

Phillips J C. Rev. Mod. Phys，1970，42：317

Reisfeld R C，Jφgensen C K. Laser and excited state of rare earths，Springer Verlay，Berlin Heideberg，New York，1977

Rubio O J. J. Phys. Chem. Solids. 1991，52：101

Seo H J，Zhang W S，Tsuboi T S，Doh H et al. J. Alloys. Comp. ，2002，344：268

Shi J S，Wu Z J，Zhou S H，Zhang S. Y. Chem. Phys. Lett，2003，380：245

Shi Jingsheng，Zhang Siyuan. J. Phys：Condens Matter. ，2003，15：4101

Skowronski M，Liro Z. J. Phys. C：Solid. Phys，1982，15：137

Sugar J，Spector N. J. Opt. Soc. Am. 1974，64：1484

Tomiki T，Kohatsu T et al. J. Phys. Soc. Jpn，1992，61：2382

Van Pieterson L，Reid M. F，Burdick G W，Meijerink A. Phys. Rev B. 2002，65：045113

Van Vechten J A. Phys. Rev. ，1969，182：891

van der Kolk E，Dorenbos P et al. Phys. Rev B. 2001，64：195129

Wachter P. *Handbook on the Physics and Chemistry of Rare Earths*，North-Holland：Publish-
　　ing Company，1979，vol. 19：507

Weakliem H A. J. Chem. Phys. ，1962，36：2117

Weber J，Ennen H，Kaufmann U，Schneider J. Phys. Rev，1980，B21：2394

Weber M J. J. Appl. Phys. 1973，44：3205

Wyckoff R. W. G. *Crystal Structure*. ，New York：Interscience，1964，Vol. 1 & Vol. 2

Yamashita N. J. Electrochem. Soc. ，1993，140：840

Zhang S Y；Gao F M，Wu C X. J. Alloys. Comp，1998，275～277：835

第 7 章　穆斯堡尔效应-同质异能位移

穆斯堡尔谱学是一门蓬勃发展的学科，其中同质异能位移（化学位移）是一种重要的穆斯堡尔效应。它的测量可以给出许多关于原子核周围化学环境的信息，它是利用核能级宽度来量度原子核与周围环境之间相互作用的能量变化，所以具有很高的能量测量精度。但是，到现在为止，还没有一个公认的模型能将同质异能位移和环境因素定量地联系起来。只能对一些结果进行定性或半定量的解释。这种状况极大地阻碍了超精细的测量结果在化学和材料科学中的应用。我们已经利用介电化学键的理论研究了晶体的化学键参数和 ^{57}Fe、^{119}Sn、^{129}I、^{151}Eu 等元素的同质异能位移的关系，得到了环境因子和同质异能位移间的普遍关系式，为进一步深入地进行穆斯堡尔谱学研究提供了可能。

我们已经知道，电单极相互作用产生的同质异能位移主要是由 3 项乘积组成，数学表达式为

$$\delta = \frac{2\pi Ze^2}{5} \left[\psi(0)_A^2 - \psi(0)_S^2 \right] \left(R_e^2 - R_g^2 \right) \tag{7.1}$$

式中：第 1 项是与穆斯堡尔原子核的原子序号有关的常数；第 2 项是吸收体原子核处的电子密度 $\psi(0)_A^2$ 和发射源原子核处的电子密度 $\psi(0)_S^2$ 之差；第 3 项是激发态的核半径 R_e 和基态的核半径 R_g 的平方差。电子密度是原子核所在处的环境反映，包括原子的氧化状态，与周围原子的成键情况以及结构对称性等，不论化合物的组成和结构多么复杂，同质异能位移都能反映出环境所引起的电子密度变化，它包括了 s 电子参与成键的直接影响和其他电子成键的间接变化。

早期的研究工作已经观察到在一些离子型化合物中，同质异能位移往往与穆斯堡尔原子形成化学键的阴离子的电负性有线性关系，理论工作者利用各种模型计算参与成键价电子的布居数，建立它们与原子核处的电子密度的关联，企图解释同质异能位移产生原因，但是，没法给出定量关系，定性解释也缺乏普遍性。在复杂晶体介电化学键理论的研究中，我们找到了能够反映环境特点的环境因子，它应该和同质异能位移存在着明显的关系。为此，我们利用已经得到的大量的穆斯堡尔同质异能位移的实验结果，研究了同质异能位移和环境因子之间的关系，得到了一些普遍结果，下面我们对不同情况分别进行讨论。

7.1　^{57}Fe 的同质异能位移

^{57}Fe 元素是最重要的穆斯堡尔核之一，它的同质异能位移有一个较宽的分

布，涉及的化合物较多，为了研究环境因子和同质异能位移的关系，首先必须计算各化合物的化学键参数，进而求出环境因子。计算方法和以前相同，先将复杂晶体化合物的分子式分解成各种化学键相应的化学式，这部分所涉及的化合物和它们的键子式方程如下

$$FeCr_2O_4 = FeO + Cr_2O_3$$
$$FeAl_2O_4 = FeO + Al_2O_3$$
$$ZnCr_2S_4 : Fe = ZnS : Fe + Cr_2S_3$$
$$ZnFe_2O_4 = ZnO + Fe_2O_3$$
$$Fe_3O_4 = FeO + Fe_2O_3$$
$$FeSiO_4 = SiO + Fe_2O_3$$
$$Fe_3Al_2Si_3O_{12} = Fe_3O_6 + Al_2O_3 + Si_3O_3$$
$$Y_3Fe_5O_{12} = Y_3O_6 + Fe_2O_3 + Fe_3O_3$$
$$Ca_3Fe_2Si_3O_{12} = Ca_3O_6 + Fe_2O_3 + Si_3O_3$$

上述各种化合物的化学键参数，环境因子的计算值和同质异能位移的实验值都列入表 7.1 中。

表 7.1　各晶体的化学键参数和 ^{57}Fe 的化学位移

晶　　　体	ε	键　型	E_h^μ/eV	C^μ/eV	f_c^μ	χ^μ	h	δ_{exp}/(mm/s)
$MnF_2 : Fe^{2+}$	2.19		6.17	18.66	0.099		0.456	
FeF_2			6.50	19.00	0.105	1.235	0.467	1.36
FeO	4.9		5.92	9.83	0.226		0.788	1.11
$ZnS : Fe^{2+}$	5.2		4.82	6.19	0.377		1.416	0.69
$CaF_2 : Fe^{2+}$	2.03		4.70	20.02	0.052		0.281	1.48
$CdF_2 : Fe^{2+}$	2.37		4.86	18.09	0.067		0.319	1.44
$FeCr_2O_4$	4.66	Fe—O	7.58	7.98	0.526	5.077	1.056	0.94
		Cr—O	7.07	11.17	0.286	3.184		
$FeAl_2O_4$		Fe—O	7.40	9.07	0.400	4.257	0.948	1.01
		Al—O	7.92	19.47	0.142	1.198		
$ZnCr_2S_4 : Fe^{2+}$		Zn—S	4.94	4.95	0.498	7.646	1.528	0.587
		Cr—S	4.48	5.21	0.425	9.102		
Fe_2SiO_4	3.30	Fe—O	5.82	10.75	0.226	2.031	0.773	1.16
		Si—O	9.25	20.32	0.172	3.157		
$Fe_3Al_2Si_3O_{12}$	3.33	Fe—O	5.18	11.10	0.178	1.411	0.668	1.22
		Al—O	8.52	21.22	0.139	1.452		
		Si—O	10.78	18.29	0.258	4.993		
$Al_2O_3 : Fe^{3+}$	3.1		8.09	15.88	0.204		0.634	0.42
$ZnFe_2O_4$		Zn—O	7.17	8.26	0.430	4.732		
		Fe—O	6.88	14.63	0.181	1.947	0.670	0.40
		Fe—O	8.21	10.94	0.360	5.724	0.905	0.27
$Y_3Fe_5O_{12}$	4.45	Y—O	4.56	12.91	0.111	1.544		

续表

晶　　体	ε	键型	E_h^μ/eV	C^μ/eV	f_c^μ	χ^μ	h	$\delta_{exp}/(\text{mm/s})$
		Fe—O	6.96	13.64	0.206	2.839	0.708	0.39
		Fe—O	8.46	9.54	0.440	8.408	0.950	0.16
$Ca_3Fe_2Si_3O_{12}$	3.56	Ca—O	4.55	12.32	0.120	1.011		
		Fe—O	7.27	14.77	0.195	2.671	0.645	0.41
		Si—O	10.58	16.73	0.286	5.719		
$MgO:Fe^{2+}$	3.0		6.24	14.35	0.159		0.496	1.49

这里的环境因子取为

$$h = \Big[\sum_i \alpha_L(i) f_c(i) \Big]^{1/2} \tag{7.2}$$

式中：$\alpha_L(i)$ 是第 i 个化学键中配位体的极化率，它不等于化学键体积的极化率 $\alpha_b(i)$，$\alpha_L(i) = \alpha_b(i) - \alpha_c(i)$，$\alpha_c(i)$ 是该化学键的中心离子极化率。求离子极化率的方法可见第 2 章，我们作晶体的环境因子和同质异能位移实验值的关系图（见图 7.1），可以发现无论是 Fe^{2+} 还是 Fe^{3+}，在同质异能位移和环境因子之间都有很好的线性关系，并可近似写为

$$\delta = \delta_0 - 0.7h \tag{7.3}$$

式中：δ_0 是常数，表示自由离子时的同质异能位移，对于 Fe^{2+}，$\delta_0 = 1.68 \text{ mm/s}$，对于 Fe^{3+}，$\delta_0 = 0.87 \text{mm/s}$。$Fe^{2+}$ 的同质异能位移比 Fe^{3+} 的同质异能位移要大，这是因为 Fe^{2+} 比 Fe^{3+} 的体积大并且在原子核处的 s 电子密度较小引起的。利用上面关系，在晶体结构知道的情况下，计算出晶体中离子格位处的环境因子，该晶体中的 Fe^{2+} 和 Fe^{3+} 的同质异能位移就可以预测。

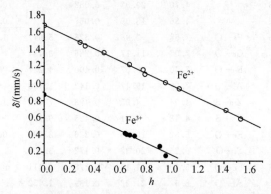

图 7.1　在晶体中 ^{57}Fe 的同质异能位移 δ 和环境因子 h 关系图

7.2　^{151}Eu 的同质异能位移

^{151}Eu 作为荧光的结构探针离子已被广泛应用，同样它也是穆斯堡尔谱学中

的重要原子，在同系列化合物中人们首先研究过电负性、化学键长等参数对同质异能位移的影响，已经建立了一些关系。但是，对于不同结构类型的化合物之间的规律尚未被研究。我们收集了一些化合物中^{151}Eu 的同质异能位移的实验值，并计算了这些化合物的化学键参数，求出了环境因子，其结果列于表 7.2 中，这些晶体的同质异能位移和环境因子也具有良好的直线关系（见图 7.2），这个关系可以拟合成如下方程

$$\delta = \delta_0 + 1.73h \tag{7.4}$$

式中，$\delta_0 = -1.20\mathrm{mm/s}$，是 Eu^{3+} 自由离子的同质异能位移。

表 7.2　晶体的化学键参数和 ^{151}Eu 的同质异能位移

晶　体	ε	键　型	E_h^μ/eV	C^μ/eV	f_c^μ	χ^μ	h	$\delta_{exp}/(\mathrm{mm/s})$
EuF₃	2.50		4.53	19.64	0.050		0.343	−0.59
EuCl₃			2.84	12.71	0.047	1.887	0.579	−0.29
EuBr₃			2.84	11.15	0.047	2.300	0.687	−0.06
Gd₂O₃	3.84		4.43	11.50	0.129			
Eu₂O₃			4.35	11.12	0.133	3.092	0.680	0.00
		Eu—O	5.11	15.55	0.098	3.307		
EuOCl		Eu—Cl(1)	2.39	12.96	0.033	1.294	0.403	−0.43
		Eu—Cl(2)	2.44	13.26	0.033	1.252		
		Eu—O	4.86	14.51	0.102	4.02		
EuOBr		Eu—Br(1)	2.24	11.84	0.034	1.68	0.511	−0.29
		Eu—Br(2)	1.43	7.21	0.038	2.71		
		Eu—O	5.02	13.93	0.115	5.31		
EuOI		Eu—I(1)	1.99	9.56	0.041	2.72	0.741	0.02
		Eu—I(2)	0.70	2.79	0.059	9.88		
EuOF		Eu—O	5.32	17.48	0.085	2.46	0.295	−0.72
		Eu—F	3.72	22.16	0.027	0.58		

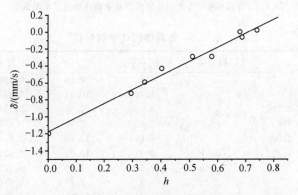

图 7.2　在晶体中 ^{151}Eu 的同质异能位移 δ 和环境因子 h 关系图

7.3　^{119}Sn 和^{121}I 等原子核的同质异能位移

^{119}Sn 和^{121}I 也是常用的穆斯堡尔谱的原子，我们同样发现它们的同质异能位移和环境因子的关系也是线性的（见图 7.3 和图 7.4），各个晶体的化学键参数和它们同质异能位移均列于表 7.3 和表 7.4 中。

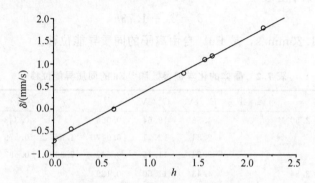

图 7.3　在晶体中^{119}Sn 的同质异能位移 δ 和环境因子 h 关系图

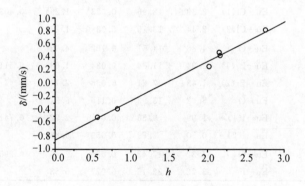

图 7.4　在晶体中^{129}I 的同质异能位移 δ 和环境因子 h 关系图

表 7.3　各晶体的化学键参数

晶　体	n	键　型	E_h^{μ}/eV	C^{μ}/eV	f_c^{μ}	χ^{μ}
SnCl$_4$	1.512		5.15	12.16	0.152	1.29
SnBr$_4$			4.49	10.84	0.146	1.60
SnI$_4$	2.106		3.42	7.05	0.188	3.44
PbS ： Sn	4.1		2.68	2.90	0.477	15.81
SnO$_2$	2.0		6.68	12.70	0.217	3.00
Cs$_2$SnF$_6$	1.382	Cs—F	2.31	13.39	0.029	0.46
		Sn—F	7.57	37.53	0.039	3.185
GeI$_4$			3.72	7.77	0.186	2.83
SiI$_4$			4.53	10.24	0.164	1.342

表 7.4　晶体的 h_e 和 ^{129}I、^{119}Sn 的同质异能位移

	Cs_2SnF_6	SnO_2	$SnCl_4$	$SnBr_4$	PbS：Sn	SnI_4
h	0.188	0.625	1.345	1.559	1.633	2.159
$\delta_{exp}/(mm/s)$	−0.44	0.00	0.80	1.10	1.18	1.80

	KI	LiI	SiI_4	GeI_4	SnI_4	I_2
h	0.557	0.820	2.016	2.148	2.159	2.754
$\delta_{exp}/(mm/s)$	−0.51	−0.38	0.26	0.48	0.43	0.82

^{119}Sn 和 ^{129}I 的同质异能位移和环境因子的关系是

$$^{119}Sn：\qquad \delta = \delta_0 + 1.14h \qquad (7.5)$$

Sn^{4+} 自由离子的同质异能位移 $\delta_0 = -0.69mm/s$。

$$^{129}I：\qquad \delta = \delta_0 + 0.59h \qquad (7.6)$$

I^- 自由离子的同质异能位移 $\delta_0 = -0.85mm/s$。

对于其他离子也有类似的结果，我们不再详细讨论，只给出有关表达式

对于 ^{121}Sb 元素：

$$\delta = \delta_0 - 1.4h \qquad (7.7)$$

Sb^{3-} 自由离子的同质异能位移 $\delta_0 = 4.2mm/s$。

$$^{67}Zn：\qquad \delta = \delta_0 + 133h \qquad (7.8)$$

Zn^{2+} 自由离子同质异能位移 $\delta_0 = -243mm/s$。

有关的晶体结构和化学键参数结果，这里不再详述。

7.4　六角钡铁氧体的化学键性质和同质异能位移

六角钡铁氧体的典型化合物有三大类：M 型的 $BaFe_{12}O_{19}$，W 型的 $BaFe_{18}O_{27}$ 和 R 型的 $BaTi(Sn)_2Fe_4O_{11}$，它们都是六角对称性，$P6_3/mmc$ 空间群，原胞中包括 2 个分子。由于 Fe 的对称格位很多，并且有时 Fe^{2+} 和 Fe^{3+} 在一个化合物中共存，致使射线衍射法难以确定离子的对称性格位。穆斯堡尔谱法是一种超精细的测量方法，通过同质异能位移的测定可以进一步确认出离子的正确的对称性格位。利用复杂晶体化学键的理论可以计算出晶体中各个对称性格位的环境因子，根据同质异能位移和环境因子的关系可以求得各个对称性格位的同质异能位移，然后和测量值相比较，确定离子占据的对称性格位和离子的化合价。这种方法不仅进一步验证了同质异能位移和环境因子的关系，同时也是根据晶体结构直接计算同质异能位移的理论方法，下面我们分别讨论三类晶体的情况。

7.4.1　$BaFe_{12}O_{19}$ 晶体

$BaFe_{12}O_{19}$ 这种晶体的晶胞参数 $a = 5.892Å$、$c = 23.183Å$，Ba 是一种对称性格位，配位数为 12，Fe 有 5 种对称性格位，Fe(2) 的配位数是 5，Fe(3) 的配位

数是 4，其他铁离子的配位数都是 6，O 也有 5 种对称性格位，O(3) 的配位数是
5，其他 O 离子的配位数都是 4。晶体中各个离子间的相互配位情况见图 7.5。

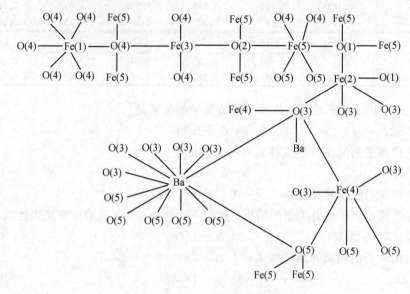

图 7.5　$BaFe_{12}O_{19}$ 晶体结构示意图

根据晶体结构和分子式，我们写出键子式方程

$$BaFe_{12}O_{19} = BaFe(1)Fe(2)Fe(3)_2Fe(4)_2Fe(5)_6O(1)_2O(2)_2O(3)_3O(4)_6O(5)_6$$
$$= Ba_{1/2}O(3)_{6/5} + Ba_{1/2}O(5)_{3/2} + Fe(1)O(4)_{3/2} + Fe(2)_{2/5}O(1)_{1/2}$$
$$+ Fe(2)_{3/5}O(3)_{3/5} + Fe(3)_{1/2}O(2)_{1/2} + Fe(3)_{3.2}O(4)_{3/2}$$
$$+ Fe(4)O(3)_{6/5} + Fe(4)O(5)_{3/2} + Fe(5)O(1)_{3/2} + Fe(5)O(2)_{3/2}$$
$$+ Fe(5)_2O(4)_3 + Fe(5)_2O(5)_3$$

晶体中各类化学键的键参数的计算结果列于表 7.5 中，这个晶体中的 Fe 离
子都是 +3 价，它们的同质异能位移的计算结果和各种测量结果列于表 7.6，从
表中的结果我们可以看到两者符合很好。

表 7.5　$BaFe_{12}O_{19}$ 晶体的化学键参数

键　　型	阳离子格位	$N_e^\mu/(10^{30}/m^3)$	E_h^μ/eV	C^μ/eV	f_c^μ	χ^μ
Ba—O(3)	2d	0.063	2.72	14.90	0.033	0.157
Ba—O(5)	2d	0.068	2.91	11.52	0.060	0.468
Fe(1)—O(4)	2a	0.604	7.12	13.50	0.218	3.378
Fe(2)—O(1)	2b	0.797	5.05	11.04	0.173	7.429
Fe(2)—O(3)	2b	0.502	8.54	11.31	0.363	3.235
Fe(3)—O(2)	$4f_1$	0.712	8.15	7.42	0.547	8.062
Fe(3)—O(4)	$4f_1$	1.186	8.15	10.38	0.382	9.500
Fe(4)—O(3)	$4f_2$	0.724	6.52	19.55	0.100	2.156

续表

键　　型	阳离子格位	$N_e^\mu/(10^{30}/m^3)$	E_h^μ/eV	C^μ/eV	f_c^μ	χ^μ
Fe(4)—O(5)	$4f_2$	0.422	7.40	10.12	0.349	3.474
Fe(5)—O(1)	12k	0.412	7.26	9.24	0.349	3.532
Fe(5)—O(2)	12k	0.528	6.37	12.05	0.218	3.717
Fe(5)—O(4)	12k	0.341	6.21	9.42	0.303	3.451
Fe(5)—O(5)	12k	1.006	7.76	18.22	0.154	3.385

表 7.6　$BaFe_{12}O_{19}$ 晶体中各个对称性格位的同质异能位移

离　　子	Fe(1)	Fe(2)	Fe(3)	Fe(4)	Fe(5)
格　　位	2a	2b	$4f_1$	$4f_2$	12k
h	0.716	0.783	0.905	0.691	0.783
$\delta_{cal}/(mm/s)$	0.37	0.32	0.24	0.39	0.32
$\delta_{exp}^1/(mm/s)$	0.38	0.32	0.24	0.39	0.35
$\delta_{exp}^2/(mm/s)$	0.38	0.28	0.26	0.41	0.38
$\delta_{exp}^3/(mm/s)$	0.34	0.32	0.26	0.39	0.35

注：表中给出 3 种实验结果。

7.4.2　$BaFe_{18}O_{27}$ 晶体

晶体的晶胞参数 $a=5.88\text{Å}$、$c=32.84\text{Å}$，Ba 有一种格位，配位数为 12，Fe 有 7 种格位，其中 Fe(1) 格位的配位数为 5，Fe(4) 和 Fe(5) 格位的配位数为 4，其他格位的配位数都是 6。O 也有 7 种对称性格位，它们的阳离子配位数除 O(4) 是 5 外，其他的都是 4。利用复杂晶体化学键介电理论可写出该晶体的键子式方程如下

$BaFe_{18}O_{27}=$

$BaFe(1)Fe(2)_2Fe(3)_3Fe(4)_2Fe(5)_2Fe(6)_2Fe(7)_6O(1)_2O(2)_2O(3)_2O(4)_3O(5)_6O(6)_6O(7)_6$

$=Ba_{1/2}O(4)_{6/5}+Ba_{1/2}O(7)_{3/2}+Fe(1)_{2/5}O(3)_{1/2}+Fe(1)_{3/5}O(4)_{3/5}$

$\quad+Fe(2)O(5)_{3/2}+Fe(2)O(6)_{3/2}+Fe(3)O(2)_{3/2}+Fe(3)_2O(6)_3$

$\quad+Fe(4)_{1/2}O(1)_{1/2}+Fe(4)_{3/2}O(6)_{3/2}+Fe(5)_{1/2}O(2)_{1/2}$

$\quad+Fe(5)_{3/2}O(5)_{3/2}+Fe(6)O(4)_{6/5}+Fe(6)O(7)_{3/2}+Fe(7)O(1)_{3/2}$

$\quad+Fe(7)O(3)_{3/2}+Fe(7)_2O(5)_3+Fe(7)_2O(7)_3$

各类化学键的键参数列于表 7.7 中，离子的同质异能位移的计算值和测量值列于表 7.8 中。从分子式我们知道，在这个晶体中 Fe 离子是 2 价和 3 价共存，其中 2 个离子是 +2 价，其余离子是 +3 价。+2 价离子究竟处于哪个对称性格位，文献上曾经有过争论，用这种方法可以计算出各个对称性格位的 2 价或 3 价离子的同质异能位移并和实验值比较，我们可以发现 +2 价离子处于 $4f_3$ 格位时，与实验值符合，进一步证实了 +2 价离子应处于 $4f_3$ 的对称性格位的合理性，为晶体的结构分析提供了新的信息。

表 7.7　BaFe₁₈O₂₇ 晶体的化学键参数

键　　型	阳离子格位	$N_e^\mu/(10^{30}/m^3)$	E_h^μ/eV	C^μ/eV	f_c^μ	χ^μ
Ba—O(4)	2b	0.058	2.71	15.37	0.030	0.284
Ba—O(7)	2b	0.063	2.89	11.81	0.057	0.369
Fe(1)—O(3)	2d	0.724	4.97	11.28	0.163	6.490
Fe(1)—O(4)	2d	0.465	8.55	11.59	0.352	2.868
Fe(2)—O(5)	4f₃	0.571	7.25	13.73	0.218	3.014
Fe(2)—O(6)	4f₃	0.176	6.78	3.74	0.766	3.675
Fe(3)—O(2)	6g	0.516	6.67	12.96	0.209	3.137
Fe(3)—O(6)	6g	0.523	6.74	13.10	0.210	3.113
Fe(4)—O(1)	4e	0.684	8.42	7.86	0.534	7.046
Fe(4)—O(6)	4e	1.082	8.06	10.61	0.366	8.459
Fe(5)—O(2)	4f₁	0.642	7.97	7.46	0.533	7.359
Fe(5)—O(5)	4f₁	1.070	7.99	10.50	0.366	8.529
Fe(6)—O(4)	4f₂	0.659	6.43	19.63	0.097	1.929
Fe(6)—O(7)	4f₂	0.388	7.39	10.26	0.339	3.118
Fe(7)—O(1)	12k	0.492	6.41	12.44	0.210	3.248
Fe(7)—O(3)	12k	0.384	7.30	10.18	0.340	3.137
Fe(7)—O(5)	12k	0.315	6.20	8.58	0.343	3.626
Fe(7)—O(7)	12k	0.933	7.78	9.05	0.425	9.089

表 7.8　BaFe₁₈O₂₇ 晶体中各个对称性格位的同质异能位移

离　　子	Fe(1)	Fe(2)	Fe(3)	Fe(4)	Fe(5)	Fe(6)	Fe(7)
格　　位	2d	4f₃	6g	4e	4f₁	4f₂	12k
h	0.779	1.069	0.733	0.907	0.922	0.695	1.006
$\delta_{cal}^{2+}/(mm/s)$	1.14	0.932	1.17	1.05	1.04	1.19	0.98
$\delta_{cal}^{3+}/(mm/s)$	0.33	0.122	0.36	0.24	0.23	0.38	0.17
$\delta_{exp}^{1}/(mm/s)$	0.38	1.04	0.34	0.25	0.25	0.41	0.13
$\delta_{exp}^{2}/(mm/s)$	0.23	0.41	0.36	0.41	0.24	0.34	0.35

注：实验结果取自 2 篇文献。

7.4.3　BaTi(Sn)₂Fe₄O₁₁ 晶体

这类晶体是 R 型六角铁氧体，BaTi₂Fe₄O₁₁ 晶体的晶胞参数为 $a=5.847Å$、$c=13.6116Å$，BaSn₂Fe₄O₁₁ 晶体的晶胞参数为 $a=5.9624Å$、$c=13.7468Å$。Ba 是 1 种对称性格位，配位数为 12，Fe 有 3 种对称性格位，其中 1 种对称格位完全由 Fe 离子占据，配位数是 5，另外 2 个对称格位是 M(1)、M(2)，在这 2 个对称性格位中，Fe 和 Ti(Sn) 离子共同占据，配位数是 6。O 有 3 种对称性格位，O(1) 和 O(3) 的配位数是 4，O(2) 的配位数是 5。该晶体的键子式方程为

$$BaTi(Sn)_2Fe_4O_{11} = BaFe[Ti(Sn)Fe][Ti(Sn)Fe_2]O(1)_2O(2)_3O(3)_6$$
$$= BaFeM(1)_2M(2)_3O(1)_2O(2)_3O(3)_6$$
$$= Ba_{1/2}O(2)_{6/5} + Ba_{1/2}O(3)_{3/2} + Fe_{2/5}O(1)_{1/2} + Fe_{3/5}O(2)_{3/5}$$

$$+M(1)O(2)_{6/5}+M(1)O(3)_{3/2}+M(2)O(1)_{3/2}+M(2)_2O(3)_3$$

利用复杂晶体的介电化学键理论可以计算出晶体中各个键子式的化学键参数，结果分别列于表 7.9 和表 7.10 中，同质异能位移的计算值和测量值分别列于表 7.11 和表 7.12 中。从表中的结果可以发现，利用这种方法的计算值和实验值之间符合很好，并且同质异能位移和离子占据的对称格位是相应的，利用这种关系可以取得更多研究信息。

表 7.9　$BaTi_2Fe_4O_{11}$ 晶体的化学键参数

键　　型	阳离子格位	$N_e^\mu/(10^{30}/m^3)$	E_h^μ/eV	C^μ/eV	f_c^μ	χ^μ
Ba—O(2)	2a	0.076	2.77	12.98	0.044	0.410
Ba—O(3)	2a	0.084	3.02	10.15	0.081	0.823
Fe—O(1)	4f	0.890	4.82	8.83	0.229	12.343
Fe—O(2)	4f	0.585	8.45	9.60	0.437	4.768
M(1)—O(2)	4e	0.816	6.27	11.84	0.219	6.274
M(1)—O(3)	4e	0.790	7.75	9.54	0.398	7.184
M(2)—O(1)	6g	0.478	7.15	6.02	0.586	7.466
M(2)—O(3)	6g	0.955	7.15	12.41	0.249	6.377

表 7.10　$BaSn_2Fe_4O_{11}$ 晶体的化学键参数

键　　型	阳离子格位	$N_e^\mu/(10^{30}/m^3)$	E_h^μ/eV	C^μ/eV	f_c^μ	χ^μ
Ba—O(2)	2a	0.071	2.63	12.42	0.043	0.419
Ba—O(3)	2a	0.083	2.98	10.05	0.081	0.831
Fe—O(1)	4f	0.908	4.91	9.03	0.228	12.750
Fe—O(2)	4f	0.547	8.02	9.13	0.436	4.945
M(1)—O(2)	4e	0.750	5.87	15.90	0.120	3.566
M(1)—O(3)	4e	0.714	7.14	12.50	0.246	4.788
M(2)—O(1)	6g	0.439	6.68	8.51	0.382	5.119
M(2)—O(3)	6g	0.935	7.04	14.46	0.191	5.004

表 7.11　$BaTi_2Fe_4O_{11}$ 晶体的穆斯堡尔同质异能位移

	Fe	M(1)	M(2)
h	0.888	0.883	0.958
$\delta_{cal}/(mm/s)$	0.248	0.252	0.199
$\delta_{exp}/(mm/s)$	0.266	0.270	0.151

表 7.12　$BaSn_2Fe_4O_{11}$ 晶体的穆斯堡尔同质异能位移

	Fe^{3+}			Sn^{4+}		
	$\delta_{cal}/(mm/s)$	$\delta_{exp}/(mm/s)$	h	$\delta_{cal}'/(mm/s)$	$\delta_{exp}'/(mm/s)$	h'
Fe	0.241	0.229	0.898			
M(1)	0.412	0.358	0.654	0.056	0.159	0.731
M(2)	0.322	0.345	0.783	0.203	0.160	0.75

7.5　复合稀土铝酸盐 $LnMAl_{11}O_{19}$ 晶体的化学键和穆斯堡尔同质异能位移

$LnMAl_{11}O_{19}$ 晶体是一类重要的光学材料，掺杂稀土的单晶可以作为激光晶体，粉末可以作为高效的稀土发光粉。Ln 的位置是 3 价稀土离子，M 的位置是 2 价的碱土金属或过渡族元素。晶体结构属于六角对称性，空间群为 $P6_3/mmc$，晶胞参数 $a=b=5.58\text{Å}$，$c=22.00\text{Å}$，$Z=2$，和铅磁石 $PbFe_{12}O_{19}$ 的结构同构，Ln^{3+} 占据 Pb^{2+} 的位置，Al^{3+} 占据 Fe^{3+} 的位置，M 占据 Fe^{3+} 中的一个位置。晶体中，Ln^{3+} 占据 1 种对称性格位，周围有 12 个 O 配位，Al^{3+} 占据 5 种对称性格位，Al(1)、Al(4) 和 Al(5) 是 6 个 O 配位，Al(2) 是 5 个 O 配位，Al(3) 是 4 个 O 配位，O^{2-} 占据 5 种对称性格位，O(3) 的配位数是 5，其他的 O 都是 4 配位。M 占据 Al^{3+} 的对称性格位，但是，各种对称格位的占据概率不同，主要占据 Al(3) 的位置，详细的结构情况见示意图（见图 7.6）。

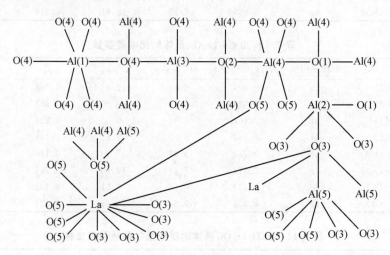

图 7.6　$LnMAl_{11}O_{19}$ 晶体的结构示意图

图中我们只给出了每种离子的详细配位情况的示意图，相同离子的配位情况一样。由于这种晶体在光学、磁学和力学性质上具有优良性能，所以，详细结构已经研究得十分清楚，根据结构情况我们首先写出晶体的键子式方程

$LaMgAl_{11}O_{19}$

$= La(M)Al(1)Al(2)Al(3)_2Al(4)_6Al(5)_2O(1)_2O(2)_2O(3)_3O(4)_6O(5)_6$

$= La_{1/2}O(3)_{6/5} + La_{1/2}O(5)_{3/2} + Al(1)O(4)_{3/2} + Al(2)_{2/5}O(1)_{1/2}$

$\quad + Al(2)_{3/5}O(3)_{3/5} + Al(3)_{1/2}O(2)_{1/2} + Al(3)_{3/2}O(4)_{3/2} + Al(4)O(1)_{3/2}$

$+Al(4)O(2)_{3/2}+Al(4)_2O(4)_3+Al(4)_2O(5)_3+Al(5)O(3)_{6/5}+Al(5)O(5)_{3/2}$

　　已经知道 $LnMgAl_{11}O_{19}$ 的介电常数是 3.3，我们可以利用复杂晶体化学键的理论对各类化学键的键参数进行计算，结果列于表 7.13 中，并可求出这类晶体的结构因子 $\beta=0.097$，于是，我们用同样方法也可以求出 $LnFeAl_{11}O_{19}$ 晶体的化学键参数（见表 7.14）。从表中结果我们可以发现，Al(3)—O 和 Mg—O 化学键的共价性较强，除了 Al(3) 的对称格位外，其他的化学键基本上是离子性的。由晶体结构知道，Al(3) 对称格位的配位数最少，这些结果表明晶体中金属离子的配位数和化学键性质是密切相关的。

表 7.13　$LnMgAl_{11}O_{19}$ 晶体的化学键参数

键　型	阳离子格位	$d^{\mu}/Å$	$N_e^{\mu}/(10^{30}/m^3)$	E_h^{μ}/eV	C^{μ}/eV	f_c^{μ}	χ^{μ}
La—O(3)	2d	2.810	0.108	3.07	21.09	0.021	0.202
La—O(5)	2d	2.676	0.125	3.46	17.04	0.040	0.425
Al(1)—O(4)	2a	1.881	0.721	8.29	18.09	0.174	2.110
Al(2)—O(1)	4e	2.191	0.913	5.68	13.27	0.155	5.434
Al(2)—O(3)	4e	1.767	0.580	9.69	14.59	0.306	2.186
Mg—O(2)	$4f_1$	1.960	0.510	7.49	6.42	0.576	6.497
Al(3)—O(2)	$4f_1$	1.780	1.021	9.51	10.55	0.448	6.336
Mg—O(4)	$4f_1$	1.929	0.713	7.79	8.23	0.473	6.944
Al(3)—O(4)	$4f_1$	1.749	1.436	9.93	12.97	0.370	6.789
Al(4)—O(1)	12k	1.870	0.489	8.42	14.30	0.257	2.030
Al(4)—O(2)	12k	1.951	0.646	7.58	16.67	0.171	2.239
Al(4)—O(4)	12k	1.973	0.521	7.37	14.59	0.203	2.253
Al(4)—O(5)	12k	1.841	1.026	8.75	22.46	0.132	2.064
Al(5)—O(3)	$4f_2$	1.974	0.728	7.36	22.91	0.093	1.405
Al(5)—O(5)	$4f_2$	1.867	0.615	8.45	16.46	0.209	2.070

表 7.14　$LnFeAl_{11}O_{19}$ 晶体的化学键参数

键　型	阳离子格位	$d^{\mu}/Å$	$N_e^{\mu}/(10^{30}/m^3)$	E_h^{μ}/eV	C^{μ}/eV	f_c^{μ}	χ^{μ}
La—O(3)	2d	2.797	0.110	3.10	21.30	0.021	0.201
La—O(5)	2d	2.697	0.122	3.39	16.75	0.039	0.429
Al(1)—O(4)	2a	1.881	0.720	8.29	18.09	0.174	2.108
Al(2)—O(1)	4e	2.208	0.891	5.57	13.03	0.155	5.506
Al(2)—O(3)	4e	1.773	0.573	9.60	14.48	0.306	2.193
Fe—O(2)	$4f_1$	1.990	0.487	7.21	5.46	0.636	8.016
Al(3)—O(2)	$4f_1$	1.750	1.073	9.92	10.96	0.450	6.145
Fe—O(4)	$4f_1$	1.952	0.688	7.57	7.09	0.533	8.696
Al(3)—O(4)	$4f_1$	1.712	1.529	10.48	13.63	0.371	6.526
Al(4)—O(1)	12k	1.863	0.494	8.49	14.42	0.257	2.014
Al(4)—O(2)	12k	1.951	0.646	7.58	16.68	0.171	2.235
Al(4)—O(4)	12k	1.975	0.519	7.35	14.57	0.203	2.250
Al(4)—O(5)	12k	1.838	1.030	8.78	22.56	0.132	2.051
Al(5)—O(3)	$4f_2$	1.976	0.725	7.34	22.88	0.093	1.404
Al(5)—O(5)	$4f_2$	1.869	0.612	8.43	16.43	0.208	2.067

从表中的化学键参数的结果，我们可以计算 Fe^{2+} 和 Eu^{3+} 在晶体中的环境因子，利用前面给出的相应公式，求出的同质异能位移，可以发现计算值和实验值之间符合很好（见表 7.15），这个结果说明了这种方法的实用性。

表 7.15　LnMAl₁₁O₁₉晶体中的穆斯堡尔同质异能位移

晶　　体	离子	键型	$\alpha_L^\mu/(10^{-3}\mathrm{nm^3})$	h	$\delta_{cal}/(\mathrm{mm/s})$	$\delta_{exp}/(\mathrm{mm/s})$
LaFeAl₁₁O₁₉	Fe^{2+}	Fe—O(2)	0.519	1.060	0.938	0.90
		Fe—O(4)	0.497			
LaMgAl₁₁O₁₉：Eu	Eu^{3+}	La—O(3)	0.076	0.191	−0.87	−0.87
		La—O(5)	0.113			

7.6　高温超导体晶体的化学键和穆斯堡尔同质异能位移

高温超导体出现以后，人们从各个方面和使用各种方法来研究高温超导体的导电机理，其中，穆斯堡尔方法也被用来研究晶体中离子局域性质，本节介绍几个高温超导的应用情况。

7.6.1　La₂CuO₄ 高温超导体的化学键和穆斯堡尔同质异能位移

La₂CuO₄ 高温超导体和 K₂NiF₄ 晶体同构，又称为 214 结构，正交对称性，*Bmab* 空间群。当用 2 价的碱土金属离子取代部分稀土离子后晶体结构由正交对称性变为四方对称性，空间群由 *Bmab* 空间群变为 *I4/mmm* 空间群。每个原胞内含有 4 个分子，晶胞参数 $a \approx b = 5.4\text{Å}$、$c = 13.2\text{Å}$。晶体中 La 是 9 个 O 配位，Cu 是 6 个 O 配位，晶体的键子式方程如下

$$\begin{aligned} La_2CuO_4 &= La_2CuO(1)_2O(2)_2 \\ &= La_{8/9}O(1)_{4/3} + La_{2/9}O(2)_{1/3} + La_{8/9}O(2')_{4/3} \\ &\quad + Cu_{2/3}O(1)_{2/3} + Cu_{1/3}O(2)_{1/3} \end{aligned}$$

利用晶体结构计算得到的晶体中各个化学键参数列于表 7.16 中。

表 7.16　La₂CuO₄ 晶体的化学键参数

键　型	$d^\mu/\text{Å}$	$N_e^\mu/(10^{30}/\mathrm{m^3})$	E_h^μ/eV	C^μ/eV	f_c^μ	χ^μ
CuO(1)	1.89	0.805	8.09	14.13	0.247	3.945
CuO(1)	2.41	0.391	4.43	6.24	0.336	8.990
LaO(1)	2.635	0.303	3.59	20.87	0.029	0.925
LaO(2)	2.455	0.432	4.82	27.88	0.029	0.647
LaO(2′)	2.685	0.265	3.21	18.68	0.029	0.908

晶体中分别掺入 Fe 和 Sn 离子时可以测量它们的穆斯堡尔谱图，求出离子的穆斯堡尔同质异能位移，并且利用前面的方法对不同化合价离子处于 Cu 离子

格位的穆斯堡尔同质异能位移进行计算，因为 Fe 和 Sn 离子主要进入 Cu 离子的格位，详细结果列于表 7.17 和表 7.18 中。

表 7.17　Fe 在 La_2CuO_4 晶体中的穆斯堡尔同质异能位移

	f_c^μ	h	$\delta_{cal}(Fe^{2+})$/(mm/s)	$\delta_{cal}(Fe^{4+})$/(mm/s)	$\delta_{cal}(Fe^{3+})$/(mm/s)	δ_{exp}/(mm/s)
CuO(1)	0.247					
		0.748	1.156	-0.054	0.346	0.305 ± 0.002
CuO(2)	0.336					

表 7.18　Sn 在 La_2CuO_4 晶体中的穆斯堡尔同质异能位移

	f_c^μ	h	$\delta_{cal}(Sn^{4+})$/(mm/s)	δ_{exp}/(mm/s)
CuO(1)	0.247			
		0.748	0.162	0.14 ± 0.03
CuO(2)	0.336			

从表中的结果我们可以看到，Fe 离子取代 Cu 离子后是以 Fe^{3+} 的形式存在，而 Sn 离子取代 Cu 离子后是以 Sn^{4+} 存在，因为计算值和测量值之间一致。

7.6.2　Bi 系高温超导体的化学键和穆斯堡尔同质异能位移

Bi 系高温超导体是一类很有特点的氧化物超导体，它有几种不同的分子类型，其分子式通式可以表示为 $Bi_2Sr_2Ca_{n-1}Cu_nO_{2n+4}$。由于得到这种晶体单晶十分困难，所以，精细的结构尚很难确定，目前文献上报告了很多结构，主要是正交对称性和赝四方对称性，这里，我们以赝四方对称性为例，对其化学键性质和穆斯堡尔同质异能位移进行研究。晶体的空间群是 $I4/mmm$，原胞中含有 4 个分子，晶体中 Bi 离子是 6 配位，Sr 离子是 9 配位，Ca 离子是 8 配位，在 $Bi_2Sr_2CuO_6$(Bi2201)中，Cu 离子是 6 配位，在 $Bi_2Sr_2CaCu_2O_8$(Bi2212) 晶体中 Cu 离子是 5 配位，在 $Bi_2Sr_2Ca_2Cu_3O_{10}$ (2223) 晶体中 Cu(1) 离子是 4 配位，Cu(2) 离子是 5 配位。在 $Bi_2Sr_2Ca_{n-1}Cu_nO_{2n+4}$ 晶体中 $n=1$、2、3 的晶体已经被研究，$n>4$ 的晶体至今尚未被合成。我们首先利用复杂晶体的介电化学键的理论研究这 3 种晶体的化学键参数。根据结构，写出晶体的键子式方程

$$
\begin{aligned}
Bi_2Sr_2CuO_6 &= Bi_2Sr_2CuO(1)_2O(2)_2O(3)_2 \\
&= Bi_{1/3}O(2)_{1/3} + Bi_{5/3}O(3)_{5/3} + Sr_{8/9}O(1)_{4/3} + Sr_{8/9}O(2)_{4/3} \\
&\quad + Sr_{2/9}O(3)_{1/3} + Cu_{2/3}O(1)_{2/3} + Cu_{1/3}O(2)_{1/3} \\
Bi_2Sr_2CaCu_2O_8 &= Bi_2Sr_2CaCu_2O(1)_2O(2)_2O(3)_2O(4)_2 \\
&= Bi_{1/3}O(3)_{1/3} + Bi_{5/3}O(4)_{5/3} + Sr_{4/9}O(1)_{2/3} + Sr_{4/9}O(2)_{2/3} \\
&\quad + Sr_{8/9}O(3)_{4/3} + Sr_{2/9}O(4)_{1/3} + Ca_{1/2}O(1)_{2/3} \\
&\quad + Ca_{1/2}O(2)_{2/3} + Cu_{4/5}O(1)_{2/3} + Cu_{4/5}O(2)_{2/3} + Cu_{2/5}O(3)_{1/3}
\end{aligned}
$$

$$Bi_2Sr_2Ca_2Cu_3O_{10} = Bi_2Sr_2Ca_2Cu(1)Cu(2)_2O(1)_2O(2)_4O(3)_2O(4)_2$$
$$= Bi_{1/3}O(3)_{1/3} + Bi_{5/3}O(4)_{5/3} + Sr_{8/9}O(2)_{4/3}$$
$$+ Sr_{8/9}O(3)_{4/3} + Sr_{2/9}O(4)_{1/3} + CaO(1)_{4/3} + CaO(2)_{4/3}$$
$$+ Cu(1)O(1)_{2/3} + Cu(2)_{8/5}O(2)_{4/3} + Cu(2)_{2/5}O(3)_{1/3}$$

利用键子式方程，我们可以对晶体中各个化学键的参数进行近似估算，其结果分别列于表 7.19～表 7.21 中。

表 7.19　Bi$_2$Sr$_2$CuO$_6$ 的化学键参数

键　型	d^μ/Å	E_h^μ/eV	C^μ/eV	f_c^μ	χ^μ
BiO(2)	1.97	7.39	38.71	0.03	1.91
BiO(3)	2.80	3.09	9.55	0.09	3.62
SrO(1)	2.59	3.75	22.55	0.03	0.50
SrO(2)	2.81	3.06	13.20	0.05	0.58
SrO(3)	2.87	2.91	8.43	0.11	0.60
CuO(1)	1.90	8.90	15.46	0.21	3.37
CuO(2)	2.58	3.79	3.68	0.51	10.15
Bi$_2$Sr$_2$CuO$_6$	$a=b=3.90$Å, $c=24.40$Å, $Z=4$, 空间群 $I4/mmm$				

表 7.20　Bi$_2$Sr$_2$CaCu$_2$O$_8$ 晶体的化学键参数

键　型	d^μ/Å	E_h^μ/eV	C^μ/eV	f_c^μ	χ^μ
BiO(3)	2.16	5.89	30.56	0.04	2.38
BiO(4)	2.81	3.07	9.43	0.10	3.66
SrO(1)	2.45	4.31	25.52	0.03	0.47
SrO(2)	2.72	3.32	19.97	0.03	0.57
SrO(3)	2.83	3.01	18.36	0.03	0.26
SrO(4)	2.39	4.58	12.33	0.12	0.49
CaO(1)	2.30	5.04	21.24	0.05	0.66
CaO(2)	2.87	2.91	12.54	0.05	1.04
CuO(1)	1.96	7.49	13.46	0.24	4.74
CuO(2)	1.96	7.49	13.46	0.24	4.74
CuO(3)	2.48	4.18	3.83	0.54	10.04
Bi$_2$Sr$_2$Cu$_2$O$_8$	$a=b=3.80$Å, $c=30.80$Å, $Z=4$, 空间群 $I4/mmm$				

表 7.21　Bi$_2$Sr$_2$Ca$_2$Cu$_3$O$_{10}$ 晶体的化学键参数

键　型	d^μ/Å	E_h^μ/eV	C^μ/eV	f_c^μ	χ^μ
BiO(3)	1.86	8.53	43.51	0.04	1.91
BiO(4)	2.75	3.23	9.74	0.10	3.90
SrO(2)	2.66	3.51	20.59	0.03	0.60
SrO(3)	2.70	3.38	14.17	0.05	0.61
SrO(4)	2.99	2.63	7.53	0.11	0.73

续表

键　　型	$d^{\mu}/\text{Å}$	E_h^{μ}/eV	C^{μ}/eV	f_c^{μ}	χ^{μ}
CaO(1)	2.70	3.38	14.24	0.05	0.99
CaO(2)	2.93	2.76	11.69	0.05	1.16
Cu(1)O(1)	1.91	7.99	6.44	0.60	14.55
Cu(2)O(2)	1.91	7.99	14.19	0.24	4.83
Cu(2)O(3)	2.37	4.68	4.99	0.47	8.23
$Bi_2Sr_2Cu_3O_{10}$	$a=b=3.80\text{Å}$, $c=37.10\text{Å}$, $Z=4$, 空间群 $I4/mmm$				

　　利用化学键的参数，我们可以计算晶体中各个对称格位的环境因子，进而求出各个格位在掺入不同化合价离子时的穆斯堡尔同质异能位移，和实验结果相比较，可以确定掺入的格位和化合价的状态。穆斯堡尔同质异能位移的计算结果和实验结果比较的详细情况见表 7.22 和表 7.23，表 7.22 的结果是掺入 Fe 离子的情况，表 7.23 的结果是掺入 Sn 离子的情况。

表 7.22　$Bi_2Sr_2Ca_{n-1}Cu_nO_{2n+4}$ 晶体中 Fe 离子的穆斯堡尔同质异能位移

晶　体	格　位	h	$\delta_{cal}(Fe^{2+})$ /(mm/s)	$\delta_{cal}(Fe^{4+})$ /(mm/s)	$\delta_{cal}(Fe^{3+})$ /(mm/s)	δ_{exp} /(mm/s)
Bi2201	Cu	0.98	0.99	-0.22	0.18	0.19
Bi2212	Cu	0.81	1.11	-0.10	0.30	0.28, 0.3
	Cu(1)	0.90	1.06	-0.16	0.24	0.24, 0.243
Bi2223						
	Cu(2)	0.81	1.11	-0.10	0.30	

表 7.23　$Bi_2Sr_2Ca_{n-1}Cu_nO_{2n+4}$ 晶体中 Sn 离子的穆斯堡尔同质异能位移

晶　体	格　位	h	$\delta_{cal}(Sn^{4+})$/(mm/s)	δ_{exp}/(mm/s)
Bi2212	Cu	0.81	0.23	0.24
	Cu(1)	0.90	0.34	0.34
Bi2223				
	Cu(2)	0.81	0.23	0.24

　　表中结果表明：掺入 Fe 离子时，在各个晶体中以 Fe^{3+} 的状态存在，取代了 Cu 离子，在 Bi2223 晶体中是取代了 Cu(1) 格位。在掺入 Sn 离子时，对于 Bi2212 和 Bi2223 晶体，所有 Cu 离子的格位都能进入并以 Sn^{4+} 状态存在。

参 考 文 献

高发明. 复杂晶体化学键介电理论及其在材料科学中的应用. [博士论文]. 秦皇岛：燕山大学，2002

高发明，李东春，张思远. 人工晶体学报，2001，30：198

高发明，李东春，张思远. 中国稀土学报，2001，19：209

高发明，张思远. 低温物理学报，2001，23，133

高发明，张思远. 低温与超导，2001，29：53～57

高发明，张思远. 分子科学学报，2001，17：77～81

高发明，张思远. 化学学报. 2004，62：789

马如璋，徐英庭. 穆斯堡尔谱学，北京：科学出版社，1998

Azdad S，Gorochov O，Dormann J L. J. Less-Common. Metals，1990，164：588

Belozerski G N，Khimich Yu P et al. Fiz. Tverd. Tela.，1975，17：871

Bhargava S C，Chakrabarty J S，Singh S. Solid. State. Commun，1999，109：311

Bruchall T，Hallett C. Solid. State. Commun.，1985，56：77

Cadee M C，Ijdo D J W. J. Solid. State. Chem.，1984，52：302

Gao F M，Li D C，Zhang S. Y. J. Phys：Condens. Matter.，2003，15：5079

Gerth G，Kienle P，Luchner K. Phys. Lett A，1968，27：557

Kahn A，Lejus A M，Madsac M. J. Appl. Phys，1981，52，6864

Li Y，Cao G H，Ma R Z，Zhao Z X. Physica C，1994，235：1247

Liu P X，Jiao H Z，Zhang Y C. Acta Phys. Sinica.，1985，34：129

Ma R. Z. Handbook of Mossbauer Spectroscopy，Beijing：Yejingongye Press，1993

Massa N E，Duhalde S，Fainstein C. Ferroelectrics，1992，128：249

Menil F. J. Phys. Chem. Solids，1985，46：763

Muir A. H. Mossbauer Effect Data Index，New York：Interscience，1969

Nasredinov F S，Prokfeva LV. Sov. Phys. Solid State，1985，26：522

Nishihara Y，Tokumoto M. J. Phys. Soc. Japan，1988，57：348

Obradors X，Collimb A. J. Pannetier，Mater. Res. Bull.，1983，18：1543

Pasternak M P，Taylor R D. Solid. State. Commun，1990，73：33

Tronc E，Laville F et al. J. Solid. State. Chem，1989，81，192

Tronc E，Saber D et al. J. Less-Comm. Metals，1985，111：321

Zhang D Y，Yang B F，Jiang Y，Wu Y H，Wang X Y，Ruan Y Z. Solid. State. Commun，
　　1992，83：999

第 8 章　晶体的晶格能和硬度

晶格能又称点阵能，它是指 0K 时 1mol 离子化合物的正、负离子由相互分离的气态结合成晶体时所释放的能量。对固体来说，它反映了固体中离子间结合力的大小，晶格能越大晶体越稳定。对于简单晶体，可以通过 Born-Haber 循环间接测定，也有一些理论计算方法。其中基于离子间静电吸引和排斥作用的物理机制的计算方法最为普遍。比如，

Born-Lande 方程

$$U = A \frac{Le^2 Z_+ Z_-}{4\pi\varepsilon_0 r_0} \left(1 - \frac{1}{n}\right) \tag{8.1}$$

式中：L 是阿伏伽德罗（Avogadro）常量；A 是马德隆（Madelung）常量；r_0 是离子间的平衡距离；ε_0 是真空介电常数；n 是波恩常量（Born 电子间的排斥指数）。

Born-Mayer 方程

$$U = A \frac{Le^2 Z_+ Z_-}{4\pi\varepsilon_0 r_0} \left(1 - \frac{\rho}{r_0}\right) \tag{8.2}$$

式中：ρ 是一个软度参数，对于碱金属卤化物，多数晶体 ρ 的值近似为常数 0.345。

Kapustinskii 方程

$$U = \frac{1201.6 \sum n Z_+ Z_-}{(r_1 + r_2)} \left[1 - \frac{0.345}{(r_1 + r_2)}\right] \tag{8.3}$$

式中：r_1 和 r_2 是离子在六配位情况下的半径；$\sum n$ 是每个分子中的离子总数。这个方程是在 Born 原理的基础上，考虑了某些量子效应和经验结果，引入了一些常数值。后来，上述这些方程被广泛应用，尤其是 Kapustinskii 方程应用最广。结合晶体中离子间的实际作用情况，我们知道，晶体中 100% 的离子键是不存在的，阳离子的电子转移是不完全的，必须考虑化学键性的影响，我们从化学键理论出发提出了如下计算方法。

8.1　简单晶体的晶格能

假设简单晶体的晶格能 U_b 分为离子性贡献 U_{bi} 和共价性 U_{bc} 贡献两部分。例如，对 $A_m B_n$ 型化学键，我们给出晶格能的计算公式为

$$U_{\mathrm{b}} = U_{\mathrm{bc}} + U_{\mathrm{bi}} \tag{8.4}$$

$$U_{\mathrm{bc}} = 2100m \frac{(Z_+)^{1.64}}{(d)^{0.75}} f_{\mathrm{c}} \tag{8.5}$$

$$U_{\mathrm{bi}} = 1270 \frac{(m+n)Z_+ Z_-}{d} \left(1 - \frac{0.4}{d}\right) f_{\mathrm{i}} \tag{8.6}$$

式中：Z_+、Z_- 分别是阳离子和阴离子在化学键中所呈现的化合价；m、n 分别是阳离子和阴离子在化学分子式中的数目；d 是化学键长；f_{i}、f_{c} 分别是化学键的离子性和共价性。公式中的常数是通过大量的实验值拟合给出的。为了证明公式的正确性，我们首先对简单晶体的晶格能进行了计算，并和实验值比较，结果列于表 8.1 中。从表中结果可以看出计算值和实验值之间符合得很好。

表 8.1　简单晶体的晶格能计算值 U_{cal} 和实验值 U_{exp} 比较

晶　体	$d/\text{Å}$	f_{i}	U_{c} /(kJ/mol)	U_{i} /(kJ/mol)	U_{cal} /(kJ/mol)	U_{ref} /(kJ/mol)	U_{exp} /(kJ/mol)
LiF	2.01	0.914	107	925	1032	1028	1036
LiCl	2.57	0.903	100	754	854	870	853
LiBr	2.75	0.896	102	707	809	824	807
LiI	3.02	0.890	101	649	750	718	757
NaF	2.31	0.946	61	860	921	953	923
NaCl	2.81	0.936	62	726	788	805	786
NaBr	2.98	0.934	62	688	751	760	747
NaI	3.23	0.929	62	640	702	710	704
KF	2.67	0.954	46	772	818	840	821
KCl	3.14	0.951	44	671	715	725	715
KrBr	3.29	0.953	40	646	687	685	682
KI	3.53	0.948	42	605	647	656	649
RbF	2.82	0.955	43	738	782	803	785
RbCl	3.29	0.956	38	648	686	690	689
RbBr	3.43	0.955	37	625	662	655	660
RbI	3.66	0.954	37	590	626	622	630
CsF	3.01	0.964	33	705	738	765	740
CsCl	3.47	0.962	31	623	654	650	659
CsBr	3.62	0.965	28	602	630	625	631
CsI	3.83	0.965	27	573	600	580	604
AgCl	2.778	0.856	140	670	811	864	915
AgBr	2.888	0.85	142	644	786	830	904
CuCl	2.34	0.882	131	794	925	921	996
CuBr	2.524	0.877	278	622	900	879	979
CuI	2.607	0.859	144	709	853	835	966
BeO	1.649	0.620	1709	2893	4603	4293	4443
BeS	2.105	0.611	1457	2389	3846	3927	3910
BeSe	2.225	0.610	1401	2285	3686	3431	
BeTe	2.436	0.592	1369	2064	3433	3319	

续表

晶 体	$d/\text{Å}$	f_i	U_c /(kJ/mol)	U_i /(kJ/mol)	U_{cal} /(kJ/mol)	U_{ref} /(kJ/mol)	U_{exp} /(kJ/mol)
MgO	2.105	0.839	595	3288	3883	3420	3349
MgS	2.602	0.79	671	2610	3281	3795	3791
MgSe	2.731	0.789	650	2505	3155	3071	3341
MgTe	2.77	0.589	1253	1848	3101	2878	3081
CaO	2.405	0.916	295	3215	3510	3414	3401
CaS	2.846	0.907	278	2784	3062	3174	3199
CaSe	2.962	0.905	275	2685	2960	2858	2862
CaTe	3.179	0.897	283	2506	2789	2721	2843
SrO	2.58	0.928	231	3088	3319	3217	3223
SrS	3.01	0.917	238	2684	2922	3006	2848
SrSe	3.122	0.917	231	2602	2833	2736	2901
SrTe	3.331	0.908	244	2437	2681	2599	2793
BaO	2.77	0.931	210	2922	3132	3029	3054
BaS	3.194	0.935	178	2602	2780	2818	2725
BaSe	3.302	0.937	168	2534	2702	2709	2611
BaTe	3.50	0.940	153	2417	2570	2473	
ZnO	1.976	0.653	1363	2678	4041	4142	3971
ZnS	2.34	0.621	1310	2234	3544	3509	3567
ZnSe	2.45	0.623	1258	2159	3417	3425	3514
ZnTe	2.63	0.599	1268	1957	3225	3416	
CdS	2.53	0.679	1047	2294	3341	3341	3341
CdSe	2.63	0.684	1001	2239	3240	3257	3249
CdTe	2.80	0.675	981	2096	3077	3212	
MnO	2.22	0.887	406	3325	3731	3724	3745
FeO	2.155	0.873	467	3352	3819	3795	3865
CoO	2.13	0.858	527	3324	3851	3837	3910
NiO	2.088	0.841	599	3308	3907	3908	4010
MgF_2	1.992	0.911	347	2785	3132	2913	2957
CaF_2	2.366	0.968	110	2590	2700	2609	2630
$SrCl_2$	2.99	0.968	92	2137	2229	2127	2156
SrF_2	2.51	0.971	95	2478	2573	2476	2492
BaF_2	2.685	0.974	82	2342	2424	2341	2352
AlN	1.892	0.445	4378	4240	8618		
LaN	2.65	0.759	1477	5559	7036	6876	6793
NbN	2.35	0.720	1877	5812	7689	7939	8022
ScN	2.22	0.678	2253	5724	7977	7547	7506
GeO_2	1.88	0.730	3430	9317	12 748	12 828	
SnO_2	2.054	0.784	2735	9201	11 936	11 807	
ThO_2	2.443	0.834	1733	8702	10 435	10 397	
Y_2O_3	2.285	0.845	1061	11 623	12 684	12 705	

注：U_{ref} 为其他研究者的计算值。

8.2　复杂晶体的晶格能

对于复杂晶体来说，无论在理论或实验上都还没有成熟的有效方法。复杂离子晶体中含有较多种类的元素离子（包括阴、阳离子），呈现出比较复杂的分子式形式，含有较多种类的化学键，因而计算晶格能显得非常麻烦。后来，人们在 Kapustinskii 方程的基础上，逐渐发展了对复杂晶体的晶格能的计算方法，近年来有人从分子式及分子体积出发，发展了相对简洁的对晶格能的估算方法，但是，这些方法只适用某些特殊类型的晶体，缺乏普适性。

复杂离子晶体由多种类的阴、阳离子构成，晶体是离子和离子间化学键形成的集合体，分解晶体为气态粒子的过程就是拆分晶体中各个化学键的过程。近邻阴、阳离子间的最强烈的作用应为离子间的电荷作用，它是无机晶体中最主要的作用，也是晶格能的主要来源。复杂晶体总的晶格能正是拆开各类化学键所需能量的总和，故它可以看作是来自所有各类化学键的贡献。这样我们可以以化学键为单位，分别求出各类化学键对晶格能的贡献，各类化学键晶格能的总和即为复杂晶体总的晶格能。因此，我们首先按照复杂晶体的介电化学键理论方法将复杂晶体分解为含单键的键子式，计算各个键子式的晶格能，键子式都是简单二元晶体，复杂晶体总的晶格能 U_{cal} 为其所分解得到的各"单键晶体"的晶格能总和，即

$$U_{cal} = \sum_{\mu} U_b^{\mu} \tag{8.7}$$

$$U_b^{\mu} = U_{bc}^{\mu} + U_{bi}^{\mu} \tag{8.8}$$

$$U_{bc}^{\mu} = 2100m \frac{(Z_+^{\mu})^{1.64}}{(d^{\mu})^{0.75}} f_c^{\mu} \tag{8.9}$$

$$U_{bi}^{\mu} = 1270 \frac{(m^{\mu} + n^{\mu}) Z_+^{\mu} Z_-^{\mu}}{d^{\mu}} \left(1 - \frac{0.4}{d^{\mu}}\right) f_i^{\mu} \tag{8.10}$$

式中：Z_+^{μ}、Z_-^{μ} 分别是阳离子和阴离子在第 μ 类化学键中所呈现的化合价；m^{μ}、n^{μ} 分别是阳离子和阴离子在第 μ 类化学键中的数目；d^{μ} 是第 μ 类化学键长；f_i^{μ}、f_c^{μ} 分别是第 μ 类化学键的离子性和共价性。

我们先以 ZrO_2 为例说明计算方法，这个晶体看似简单，实际上是个结构复杂的晶体，其结构数据来自《Wyckoff 晶体结构手册》，Zr 原子占据 1 种对称性格位，而 O 原子有 2 种对称性格位，计算显示，Zr 原子有 7 个 O 配位，其中 3 个 O(1)、4 个 O(2)，O(1)、O(2) 与 Zr 的配位数分别为 3 和 4，按照上述方法，其键子式方程如下

$$ZrO_2 = Zr_{1/7}O(1^1)_{1/3} + Zr_{1/7}O(1^2)_{1/3} + Zr_{1/7}O(1^3)_{1/3} + Zr_{1/7}O(2^1)_{1/4}$$

$$+ Zr_{1/7}O(2^2)_{1/4} + Zr_{1/7}O(2^3)_{1/4} + Zr_{1/7}O(2^4)_{1/4} \qquad (8.11)$$

式中：$Zr_{1/7}O(1^1)_{1/3}$、$Zr_{1/7}O(1^2)_{1/3}$ 和 $Zr_{1/7}O(1^3)_{1/3}$ 代表不同化学键键长的 Zr—O(1)键。根据复杂晶体化学键理论，我们取 Zr 原子的有效价电子数为 $Z_{Zr}^* = 4$，O 的有效价电子数由电中性原理确定。比如，在 Zr—O(1) 键中，$Z_O^* = 5.1429$（原子状态下为 6），在 Zr—O(2) 键中，$Z_O^* = 6.8571$，这些数值恰恰反映了 O 原子的不同对称性格位中，由于周围环境不同，它们所呈现的有效价电子数是不同的。ZrO_2 折射率 $n = 2.173$。有了这些数据，所有的化学键参数均可以被计算，具体计算结果列于表 8.2 中。

表 8.2　ZrO_2 中各类键的键参数

	d^μ/Å	$(N_e^\mu)^*$	N_c^μ	E_h^μ/eV	C^μ/eV	E_g^μ	f_i^μ
Zr—O(1)	2.033	0.5447	4.2000	6.8382	10.5635	12.5837	0.705
Zr—O(1)	2.090	0.5015	4.2000	6.3865	9.9253	11.8025	0.707
Zr—O(1)	2.141	0.4668	4.2000	6.0178	9.3988	11.1607	0.709
Zr—O(2)	2.169	0.4485	5.0909	5.8231	13.3938	14.6049	0.841
Zr—O(2)	2.149	0.4614	5.0909	5.9612	13.6869	14.9288	0.841
Zr—O(2)	2.252	0.4009	5.0909	5.3077	12.2876	13.3649	0.843
Zr—O(2)	2.253	0.4001	5.0909	5.2989	12.2686	13.3641	0.843

根据键子式方程、化学键长、化学键的离子性等数据，我们可以开始计算晶格能，对于键 $Zr_{1/7}O(1^1)_{1/3}$，复杂晶体化学键理论认为阳离子（Zr 离子）所呈现的价电荷为：$Z_+ = 4$，则阴离子（O 离子）化合价 $Z_- = \dfrac{4 \times 3}{7} = 1.7143$（注意：这里不同于有效价电子数的概念），$f_i = 0.705$，我们可以得到 $U_{bc}^\mu = 505\text{kJ/mol}$，$U_{bi}^\mu = 1155\text{kJ/mol}$，$U_b = 1660\text{kJ/mol}$，对于键 $Zr_{1/7}O(2^1)_{1/4}$，$Z_+ = 4$，$Z_- = \dfrac{4 \times 4}{7} = 2.2857$，$f_i = 0.841$，则 $U_{bc}^\mu = 259\text{kJ/mol}$，$U_{bi}^\mu = 1443\text{kJ/mol}$，$U_b = 1702\text{kJ/mol}$，其他各类化学键可用类似方法计算，所有结果列于表 8.3 中。

表 8.3　ZrO_2 的晶格能

晶体	键型	d^μ/Å	f_i^μ	U_{bc}^μ /(kJ/mol)	U_{bi}^μ /(kJ/mol)	U_b^μ /(kJ/mol)	U_{cal} /(kJ/mol)	U_{ref} /(kJ/mol)
	Zr—O(1)	2.033	0.705	505	1155	1660		
	Zr—O(1)	2.090	0.707	491	1134	1626		
	Zr—O(1)	2.141	0.709	479	1117	1596		
ZrO_2	Zr—O(2)	2.169	0.841	259	1443	1702	11 604	11 188
	Zr—O(2)	2.149	0.841	261	1453	1714		
	Zr—O(2)	2.252	0.843	249	1404	1653		
	Zr—O(2)	2.253	0.843	249	1404	1653		

事实上，由于 3 个 Zr—O(1) 化学键，除了化学键长不同外，其余情况一

样，而化学键长又差别不大，我们可以把它们当作完全相类似的化学键来处理，取平均化学键长。4 个 Zr—O(2) 化学键也可作类似处理，此时键子式方程可简化表达为

$$ZrO_2 = Zr_{3/7}O(1) + Zr_{4/7}O(2) \tag{8.12}$$

按照这种方式计算的化学键性和化学键的晶格能列于表 8.4 中，可以发现 f_i^μ 和表 8.2 的结果几乎相同，最终的晶格能也非常接近。这是我们在计算键参数过程中可以使用的合理的近似处理。

表 8.4　复杂离子晶体晶格能的计算及与其他方法计算值的比较

晶体	键型	d^μ/Å	f_i^μ	U_{bc}^μ /(kJ/mol)	U_{bi}^μ /(kJ/mol)	U_b^μ /(kJ/mol)	U_{cal} /(kJ/mol)	U_{ref} /(kJ/mol)
ZrO$_2$	Zr—O(1)	2.088	0.707	1475	3406	4881		
	Zr—O(2)	2.206	0.842	1017	5702	6719	11 600	11 188
Al$_2$O$_3$	Al—O(1)	1.969	0.797	1554	6144	7699		
	Al—O(2)	1.856	0.792	1665	6377	8042	15 740	15 916
MgAl$_2$O$_4$	Mg—O	1.954	0.566	1719	2340	4059		19 269
	Al—O	1.901	0.857	2248	13 562	15 810	19 869	19 192
Y$_3$Al$_5$O$_{12}$	Y—O	2.367	0.934	1320	16 866	18 186		59 795
	Al(1)—O	1.937	0.869	2031	13 563	15 594	62 280	58 006
	Al(2)—O	1.761	0.688	7792	20 707	28 499		
NdFeO$_3$	Nd—O(1)	2.8049	0.9259	145	1617	1763		
	Nd—O(2)	2.7820	0.9316	269	3277	3547		14 521
	Fe—O(1)	2.0106	0.8572	359	2602	2961	14 190	13 854
	Fe—O(2)	2.0112	0.8557	725	5195	5920		

另一个例子是 LaCrO$_3$，它的各化学键参数已被报告，根据其结构数据，化合物被分解如下

$$LaCrO_3 = La(1)Cr(1)O(1)O_2(2)$$
$$= La_{1/3}O_{2/3}(1) + La_{2/3}O_{4/3}(2) + Cr_{1/3}O_{1/3}(1) + Cr_{2/3}O_{2/3}(2) \tag{8.13}$$

对于键 La$_{1/3}$O$_{2/3}$(1)，$f_i^\mu = 0.9753$，$d^\mu = 2.765$Å，$Z_+^\mu = 3.0$，$Z_-^\mu = 1.5$。根据计算公式，可以得到 $U_{bi}^\mu = 1724$kJ/mol，$U_{bc}^\mu = 49$kJ/mol，$U_b^\mu = 1773$kJ/mol。对于键 La$_{2/3}$O$_{4/3}$(2)，$f_i^\mu = 0.976$，$d^\mu = 2.757$Å，$Z_+^\mu = 3.0$，$Z_-^\mu = 1.5$，我们得到 $U_{bi}^\mu = 3457$kJ/mol，$U_{bc}^\mu = 97$kJ/mol，$U_b^\mu = 3555$kJ/mol。Cr$_{1/3}$O$_{1/3}$(1) 和 Cr$_{2/3}$O$_{2/3}$(2) 对总晶格能的贡献也可用类似方法计算，最终我们得到 LaCrO$_3$ 总晶格能 U_{cal} 为 14 316kJ/mol，与其他作者的计算值相符（见表 8.5）。

按照相似的方法，我们还计算了许多复杂离子晶体的晶格能，列于表 8.5 中，与别人的计算值相比较，我们给出的结果和近年来出现的其他计算方法得到的结果非常接近。这说明我们利用简单晶体得到的公式，按照复杂晶体分解的方式，推广到复杂晶体晶格能的计算是合理可信的。另外，我们根据晶体的结构数

据及介电性质，计算和预测了很多复杂晶体的晶格能。并且和其他方法进行了比较，结果表明这种方法和其他方法符合（见表 8.6）。但是，我们的方法只需要知道晶体的结构和介电性质就可以预测复杂晶体的晶格能，具有广泛性和普适性。

表 8.5　LaCrO$_3$ 的键参数及晶格能

晶体	键型	d^μ/Å	f_i^μ	U_{bc}^μ /(kJ/mol)	U_{bi}^μ /(kJ/mol)	U_b^μ /(kJ/mol)	U_{cal} /(kJ/mol)	U_{ref} /(kJ/mol)
LaCrO$_3$	La—O(1)	2.765	0.9753	49	1724	1773		
	La—O(2)	2.757	0.9755	97	3457	3555		14 608
	Cr—O(1)	1.975	0.8437	398	2596	2994	14 316	13 678
	Cr—O(2)	1.971	0.8417	807	5188	5995		

表 8.6　对一些复杂离子晶体晶格能的预测

晶体	键型	d^μ/Å	f_i^μ	U_{bc}^μ /(kJ/mol)	U_{bi}^μ /(kJ/mol)	U_b^μ /(kJ/mol)	U_{cal} /(kJ/mol)
ZnFe$_2$O$_4$	Zn—O	1.97	0.310	2716	1274	3990	
	Fe—O	2.04	0.682	4742	10 240	14 982	18 972
FeAl$_2$O$_4$	Fe—O	1.969	0.506	1945	2081	4026	
	Al—O	1.916	0.824	2751	12 965	15 715	19 741
YAlO$_3$	Y—O	2.469	0.923	498	5570	6068	
	Al—O	1.911	0.800	1566	6936	8502	14 570
PrMnO$_3$	Pr—O(1)	2.8565	0.9209	153	1584	1737	
	Pr—O(2)	2.7902	0.9210	310	3232	3542	
	Mn—O(1)	1.9539	0.8047	505	2515	3020	14 084
	Mn—O(2)	2.0493	0.8052	965	4819	5784	
ZnAl$_2$O$_4$	Zn—O	1.955	0.534	1845	2207	4052	
	Al—O	1.902	0.84	2514	13 288	15 802	19 854
MnAl$_2$O$_4$	Mn—O	2.006	0.427	1837	2137	3974	
	Al—O	1.952	0.836	2528	12 974	15 501	19 475
CoAl$_2$O$_4$	Co—O	1.964	0.546	1791	2249	4040	
	Al—O	1.911	0.847	2396	13 352	15 748	19 788
NdCoO$_3$	Nd—O(1)	2.6913	0.929	143	1680	1823	
	Nd—O(2)	2.6888	0.9308	280	3368	3648	
	Co—O(1)	1.9305	0.8677	343	2715	3058	14 643
	Co—O(2)	1.9308	0.8672	688	5427	6115	
La$_2$CuO$_4$	La—O(1)	2.6335	0.9515	265	7265	7530	
	La—O(2)	2.6440	0.9515	329	6425	6754	
	Cu—O(1)	1.8951	0.7457	687	2103	2790	18 230
	Cu—O(2)	2.4209	0.7421	290	867	1156	
NdCrO$_3$	Nd—O(1)	2.7565	0.9282	142	1645	1788	
	Nd—O(2)	2.7466	0.9313	273	3311	3584	
	Cr—O(1)	1.9756	0.8726	324	2684	3008	14 392
	Cr—O(2)	1.9778	0.8723	650	5362	6012	
SrTiO$_3$	Sr—O	2.76	0.896	318	2115	2433	
	Ti—O	1.953	0.737	3247	12 195	15 443	17 876

晶　体	键　型	d^μ/Å	f_i^μ	U_{bc}^μ /(kJ/mol)	U_{bi}^μ /(kJ/mol)	U_b^μ /(kJ/mol)	U_{cal} /(kJ/mol)
	Lu—O	2.33	0.921	1620	16 825	18 445	
$Lu_3Al_5O_{12}$	Al(1)—O	1.939	0.8453	2398	13 182	15 579	62 303
	Al(2)—O	1.76	0.6439	8930	19 349	28 278	
	Ba—O(1)	2.773	0.922	238	2529	2767	
	Ba—O(2)	2.911	0.923	113	1216	1329	
	Ba—O(3)	2.911	0.923	113	1216	1329	
	Y—O(2)	2.399	0.947	175	3290	3465	22 441
$YBa_2Cu_3O_6$	Y—O(3)	2.399	0.947	175	3290	3465	
	Cu(1)—O(1)	1.786	0.163	1460	488	1948	
	Cu(1)—O(2)	2.471	0.811	234	1131	1365	
	Cu(2)—O(1)	1.940	0.780	654	2624	3278	
	Cu(2)—O(2)	1.940	0.780	654	2624	3278	
	Bi—O(3)	2.16	0.96	95	2759	2854	
	Bi—O(4)	2.81	0.90	977	10 466	11 443	
	Sr—O(1)	2.45	0.97	45	1247	1291	
	Sr—O(2)	2.72	0.97	41	1145	1186	
	Sr—O(3)	2.83	0.97	80	2547	2627	
$Bi_2Sr_2CaCu_2O_8$	Sr—O(4)	2.39	0.88	363	2653	3017	33 810
	Ca—O(1)	2.3	0.95	88	1517	1604	
	Ca—O(2)	2.87	0.95	74	1266	1341	
	Cu—O(1)	1.96	0.76	1517	5519	7036	
	Cu—O(3)	2.48	0.46	715	695	1410	
	Yb—O	2.34	0.920	1614	16 766	18 380	
$Yb_3Al_5O_{12}$	Al(1)—O	1.935	0.844	2420	13 183	15 603	62 235
	Al(2)—O	1.762	0.642	8937	19 315	28 252	
	Bi—O(2)	1.97	0.97	77	2990	3066	
	Bi—O(3)	2.80	0.91	882	10 614	11 496	
	Sr—O(1)	2.59	0.97	85	2383	2469	
$Bi_2Sr_2CuO_6$	Sr—O(2)	2.81	0.95	134	2182	2316	23 801
	Sr—O(3)	2.87	0.89	73	502	575	
	Cu—O(1)	1.90	0.79	566	2223	2790	
	Cu—O(2)	2.58	0.49	547	643	1090	
	La—O(3)	2.810	0.979	62	2419	2410	
	LaO(5)	2.676	0.960	122	2325	2447	
	Al(1)—O(4)	1.881	0.826	1379	6586	7965	
	Al(2)—O(1)	2.191	0.845	438	2594	3033	
	Al(2)—O(3)	1.767	0.694	1524	4168	5692	
	Al(3)—O(2)	1.780	0.552	925	1374	2299	
	Al(3)—O(4)	1.749	0.630	2322	4763	7085	
$LaMgAl_{11}O_{19}$	Al(4)—O(1)	1.870	0.743	2045	5950	7995	93 514
	Al(4)—O(2)	1.951	0.829	1318	6435	7753	
	Al(4)—O(4)	1.973	0.797	3104	9816	2920	

续表

晶　　体	键　型	$d^\mu/\text{Å}$	f_i^μ	U_{bc}^μ /(kJ/mol)	U_{bi}^μ /(kJ/mol)	U_b^μ /(kJ/mol)	U_{cal} /(kJ/mol)
	Al(4)—O(5)	1.841	0.868	2126	1248	3374	
	Al(5)—O(3)	1.974	0.907	711	7677	8388	
	Al(5)—O(5)	1.867	0.791	1665	6342	8007	
	Mg—O(2)	1.960	0.424	569	437	1006	
	Mg—O(4)	1.929	0.527	1419	1650	3069	

8.3　$YBa_2Cu_3O_{6+\delta}(\delta=0\sim1)$ 超导体的晶格能和氧含量的关系

$YBa_2Cu_3O_{6+\delta}(\delta=0\sim1)$ 超导体的晶格能尚未被人研究，用上面的方法可以进行预测，并且可以研究氧含量改变引起的晶格能的变化。晶体的键子式方程为

$$YBa_2Cu_3O_{6+\delta} = YBa_2Cu(1)Cu(2)_2O(1)_2O(2)_2O(3)_2O(4)_\delta$$
$$= Ba_{8/(8+2\delta)}O(1)_{4/3} + Ba_{4/(8+2\delta)}O(2)_{2/3} + Ba_{4/(8+2\delta)}O(3)_{4/3}$$
$$+ Ba_{4\delta/(8+2\delta)}O(4)_{2\delta/3} + Y_{1/2}O(2)_{2/3} + Y_{1/2}O(3)_{2/3}$$
$$+ Cu(1)_{\delta/(1+\delta)}O(4)_{\delta/3} + Cu(1)_{1/(1+\delta)}O(1)_{1/3}$$
$$+ Cu(2)_{2/5}O(1)_{1/3} + Cu(2)_{4/5}O(2)_{2/3} + Cu(2)_{4/5}O(3)_{2/3} \qquad (8.14)$$

各个键子式的晶格能可以按照式（8.8）、式（8.9）和式（8.10）计算，计算中 Cu 的化合价按照平均化合价考虑，它和氧含量的关系由式（5.3）确定，晶体中各个化学键的参数参见第 5 章。在不同氧含量下，各类化学键子式的晶格能和晶体总的晶格能的结果列在表 8.7 中。

表 8.7　$YBa_2Cu_3O_{6+\delta}$ 中不同氧含量下各个键子式的

晶格能 U_b 和晶体总的晶格能　　　　　　（单位：kJ/mol）

键　型	δ										
	0.00	0.35	0.45	0.58	0.64	0.73	0.78	0.81	0.84	0.95	1.00
Ba—O(1)	2767	2461	2399	2306	2266	2208	2177	2160	2155	2078	2049
Ba—O(2)	1329	1179	1131	1084	1065	1036	1019	1010	1007	969	957
Ba—O(3)	1329	1179	1140	1094	1071	1044	1028	1018	1016	976	965
Ba—O(4)		405	514	638	692	770	813	838	867	949	983
Y—O(2)	3465	3462	3455	3462	3458	3458	3459	3456	3456	3454	3455
Y—O(3)	3465	3462	3466	3475	3485	3481	3483	3484	3483	3484	3479
Cu(1)—O(4)		755	1078	1553	1796	2187	2415	2558	2706	3267	3529
Cu(1)—O(1)	1497	2298	2555	2843	2969	3162	3269	3326	3423	3616	3694
Cu(2)—O(1)	1481	1670	1762	1834	1871	1924	1948	1963	1989	2040	2066
Cu(2)—O(2)	3554	3988	4117	4262	4329	4425	4478	4510	4538	4648	4694
Cu(2)—O(3)	3554	3988	4085	4224	4282	4375	4425	4455	4482	4589	4641
U_{cal}	22 441	24 846	25 703	26 776	27 286	28 071	28 514	28 780	29 122	30 072	30 513

从表中结果我们可以发现，晶体总的晶格能随着氧含量的增加而增加。如果

作晶体总的晶格能和氧含量的关系图（见图 8.1），递增关系很明显，这种关系可以拟合成下面的关系式

$$U = 1530.19n_0^2 - 11\,746.7n_0 + 37\,809.2 \text{ kJ/mol} \tag{8.15}$$

其中

$$n_0 = 6 + \delta$$

这个结果表明，除了其他因素外，晶体的稳定性和超导性也有着重要的关系。

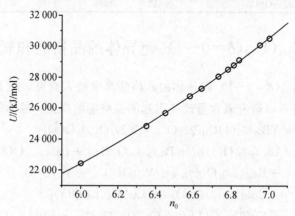

图 8.1　YBa$_2$Cu$_3$O$_{6+\delta}$中晶体总的晶格能和n_0关系图

8.4　晶体的晶格能和线性膨胀系数

晶体的热膨胀行为是一个基本的物理性质，无论在实验上还是在理论上都进行了很长时间的研究。在实验方面主要是通过晶体结构的测量求得，晶体热膨胀系数 α 定义为

$$\alpha = \frac{1}{L}\left(\frac{\partial L}{\partial T}\right)_p$$

表示在等压条件下，在改变单位温度时单位长度的改变量。在实验上可以通过晶胞参数和晶胞体积的测量进行计算，理论方法也提出很多种，但是大都限于 $A^N B^{8-N}$ 型简单晶体，对于复杂晶体热膨胀系数的计算尚无合适的方法。对于 $A^N B^{8-N}$ 型简单晶体，用化学键方法计算晶体热膨胀系数，在第 2 章中我们已经介绍了一种方法，本节内容是从晶格能角度进一步研究晶体热膨胀系数的计算问题，并且还可以将这种方法推广到复杂晶体热膨胀系数的计算。

8.4.1　二元晶体热膨胀系数的计算方法

在实验上，很多二元 $A^N B^{8-N}$ 型简单晶体的热膨胀系数和晶格能已经被测定，为了建立这两种物理量之间的关系，根据式（8.4）、式（8.5）和式（8.6），

首先，我们知道 $A^N B^{8-N}$ 型简单晶体的晶格能改写如下形式

$$U_{AB} = 1270 \frac{2Z_+ Z_-}{d} \left(1 - \frac{0.4}{d}\right) f_i + 2100 \frac{Z_+^{1.64}}{d^{0.75}} f_c$$

我们引进一个新参数 γ，它的定义如下

$$\gamma = \frac{k Z_A^* N_{cA}}{U_{AB} \Delta_A} \tag{8.16}$$

式中：k 是 Boltzmann 常量；Z_A^* 是阳离子的价电子数；N_{cA} 是阳离子的配位数；U 是晶体的晶格能；Δ_A 是一个依赖于阳离子在化学元素周期表中所处周期的常数，也可称为周期校正因子，具体值见表 8.8。

表 8.8　Δ_A 在各个周期中的值

周　　期	1	2	3	4	5	6
Δ_A	1	1	1.23	1.45	1.56	1.74

对于晶体线性热膨胀系数的实验值和利用晶格能计算的各个晶体的参数 γ 的结果列于表 8.9 和表 8.10 中。

表 8.9　各 $A^I B^{VII}$ 晶体的参数 γ 和线性热膨胀系数

晶　　体	$U/(\text{kJ/mol})$	Z_A	N_{cA}	$\gamma/(10^{-6}/\text{K})$	$\alpha_{exp}/(10^{-6}/\text{K})$	$\alpha_{cal}/(10^{-6}/\text{K})$
LiF	1032	1	6	48.3	37	37.3
LiCl	870	1	6	57.3	44	44.8
LiBr	824	1	6	60.5	—	47.5
LiI	718	1	6	69.5	58	55.0
NaF	953	1	6	42.5	32	32.4
NaCl	805	1	6	50.4	40	39.0
NaBr	760	1	6	53.4	42	41.6
NaI	710	1	6	57.1	45	44.7
KF	840	1	6	40.9	30	31.1
KCl	725	1	6	47.4	37	36.5
KBr	685	1	6	50.2	39	38.9
KI	656	1	6	52.4	41	40.7
RbF	803	1	6	39.8	—	30.2
RbCl	690	1	6	46.3	36	35.6
RbBr	655	1	6	48.8	—	37.7
RbI	622	1	6	51.4	39	39.9
CsF	765	1	6	50.0	—	38.7
CsCl	650	1	8	58.8	—	46.1
CsBr	625	1	8	61.1	47	48.0
CsI	580	1	8	65.9	50	52.0

表 8.10　各 $A^{II}B^{VI}$ 和 $A^{III}B^{V}$ 晶体的参数 γ 和线性热膨胀系数

晶 体	$U/(\mathrm{kJ/mol})$	Z_A	N_{cA}	$\gamma/(10^{-6}/\mathrm{K})$	$\alpha_{\mathrm{exp}}/(10^{-6}/\mathrm{K})$	$\alpha_{\mathrm{cal}}/(10^{-6}/\mathrm{K})$
MgO	3883	2	6	20.9	13.5	14.3
MgS	3281	2	6	24.7	—	17.5
MgSe	3155	2	6	25.7	—	18.4
MgTe	3101	2	6	26.1	—	18.7
CaO	3510	2	6	19.6	13.7	13.2
CaS	3062	2	6	22.5	—	15.7
CaSe	2960	2	6	23.2	—	16.3
CaTe	2789	2	6	24.7	—	17.5
SrO	3319	2	6	19.3	13.1	13.0
SrS	2922	2	6	21.9	—	15.2
SrSe	2833	2	6	22.6	—	15.8
SrTe	2681	2	6	23.8	—	16.8
BaO	3132	2	6	18.3	12.8	12.2
BaS	2780	2	6	20.6	—	14.1
BaSe	2702	2	6	21.2	—	14.6
BaTe	2570	2	6	22.3	—	15.5
ZnO	4041	2	4	11.3	—	6.3
ZnS	3544	2	4	12.9	6.7	7.6
ZnSe	3417	2	4	13.4	7.5	8.1
ZnTe	3225	2	4	14.2	8.2	8.7
MnO	3731	2	6	18.4	13	12.2
GaP	7134	3	4	9.6	—	4.9
GaAs	6916	3	4	9.9	5.7	5.1
GaSb	6446	3	4	10.7	6.9	5.8
InP	6852	3	4	9.3	4.5	4.6
InAs	6628	3	4	9.6	5.3	4.9
InSb	6238	3	4	10.2	4.9	5.4

　　利用表中的晶体线性热膨胀系数的实验值和由晶格能相关参数计算的参数 γ 的值作图（见图 8.2），我们可以发现两者之间有很好的线性关系，并且可以表达为下列方程

$$\alpha = -3.1685 + 0.8376\gamma \qquad (8.17)$$

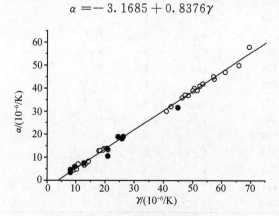

图 8.2　晶体线性热膨胀系数和参数 γ 的关系图

对于 A_mB_n 型晶体，它的晶格能和 A^NB^{8-N} 型简单晶体的晶格能 U_{AB} 之间近似相差一个因子 $(m+n)m/(2n)$，即

$$U_{A_mB_n} = U_{AB}\frac{(m+n)m}{2n} \tag{8.18}$$

所以，为了应用实验规律方程（8.17），必须考虑 A_mB_n 型晶体的晶格能的校正，此时参数 γ_{mn} 应为

$$\gamma_{mn} = \frac{kZ_A^* N_{cA}}{U_{A_mB_n}\Delta_A}\beta_{mn} \tag{8.19}$$

$$\beta_{mn} = \frac{(m+n)m}{2n} \tag{8.20}$$

同样可以发现，A_mB_n 型晶体同样满足下面关系

$$\alpha_{mn} = -3.1685 + 0.8376\gamma_{mn} \tag{8.21}$$

我们计算了一些已经知道线性热膨胀系数的 A_mB_n 型晶体的参数 γ_{mn}，利用式（8.21）求出了它们的线性热膨胀系数值，结果列于表 8.11，我们可以发现两者符合很好，实验值和参数 γ_{mn} 的关系也标入图 8.2 中，我们可以看出也很符合规律（见图 8.2 中 • 的标记）。

表 8.11　A_mB_n 型晶体的参数 γ 和线性热膨胀系数

晶　体	$U/(kJ/mol)$	Z_A	N_{cA}	$\gamma/(10^{-6}/K)$	$\alpha_{exp}/(10^{-6}/K)$	$\alpha_{cal}/(10^{-6}/K)$
CaF_2	2700	2	8	25.5	18.19	19
SrF_2	2573	2	8	24.8	17.60	18
BaF_2	2424	2	8	23.6	16.60	19
MgF_2	3132	2	6	19.4	13.08	10.8
LaF_3	5066	3	11	20.7	14.17	13.8
Y_2O_3	12 684	3	6	12.6	7.39	7.4
Al_2O_3	15 740	3	6	12.9	7.64	7.5
GeO_2	12 748	4	6	8.1	3.62	4.7
SnO_2	11 936	4	6	8.0	3.53	3.4

8.4.2　复杂晶体线性热膨胀系数的计算方法

由于复杂晶体的晶格能可以写成化学键子式的晶格能的和，每个化学键子式都是 A_mB_n 型晶体，那么，每个化学键子式的参数应该是如下形式

$$\gamma_{mn}^\mu = \frac{kZ_A^\mu N_{cA}^\mu}{U^\mu\Delta_A^\mu}\beta_{mn}^\mu \tag{8.22}$$

线性热膨胀系数和参数的关系为

$$\alpha_{mn}^\mu = -3.1685 + 0.8376\gamma_{mn}^\mu \tag{8.23}$$

晶体的线性热膨胀系数和每个化学键子式的线性热膨胀系数间的关系为

$$\alpha = \sum_{\mu} F_{mn}^{\mu} \alpha_{mn}^{\mu} \tag{8.24}$$

式中：F_{mn}^{μ} 是每个化学键子式的化学键数目在整个分子化学键数目中占有的比例，因此，利用上面的理论方法，可以从晶体结构出发，对复杂晶体的线性热膨胀系数进行计算，对未知的线性热膨胀系数进行估计。部分结果列于表 8.12 中。我们可以发现，对于复杂晶体线性热膨胀系数的计算结果和实验结果之间符合很好。

表 8.12　某些复杂晶体的参数 γ 和线性热膨胀系数

晶　　体	键子式	U^{μ} /(kJ/mol)	Z_A^{μ}	N_{cA}^{μ}	γ^{μ} /(10^{-6}/K)	α^{μ} /(10^{-6}/K)	α_{cal} /(10^{-6}/K)	α_{exp} /(10^{-6}/K)
$MgAl_2O_4$	MgO	4059	2	4	13.3	7.97	7.65	7.0
	Al_2O_3	15 810	3	6	12.8	7.55		8.1
$Y_3Al_5O_{12}$	Y_3O_6	18 186	3	8	14.1	10.12	7.98	8.0
	$Al(1)_2O_3$	15 594	3	6	13.0	7.72		7.5
	$Al(2)_3O_3$	28 499	3	4	8.5	3.95		
$YAlO_3$	$YO_{9/5}$	6068	3	9	18.4	12.24	10.43	6.5~10
	$AlO_{6/5}$	8502	3	6	13.1	7.72		8.2
$YBa_2Cu_3O_7$	$Ba_{4/5}O(1)_{4/3}$	2049	2	10	29.8	21.79	14.6	14
	$Ba_{2/5}O(2)_{2/3}$	957	2	10	31.9	23.55		12.9
	$Ba_{2/5}O(3)_{2/3}$	965	2	10	31.7	23.38		
	$Ba_{2/5}O(4)_{2/3}$	983	2	10	31.1	22.88		
	$Y_{1/2}O(2)_{2/3}$	3455	3	8	16.2	10.40		
	$Y_{1/2}O(3)_{2/3}$	3479	3	8	16.1	10.31		
	$Cu(1)_{1/2}O(4)_{1/3}$	3529	2.4	4	9.7	4.95		
	$Cu(1)_{1/2}O(1)_{1/3}$	3694	2.4	4	9.3	4.62		
	$Cu(2)_{2/5}O(1)_{1/3}$	2066	2.3	5	14.0	8.56		
	$Cu(2)_{4/5}O(2)_{2/3}$	4694	2.3	5	12.3	7.13		
	$Cu(2)_{4/5}O(3)_{2/3}$	4641	2.3	5	12.5	7.30		

8.5　晶体的硬度和化学键

物质的硬度作为一个物理量已被广泛应用于各种研究领域。硬度测量在各种机械试验法中是最迅速、最经济的一种方法，而且材料硬度值与其他机械性能有一些相当精确的相应关系。有关硬度的各种测试方法已发展相当完善。同时，人们对硬度的微观机制也曾作了许多研究。就晶体来讲，普遍认为硬度与化学键长、电价配位数等因素有关，并总结出一些定性规律。但是，到目前为止，对硬度的本质还没有一个确切的认识和论述。致使在硬度的定量研究中，往往局限于宏观量之间的比较，而未能充分揭示其微观实质，进而建立物质硬度与微观量之间的定量关系。最近，我们在晶体化学键的研究过程中得到这样的结论：晶体的硬度也应该像其他宏观量一样，由本身的微观特性决定，即，由晶体的组成、结构和化学键性质决定。基于这种认识，我们通过对一些晶体的比较研究，对共价性是 100% 的化学键形成的晶体，我们给出晶体化学键参数与 Vickers 硬度之间的定量关系

$$H_v(\text{GPa}) = AN_aE_g \tag{8.25}$$

式中：H_v 表示硬度；N_a 是单位面积上的化学键数目；E_g 是化学键的平均能量间隙；A 是常数。对于一种化学键型的晶体

$$N_a = (N_b)^{2/3} = (N_e/n_e)^{2/3} \tag{8.26}$$

式中：N_b 是化学键密度；n_e 是一个化学键上的电荷；N_e 是价电子密度。由于完全由共价化学键形成的晶体的离子性等于零，因此，$E_g = E_h$，所以，硬度的表达式可以写成如下形式

$$H_v(\text{GPa}) = AN_aE_h \tag{8.27}$$

实际上，大多数晶体化学键并不是 100% 的共价性，对于含有部分离子性的晶体要引入一个和离子性相关的校正因子，校正因子和常数 A 已经通过实验结果拟合求得，$A=14$，校正因子是 $\exp(-1.191f_i)$，则硬度的表达式可以表示为较一般的形式

$$H_v(\text{GPa}) = 14N_aE_h\exp(-1.191f_i) = \frac{556N_a\exp(-1.191f_i)}{d^{2.5}} \tag{8.28}$$

或

$$H_v(\text{GPa}) = 556\left(\frac{N_e}{n_e}\right)^{2/3}\frac{\exp(-1.191f_i)}{d^{2.5}} \tag{8.29}$$

利用上面公式计算一些晶体的硬度及实验测量结果（包括 Vickers 和 Knoop 两种实验值）列在表 8.13 中，比较表中结果我们可以看出，计算结果和实验结果是符合的。但是，对于 $\alpha\text{-SiO}_2$ 晶体，我们发现计算值和实验值差别较大。因为这种晶体的结构是由 SiO_4 四面体单元靠顶角连接形成，在压力下很容易产生转动和滑移，我们的模型不适用于这类晶体，而适用于在压力下化学键断裂的晶体类型。

表 8.13 晶体的化学键参数和硬度

晶 体	N_a	$d/\text{Å}$	E_h/eV	E_g/eV	f_i	$H_{v,cal}/\text{GPa}$	$H_{v,exp}/\text{GPa}$	$H_{k,exp}/\text{GPa}$
金刚石	0.499	1.554	13.2	13.2	0	93.6	96	90
Si	0.215	2.235	4.7	4.7	0	13.6	12	14
Ge	0.198	2.449	4.2		0	11.7		
BP	0.308	1.966	7.3	7.4	0.006	31.2	33	32
c-BN	0.486	1.568	12.9	15.0	0.256	64.5	66，63	48
$\beta\text{-Si}_3\text{N}_4$	0.363	1.734	10.0	13.0	0.400	30.3	30.0	21
AlN	0.332	1.901	8.0	10.7	0.449	21.7	18	—
GaN	0.315	1.946	7.5	10.6	0.500	18.1	15.1	—

晶 体	N_a	$d/\text{Å}$	E_h/eV	E_g/eV	f_i	$H_{v,cal}/\text{GPa}$	$H_{v,exp}/\text{GPa}$	$H_{k,exp}/\text{GPa}$
InN	0.256	2.16	5.8	8.9	0.578	10.4	—	
β-SiC	0.334	1.887	8.1	9.0	0.177	30.1	34，26，	
WC	0.386	2.197	5.0	6.0	0.14	26.4	—	30，24
超石英	0.490	1.770	9.5	14.5	0.57	30.6	33	—
Al_2O_3	0.461	1.900	8.0	17.7	0.796	20.6	20	21
RuO_2	0.495	1.990	7.1	12.7	0.687	20.6		20
SnO	0.399	2.010	6.9	14.5	0.78	13.8	—	—
BeO	0.163	1.648	10.8	17.1	0.602	12.7	13	12.5
ZrO_2	0.396	2.200	5.5	15.4	0.870	10.8	13	11.6
α-SiO_2	0.356	1.609	12.1	18.5	0.570	30.6	11.0	8.2
HfO_2	0.385	2.215	5.4	14.1	0.850	9.8		9.9
Y_2O_3	0.296	2.284	5.0	12.7	0.843	7.7		7.5
AlP	0.214	2.365	4.6	5.5	0.307	9.6		9.4
AlAs	0.198	2.442	4.3	5.0	0.274	8.5		5.0
AlSb	0.169	2.646	3.5	3.8	0.426	4.9		4.0
GaP	0.214	2.359	4.6	5.9	0.374	8.9		9.5
GaAs	0.198	2.456	4.2	5.1	0.310	8.0		7.5
GaSb	0.171	2.650	3.5	4.0	0.261	6.0		4.4
InP	0.184	2.542	3.9	5.1	0.421	6.0		5.4
InAs	0.173	2.619	3.6	4.5	0.357	5.7		3.8
InSb	0.151	2.806	3.0	3.7	0.321	4.3		2.2

对于复杂晶体，我们利用复杂晶体化学键的介电理论，将它分解为键子式，每个键子式的硬度可利用上面方法计算，晶体的硬度是所有化学键硬度的几何平均，即

$$H_v(\text{GPa}) = \Big[\prod^{\mu} (H_v^{\mu})^{n^{\mu}} \Big]^{1/\sum n^{\mu}} \tag{8.30}$$

其中

$$H_v^{\mu} = 556 \Big(\frac{N_e^{\mu}}{n_e^{\mu}} \Big)^{2/3} \frac{\exp(-1.191 f_i^{\mu})}{(d^{\mu})^{2.5}} \tag{8.31}$$

式中：H_v^{μ} 是一个 μ 类化学键的硬度；n^{μ} 是 μ 类化学键的数目，其他的符号和以前的含义相同。我们以 β-BC_2N 为例子说明用法，这个晶体是立方对称性，但是，详细的结构数据尚未精确给出，我们利用理论近似方法对它的结构进行优化选择，根据这些结果进行了化学键长和配位数的计算。求得它的键子式方程为

$$\beta\text{-}BC_2N = BC(1)C(2)N$$
$$= B_{1/2}N_{1/2} + B_{1/2}C(2)_{1/2} + C(1)_{1/2}C(2)_{1/2} + C(1)_{1/2}N_{1/2}$$

计算的化学键参数和硬度结果列在表 8.14 中，我们发现计算结果和测量结果相当一致。这表明这种方法可以对新材料的硬度进行预测。

表 8.14　β-BC$_2$N 晶体的化学键参数和硬度

键　型	$d^\mu/\text{Å}$	$N_e^\mu/(10^{30}\,\text{m}^3)$	E_h^μ/eV	E_g^μ/eV	f_i^μ	H_v^μ/GPa	$H_{v,\text{cal}}/\text{GPa}$	$H_{v,\text{exp}}/\text{GPa}$
B—N	1.526	0.680	13.2	15.0	0.227	66.9	78	76
B—C(2)	1.573	0.498	12.9	12.9	0.000	70.7		
C(1)—C(2)	1.515	0.930	14.2	14.2	0.000	118.1		
C(1)—N	1.564	0.679	13.1	14.9	0.228	66.5		

对于更加复杂的晶体硬度同样可以作类似处理。例如，LnMgAl$_{11}$O$_{19}$ 和 YBa$_2$Cu$_3$O$_7$ 晶体，它们的结构和键子式方程在前面的相关章节已经给出，根据它们的结构和键子式方程，我们可以计算出各个化学键子式的硬度，然后，求出晶体的硬度。具体结果列于表 8.15 和表 8.16 中，从表中结果我们可以发现计算值和实验值符合得也相当好。

表 8.15　LnMgAl$_{11}$O$_{19}$ 晶体的化学键参数和硬度

键　型	$d^\mu/\text{Å}$	$N_e^\mu/(10^{30}/\text{m}^3)$	E_h^μ/eV	C^μ/eV	f_c^μ	H_v^μ/GPa	$H_{v,\text{cal}}/\text{GPa}$	$H_{v,\text{exp}}/\text{GPa}$
La—O(3)	2.810	0.108	3.07	21.09	0.021	1.91	15.5	16.2
La—O(5)	2.676	0.125	3.46	17.04	0.040	2.43		
Al(1)—O(4)	1.881	0.721	8.29	18.09	0.174	21.99		
Al(2)—O(1)	2.191	0.913	5.68	13.27	0.155	17.24		
Al(2)—O(3)	1.767	0.580	9.69	14.59	0.306	26.60		
Mg—O(2)	1.960	0.510	7.49	6.42	0.576	33.12		
Al(3)—O(2)	1.780	1.021	9.51	10.55	0.448	33.12		
Mg—O(4)	1.929	0.713	7.79	8.23	0.473	39.21		
Al(3)—O(4)	1.749	1.436	9.93	12.97	0.370	39.21		
Al(4)—O(1)	1.870	0.489	8.42	14.30	0.257	19.04		
Al(4)—O(2)	1.951	0.646	7.58	16.67	0.171	18.61		
Al(4)—O(4)	1.973	0.521	7.37	14.59	0.203	16.20		
Al(4)—O(5)	1.841	1.026	8.75	22.46	0.132	27.91		
Al(5)—O(3)	1.974	0.728	7.36	22.91	0.093	17.83		
Al(5)—O(5)	1.867	0.615	8.45	16.46	0.209	20.99		

表 8.16　YBa$_2$Cu$_3$O$_7$ 晶体的化学键参数和硬度

键　型	$d^\mu/\text{Å}$	$N_e^\mu/(10^{30}/\text{m}^3)$	E_h^μ/eV	E_g^μ/eV	f_i^μ	H_v^μ/GPa	$H_{v,\text{cal}}/\text{GPa}$	$H_{v,\text{exp}}/\text{GPa}$
Ba—O(1)	2.741	0.128	3.26	16.23	0.961	2.32	6.3	6.0
Ba—O(2)	2.984	0.150	2.64	16.43	0.975	2.06		
Ba—O(3)	2.959	0.153	2.70	16.77	0.975	2.11		
Ba—O(4)	2.876	0.111	2.89	14.49	0.962	1.83		
Y—O(2)	2.409	0.426	4.49	22.87	0.963	6.96		
Y—O(3)	2.385	0.438	4.60	23.42	0.963	7.26		
Cu(1)—O(4)	1.942	1.444	7.66	8.05	0.525	57.86		
Cu(1)—O(1)	1.846	2.100	8.69	11.77	0.642	40.93		
Cu(2)—O(1)	2.298	0.653	5.05	9.38	0.775	13.25		
Cu(2)—O(2)	1.929	0.828	7.79	12.03	0.704	26.02		
Cu(2)—O(3)	1.961	0.789	7.48	11.49	0.702	24.38		

参 考 文 献

Boyer L L. Phys. Rev. Lett. , 1979, 42: 584

Clyndyuck A I, Petrov G S, Bashirov L A. J. Marerials. Sci. , 2002, 37: 5381

Gao F M, He J L, Wu E D, Liu S M, Li D S, Zhang S Y, Tian Y J. Phys. Rev. Lett. , 2003, 91: 015502

Gao F M. Phys. Rev. , 2004, B69: 094113

Glasser L, Jenkins H D B. J. Am. Chem. Soc, 2000, 122: 632

Glasser L. Inorg. Chem. , 1995, 34: 4935

Gong Z, Horton G K, Cowley E R. Phys. Rev B. , 1989, 40: 3294

Hellwege K H. Landolt-Boenstein Number Data and Functional Relationships in Science and Technology, New Series 3, Vol. 17, Berlin Heideberg, 1982

Inaba H. Jpn. J. Appl. Phys, 1996, 35: 3522

Jenkins H D B, Roobottom H K et al. Inorg. Chem. , 1999, 38: 3609

Jenkins H D B, Thakur K P. J. Chem. Edu. , 1979, 56: 576

Jenkins H D B, Tudela D, Glasser L. Inorg. Chem. , 2002, 41: 2364

Khan A A. Acta. Cryst. , 1974, A30: 105

Kini N S, Umarji A M. Solid. State. Sci. , 2003, 5: 1451

Liu D, Zhang S, Wu Z. Inorg Chem, 2003, 42: 2465

Madan M P. Physica B. , 1984, 124: 35

Reeber R R. Phys. Stat. Solidi (a). , 1975, A32: 321

Ruffa A R. J. Mater. Sci. , 1980, 15: 2268

Saber D, Lejus A M. Mater. Res. Bull. , 1981, 16: 1325

Van Uitert L G, O'Bryan H M, Guggenheim H J, Barns R L, Zydzik G. Mat. Res. Bull, 1977, 12: 261

Wang K, Reeber R R. J. Phys. Chem. Solids, 1995, 56: 895

Weber M J. Handbook of Laser Science and Technology, Boca Raton, CRC Press, 1982

Wu Z, Meng Q, Zhang S. Phys. Rev. , 1998, B58: 958

Yoshino Y, Iwabuch A, Noto K, Sakai N, Murakami M. Physica. , 2001, C357−360: 796

Zhang S. Chin. J. Chem. Phys, 1991, 4: 109

附　录

Ⅰ. 基本物理常数

名　称	量值（CGS 单位）
光速	$2.998 \times 10^{10} \, \text{cm/s}$
电子质量	$9.1 \times 10^{-28} \, \text{g}$
质子质量	$1.661 \times 10^{-24} \, \text{g}$
电子电荷	$4.8 \times 10^{-10} \, \text{esu}$
Bohr 半径	$0.529 \times 10^{-8} \, \text{cm}$
Planck 常量 h	$6.6256 \times 10^{-27} \, (\text{g} \cdot \text{cm}^2)/\text{s}$
Planck 常量 $\hbar$	$1.0545 \times 10^{-27} \, (\text{g} \cdot \text{cm}^2)/\text{s}$
Avogadro 常量 N_A	$6.022\,52 \times 10^{23} \, \text{mol}^{-1}$
Boltzmann 常量 k	$1.380\,54 \times 10^{-16} \, \text{erg/K}$
Rydberg 常量 R	$109\,737.42 \, \text{cm}^{-1}$
摩尔体积	$22.4138 \, \text{m}^3/\text{mol}$

Ⅱ. 物理单位换算

1. 能量单位换算

	1K	1cm^{-1}	1eV	1Hz	1erg
1K	1	$0.695\,03$	$0.861\,71 \times 10^{-4}$	2.0836×10^{10}	1.3806×10^{-16}
1cm^{-1}	$1.438\,79$	1	$1.239\,81 \times 10^{-4}$	2.9979×10^{10}	1.9865×10^{-16}
1eV	$1.160\,49 \times 10^{4}$	$0.806\,57 \times 10^{4}$	1	2.418×10^{14}	1.6022×10^{-12}
1Hz	4.7993×10^{-11}	3.3356×10^{-11}	4.1356×10^{-15}	1	6.626×10^{-27}
1erg	7.2432×10^{15}	5.034×10^{15}	6.2415×10^{11}	1.5092×10^{26}	1

2. 压力单位换算

	1bar	1Torr	1atm	1kgf/cm^2	1Pa
1bar	1	750.06	$0.986\,92$	$1.019\,72$	10^5
1Torr(mmHg)	1.333×10^{-3}	1	$1.315\,79 \times 10^{-3}$	$1.359\,51 \times 10^{-3}$	133.3
1atm	$1.013\,25$	760	1	$1.033\,23$	$1.013\,25 \times 10^5$
1kgf/cm^2	$0.980\,665$	735.56	$0.967\,84$	1	0.9807×10^5
1Pa	10^{-5}	7.501×10^{-3}	0.9869×10^{-5}	$1.019\,72 \times 10^{-5}$	1

Ⅲ. 晶面间距和单胞体积

1. 晶面间距

三斜
$$\frac{1}{d_{hkl}^2} = \frac{1}{(1+2\cos\alpha\cos\beta\cos\gamma-\cos\alpha^2-\cos\beta^2-\cos\gamma^2)}$$
$$\times\left[\frac{h^2\sin^2\alpha}{a^2}+\frac{k^2\sin^2\beta}{b^2}+\frac{l^2\sin^2\gamma}{c^2}+\frac{2hk}{ab}(\cos\alpha\cos\beta-\cos\gamma)\right.$$
$$\left.+\frac{2kl}{bc}(\cos\beta\cos\gamma-\cos\alpha)+\frac{2hl}{ac}(\cos\gamma\cos\alpha-\cos\beta)\right]$$

单斜
$$\frac{1}{d_{hkl}^2}=\frac{1}{\sin^2\beta}\left(\frac{h^2}{a^2}+\frac{k^2\sin^2\beta}{b^2}+\frac{l^2}{c^2}-\frac{2hl\cos\beta}{ac}\right)$$

正交
$$\frac{1}{d_{hkl}^2}=\frac{h^2}{a^2}+\frac{k^2}{b^2}+\frac{l^2}{c^2}$$

四方
$$\frac{1}{d_{hkl}^2}=\frac{h^2+k^2}{a^2}+\frac{l^2}{c^2}$$

三方
$$\frac{1}{d_{hkl}^2}=\frac{(h^2+k^2+l^2)\sin^2\alpha+2(hk+kl+lh)(\cos^2\alpha-\cos\alpha)}{a^2(1+2\cos^3\alpha-3\cos^2\alpha)}$$

六方
$$\frac{1}{d_{hkl}^2}=\frac{4}{3}\left(\frac{h^2+hk+k^2}{a^2}\right)+\frac{l^2}{c^2}$$

立方
$$\frac{1}{d_{hkl}^2}=\frac{h^2+k^2+l^2}{a^2}$$

2. 单胞体积

立方晶系　$V=a^3$
四方晶系　$V=a^2c$
正交晶系　$V=abc$
六方晶系　$V=\dfrac{\sqrt{3}}{2}a^2c$
三方晶系　$V=a^3(1-3\cos^2\alpha+2\cos^3\alpha)^{1/2}$
单斜晶系　$V=abc\sin\beta$
三斜晶系　$V=abc(1-\cos^2\alpha-\cos^2\beta-\cos^2\gamma+2\cos\alpha\cos\beta\cos\gamma)^{1/2}$

Ⅳ. 晶体中离子的半径

离　子	电子组态	配 位 数	自旋状态	晶体半径/pm	有效半径/pm
Ac^{3+}	$6p^6$	6		126	112
Ag^+	$4d^{10}$	2		81	67
		4		114	100

续表

离　子	电子组态	配 位 数	自旋状态	晶体半径/pm	有效半径/pm
		4SQ		116	102
		5		123	109
		6		129	115
		7		136	122
		8		142	128
Ag^{2+}	$4d^9$	4SQ		93	79
		6		108	94
Ag^{3+}	$4d^8$	4SQ		81	67
		6		89	75
Al^{3+}	$2p^6$	4		53	39
		5		62	48
		6		67.5	53.5
Am^{2+}	$5f^7$	7		135	121
		8		140	126
		9		145	131
Am^{3+}	$5f^6$	6		111.5	97.5
		8		123	109
Am^{4+}	$5f^5$	6		99	85
		8		109	95
As^{3+}	$4s^2$	6		72	58
As^{5+}	$3d^{10}$	4		47.5	33.5
		6		60	46
At^{7+}	$6p^5$	6		76	62
Au^+	$5d^{10}$	6		151	137
Au^{3+}	$5d^8$	4SQ		82	68
		6		99	85
Au^{5+}	$5d^6$	6		71	57
B^{3+}	$1s^2$	3		15	1
		4		25	11
		6		41	27
Ba^{2+}	$5p^6$	6		149	135
		7		152	138
		8		156	142
		9		161	147
		10		166	152
		11		171	157
		12		175	161
Be^{2+}	$1s^2$	3		30	16
		4		41	27
		6		59	45
Bi^{3+}	$6s^2$	5		110	96
		6		117	103
		8		131	117

离　　子	电子组态	配 位 数	自旋状态	晶体半径/pm	有效半径/pm
Bi^{5+}	$5d^{10}$	6		90	76
Bk^{3+}	$5f^8$	6		110	96
Bk^{4+}	$5f^7$	6		97	83
		8		107	93
Br^-	$4p^6$	6		182	196
Br^{3+}	$4p^2$	4SQ		73	59
Br^{5+}	$4s^2$	3PY		45	31
Br^{7+}	$3d^{10}$	4		39	25
		6		53	39
C^{4+}	$1s^2$	3		6	−8
		4		29	15
		6		30	16
Ca^{2+}	$3p^6$	6		114	100
		7		120	106
		8		126	112
		9		132	118
		10		137	123
		12		148	134
Cd^{2+}	$4d^{10}$	4		92	78
		5		101	87
		6		109	95
		7		117	103
		8		124	110
		12		145	131
Ce^{3+}	$4f^1$	6		115	101
		7		121	107
		8		128.3	114.3
		9		133.6	119.6
		10		139	125
		12		148	134
Ce^{4+}	$5p^6$	6		101	87
		8		111	97
		10		121	107
		12		128	114
Cf^{3+}	$5f^9$	6		109	95
Cf^{4+}	$5f^8$	6		96.1	82.1
		8		106	92
Cl^-	$3p^6$	6		167	181
Cl^{5+}	$3s^2$	3PY		26	12
Cl^{7+}	$2p^6$	4		22	8
		6		41	27
Cm^{3+}	$5f^7$	6		111	97
Cm^{4+}	$5f^6$	6		99	85

离　子	电子组态	配 位 数	自旋状态	晶体半径/pm	有效半径/pm
		8		109	95
Co^{2+}	$3d^7$	4	HS	72	58
		5		81	67
		6	LS	79	65
			HS	88.5	74.5
		8		104	90
Co^{3+}	$3d^6$	6	LS	68.5	54.5
			HS	75	61
Co^{4+}	$3d^5$	4		54	40
		6	HS	67	53
Cr^{2+}	$3d^4$	6	LS	87	73
			HS	94	80
Cr^{3+}	$3d^3$	6		75.5	61.5
Cr^{4+}	$3d^2$	4		55	41
		6		69	55
Cr^{5+}	$3d^1$	4		48.5	34.5
		6		63	49
		8		71	53
Cr^{6+}	$3p^6$	4		40	26
		6		58	44
Cs^+	$5p^6$	6		181	167
		8		188	176
		9		192	178
		10		195	181
		11		199	185
		12		202	188
Cu^+	$3d^{10}$	2		60	46
		4		74	60
		6		91	77
Cu^{2+}	$3d^9$	4		71	57
		4SQ		71	57
		5		79	65
		6		87	73
Cu^{3+}	$3d^8$	6	LS	68	54
D^+	$1s^0$	2		4	−10
Dy^{2+}	$4f^{10}$	6		121	107
		7		127	113
		8		133	129
Dy^{3+}	$4f^9$	6		105.2	91.2
		7		111	97
		8		116.7	102.7
		9		122.3	108.3
Er^{3+}	$4f^{11}$	6		103	89

离　　子	电子组态	配 位 数	自旋状态	晶体半径/pm	有效半径/pm
		7		108.5	94.5
		8		114.4	100.4
		9		120.2	106.2
Eu^{2+}	$4f^7$	6		131	117
		7		134	120
		8		139	125
		9		144	130
		10		149	135
Eu^{3+}	$4f^6$	6		108.7	94.7
		7		115	101
		8		120.6	106.6
		9		126	112
F^-	$2p^6$	2		114.5	128.5
		3		116	130
		4		117	131
		6		119	133
F^{7+}	$1s^2$	6		22	8
Fe^{2+}	$3d^6$	4	HS	77	63
		4SQ	HS	78	64
		6	LS	75	61
			HS	92.0	78
		8	HS	106	92
Fe^{3+}	$3d^5$	4	HS	63	49
		5		72	58
		6	LS	69	55
			HS	78.5	64.5
		8	HS	92	78
Fe^{4+}	$3d^4$	6		72.5	58.5
Fe^{6+}	$3d^2$	4		39	25
Fr^+	$6p^6$	6		194	180
Ga^{3+}	$3d^{10}$	4		61	47
		5		69	55
		6		76	62
Gd^{3+}	$4f^7$	6		107.8	93.8
		7		114	100
		8		119.3	105.3
		9		124.7	110.7
Ge^{2+}	$4s^2$	6		87	73
Ge^{4+}	$3d^{10}$	4		53	39
		6		67	53
H^+	$1s^0$	1		−24	−38
		4		−4	−18
Hf^{4+}	$4f^{14}$	4		72	58

离　　子	电子组态	配 位 数	自旋状态	晶体半径/pm	有效半径/pm
		6		85	71
		7		90	76
		8		97	83
Hg^+	$6s^1$	3		111	97
		6		133	119
Hg^{2+}	$5d^{10}$	2		83	69
		4		110	96
		6		116	102
		8		128	114
Ho^{3+}	$4f^{10}$	6		104.1	90.1
		8		115.5	101.5
		9		121.2	107.2
		10		126	112
I^-	$5p^6$	6		206	220
I^{5+}	$5s^2$	3PY		58	44
		6		109	95
I^{7+}	$4d^{10}$	4		56	42
		6		67	53
In^{3+}	$4d^{10}$	4		76	62
		6		94	80
		8		106	92
Ir^{3+}	$5d^6$	6		82	68
Ir^{4+}	$5d^5$	6		76.5	62.5
Ir^{5+}	$5d^4$	6		71	57
K^+	$3p^6$	4		151	137
		6		152	138
		7		160	146
		8		165	151
		9		169	155
		10		173	159
		12		178	164
La^{3+}	$4d^{10}$	6		117.2	103.2
		7		124	110
		8		130	116
		9		135.6	121.6
		10		141	127
		12		150	136
Li^+	$1s^2$	4		73	59
		6		90	76
		8		106	92
Lu^{3+}	$4f^{14}$	6		100.1	86.1
		8		111.7	97.7
		9		117.2	103.2

离　　子	电子组态	配 位 数	自旋状态	晶体半径/pm	有效半径/pm
Mg^{2+}	$2p^6$	4		71	57
		5		80	66
		6		86	72
		8		103	89
Mn^{2+}	$3d^5$	4	HS	80	66
		5	HS	89	75
		6	LS	81	67
			HS	97	83
		7	HS	104	90
		8		110	96
Mn^{3+}	$3d^4$	5		72	58
		6	LS	72	58
			HS	78.5	64.5
Mn^{4+}	$3d^3$	4		53	39
		6		67	53
Mn^{5+}	$3d^2$	4		47	33
Mn^{6+}	$3d^1$			39.5	25.5
Mn^{7+}	$3p^6$	4		39	25
		6		60	46
Mo^{3+}	$4d^3$	6		83	69
Mo^{4+}	$4d^2$	6		79	65
Mo^{5+}	$4d^1$	4		60	46
		6		75	61
Mo^{6+}	$4p^6$	4		55	41
		5		64	50
		6		73	59
		7		87	73
N^{3-}	$2p^6$	4		132	146
N^{3+}	$2s^2$	6		30	16
N^{5+}	$1s^2$	3		4.4	−10.4
		6		27	13
Na^+	$2p^6$	4		113	99
		5		114	100
		6		116	102
		7		126	112
		8		132	118
		9		138	124
		12		153	139
Nb^{3+}	$4d^2$	6		86	72
Nb^{4+}	$4d^1$	6		82	68
		8		93	74
Nb^{5+}	$4p^6$	4		62	48
		6		78	64

续表

离　　子	电子组态	配 位 数	自旋状态	晶体半径/pm	有效半径/pm
		7		83	69
		8		88	74
Nd^{2+}	$4f^4$	8		143	129
		9		149	135
Nd^{3+}	$4f^3$	6		112.3	98.3
		8		124.9	110.9
		9		130.3	116.3
		12		141	127
Ni^{2+}	$3d^8$	4		69	55
		4SQ		63	49
		5		77	63
		6		83	69
Ni^{3+}	$3d^7$	6	LS	70	56
			HS	74	60
Ni^{4+}	$3d^6$	6	LS	62	48
No^{2+}	$5f^{14}$	6		124	110
Np^{2+}	$5f^5$	6		124	110
Np^{3+}	$5f^4$	6		115	101
Np^{4+}	$5f^3$	6		101	87
		8		112	98
Np^{5+}	$5f^2$	6		89	75
Np^{6+}	$5f^1$	6		86	72
Np^{7+}	$6p^6$	6		85	71
O^{2-}	$2p^6$	2		121	135
		3		122	136
		4		124	138
		6		126	140
		8		128	142
OH^-		2		116	132
		3		120	134
		4		121	135
		6		123	137
Os^{4+}	$5d^4$	6		77	63
Os^{5+}	$5d^3$	6		71.5	57.5
Os^{6+}	$5d^2$	5		63	49
		6		68.5	54.5
Os^{7+}	$5d^1$	6		66.5	52.5
Os^{8+}	$6p^6$	4		53	39
P^{3+}	$3s^2$	6		58	44
P^{5+}	$2p^6$	4		31	17
		5		43	29
		6		52	38
Pa^{3+}	$5f^2$	6		116	104

离　　子	电子组态	配 位 数	自旋状态	晶体半径/pm	有效半径/pm
Pa^{4+}	$6d^1$	6		104	90
		8		115	101
Pa^{5+}	$6p^6$	6		92	78
		8		105	91
		9		109	95
Pb^{2+}	$6s^2$	4PY		112	98
		6		133	119
		7		137	123
		8		143	129
		9		149	135
		10		154	140
		11		159	145
		12		163	149
Pb^{4+}	$5d^{10}$	4		79	65
		5		87	73
		6		91.5	77.5
		8		108	94
Pd^+	$4d^9$	2		73	59
Pd^{2+}	$4d^8$	4SQ		78	64
		6		100	86
Pd^{3+}	$4d^7$	6		90	76
Pd^{4+}	$4d^6$	6		75.5	61.5
Pm^{3+}	$4f^4$	6		111	97
		8		123.3	109.3
		9		128.4	114.4
Po^{4+}	$6s^2$	6		108	94
		8		122	108
Po^{6+}	$5d^{10}$	6		81	67
Pr^{3+}	$4f^2$	6		113	99
		8		126.6	112.6
		9		131.9	117.9
Pr^{4+}	$4f^1$	6		99	85
		8		110	96
Pt^{2+}	$5d^8$	4SQ		74	60
		6		94	80
Pt^{4+}	$5d^6$	6		76.5	62.5
Pt^{5+}	$5d^5$	6		71	57
Pu^{3+}	$5f^5$	6		114	100
Pu^{4+}	$5f^4$	6		100	86
		8		110	96
Pu^{5+}	$5f^3$	6		88	74
Pu^{6+}	$5f^2$	6		85	71
Ra^{2+}	$6p^6$	8		162	148

离　子	电子组态	配 位 数	自旋状态	晶体半径/pm	有效半径/pm
		12		184	170
Rb⁺	$4p^6$	6		166	152
		7		170	156
		8		175	161
		9		177	163
		10		180	166
		11		183	169
		12		186	172
		14		197	183
Re⁴⁺	$5d^3$	6		77	63
Re⁵⁺	$5d^2$	6		72	58
Re⁶⁺	$5d^1$	6		69	55
Re⁷⁺	$5p^6$	4		52	38
		6		67	53
Rh³⁺	$4d^6$	6		80.5	66.5
Rh⁴⁺	$4d^5$	6		74	60
Rh⁵⁺	$4d^4$	6		69	55
Ru³⁺	$4d^5$	6		82	68
Ru⁴⁺	$4d^4$	6		76	62
Ru⁵⁺	$4d^3$	6		70.5	56.5
Ru⁷⁺	$4d^1$	4		52	38
Ru⁸⁺	$4p^6$	4		50	36
S²⁻	$3p^6$	6		170	184
S⁴⁺	$3s^2$	6		51	37
S⁶⁺	$2p^6$	4		26	12
		6		43	29
Sb³⁺	$5s^2$	4PY		90	76
		5		94	80
		6		90	76
Sb⁵⁺	$4d^{10}$	6		74	60
Sc³⁺	$3p^6$	6		88.5	74.5
		8		101	87
Se²⁻	$4p^6$	6		184	198
Se⁴⁺	$4s^2$	6		64	50
Se⁶⁺	$3d^{10}$	4		42	28
		6		56	42
Si⁴⁺	$2p^6$	4		40	26
		6		54	40
Sm²⁺	$4f^6$	7		136	122
		8		141	127
		9		146	132
Sm³⁺	$4f^5$	6		109.8	95.8
		7		116	102

离　　子	电子组态	配 位 数	自旋状态	晶体半径/pm	有效半径/pm
		8		121.9	107.9
		9		127.2	113.2
		12		138	124
Sn^{4+}	$4d^{10}$	4		69	55
		5		76	62
		6		83	69
		7		89	75
		8		95	81
Sr^{2+}	$4p^6$	6		132	118
		7		135	121
		8		140	126
		9		145	131
		10		150	136
		12		158	144
Ta^{3+}	$5d^2$	6		86	72
Ta^{4+}	$5d^1$	6		82	68
Ta^{5+}	$5p^6$	6		78	64
		7		83	69
		8		88	74
Tb^{3+}	$4f^8$	6		106.3	92.3
		7		112	98
		8		118	104
		9		123.5	109.5
Tb^{4+}	$4f^7$	6		90	76
		8		102	88
Tc^{4+}	$4d^3$	6		78.5	64.5
Tc^{5+}	$4d^2$	6		74	60
Tc^{7+}	$4p^6$	4		51	37
		6		70	56
Te^{2-}	$5p^6$	6		207	221
Te^{4+}	$5s^2$	3		66	52
		4		80	66
		6		111	97
Te^{6+}	$4d^{10}$	4		57	43
		6		70	56
Th^{4+}	$6p^6$	6		108	94
		8		119	105
		9		123	109
		10		127	113
		11		132	118
		12		135	121
Ti^{2+}	$3d^2$	6		100	86
Ti^{3+}	$3d^1$	6		81	67

离　　子	电子组态	配 位 数	自旋状态	晶体半径/pm	有效半径/pm
Ti^{4+}	$3p^6$	4		56	42
		5		65	51
		6		74.5	60.5
		8		88	74
Tl^+	$6s^2$	6		164	150
		8		173	159
		12		184	170
Tl^{3+}	$5d^{10}$	4		89	75
		6		102.5	88.5
		8		112	98
Tm^{2+}	$4f^{13}$	6		117	103
		7		123	109
Tm^{3+}	$4f^{12}$	6		102	88
		8		113.4	99.4
		9		119.2	105.2
U^{3+}	$5f^3$	6		116.5	102.5
U^{4+}	$5f^2$	6		103	89
		7		109	95
		8		114	100
		9		119	105
		12		131	117
U^{5+}	$5f^1$	6		90	76
		7		98	84
U^{6+}	$6p^6$	2		59	45
		4		66	52
		6		87	73
		7		95	81
		8		100	86
V^{2+}	$3d^3$	6		93	79
V^{3+}	$3d^2$	6		78	64
V^{4+}	$3d^1$	5		67	53
		6		72	58
		8		86	72
V^{5+}	$3p^6$	4		49.5	35.5
		5		60	46
		6		68	54
W^{4+}	$5d^2$	6		80	66
W^{5+}	$5d^1$	6		76	62
W^{6+}	$5p^6$	4		56	42
		5		65	51
		6		74	60
Xe^{8+}	$4d^{10}$	4		54	40
		6		62	48

续表

离　　子	电子组态	配 位 数	自旋状态	晶体半径/pm	有效半径/pm
Y^{3+}	$4p^6$	6		104	90
		7		110	96
		8		115.9	101.9
		9		121.5	107.5
Yb^{2+}	$4f^{14}$	6		116	102
		7		122	108
		8		128	114
Yb^{3+}	$4f^{13}$	6		100.8	86.8
		7		106.5	92.5
		8		112.5	98.5
		9		118.2	104.2
Zn^{2+}	$3d^{10}$	4		74	60
		5		82	68
		6		88	74
		8		104	90
Zr^{4+}	$4p^6$	4		73	59
		5		80	66
		6		86	72
		7		92	78
		8		98	84
		9		103	89

注：1. 本表取自 Shannon R D. Acta. Cryst.，1976，A32：751

2. SQ 表示平面四方形配位；PY 表示锥形配位；LS 表示低自旋态；HS 表示高自旋态。